闸务全书 三刻

邱志荣　赵任飞　主编

凿山振河海，千年遗泽在三江，
缵禹之绪；炼石补星辰，
两月新功当万历，于汤有光。

广陵书社

序 言

一

明代绍兴著名文人徐渭在汤太守祠有联:"凿山振河海,千年遗泽在三江,缵禹之绪;炼石补星辰,两月新功当万历,于汤有光。"① 是联代表了绍兴官府和民众对绍兴历代治水伟绩、治水人物、治水精神的高度赞赏。时代在发展,对三江闸等古代系列水利工程的价值认识和保护要求也在不断提升,可以说,当今时代,其核心价值已经从工程价值转变为遗产和文化价值。

2013 年 11 月 30 日至 12 月 2 日,中国水利学会、中国文物学会在绍兴主办 "中国大运河水利遗产保护与利用战略论坛",全国政协文史委、绍兴市人民政府等为支持单位,中国水利史研究会、绍兴市水利局为承办单位。论坛期间,全体代表发出《加强绍兴三江闸保护倡议书》:

> 绍兴三江闸始建于明嘉靖十六年(1537),是我国现存规模最大的砌石结构多孔水闸,长 103.15 米,共 28 孔,在水利工程史上具有重要地位。三江闸是世界上最早利用水文设施——水则碑,并实现定量调度水资源的古代水闸。三江闸代表了我国传统水利工程建筑科技和管理的最高水平。

> 三江闸是我国东南沿海萧绍平原地区具有代表性的拒咸蓄淡工程,是在明代中期浦阳江改道、萧绍平原水环境恶化的背景下兴建的。三江闸建成之后,与萧绍海塘联为整体,成为萧绍平原水网的控制枢纽,阻挡了咸潮内侵,平时蓄积内河淡水,发生洪涝时可以排泄。同时保障了萧绍运河稳定的水位、水量,改善了航运条件,对 16 世纪以来浙东运河的稳定运行发挥了重要作用。三江闸在大运河遗产体系中具有重要的历史、文化、科技价值和独特的代表性。

> 目前,三江闸的水利功能已被新建成的曹娥江大闸所取代,但主体结

构仍保留完好。1963年,三江闸即被公布为浙江省重点文物保护单位。在大运河积极申报世界文化遗产之际,作为浙东运河上具有重要价值和地位的文化遗产,应进一步加强三江闸的研究和保护工作。

我们呼吁:三江闸升级为全国重点文物保护单位;进一步加强水利遗产价值和保护技术的研究;促进跨部门、多学科合作,共同推动和实施三江闸及水环境保护和整治工作。②

在这次具有历史纪念意义的全国性大运河学术会议上,与会代表如此重视并倡导对三江闸的保护,充分说明三江闸不但在绍兴历史发展中作用巨大,而且在中国水利史、运河史上有着杰出地位。在三江闸的保护和研究、价值的彰显方面,绍兴还需继续努力。

二

2014年5月10日,中国水利史研究会由谭徐明会长带队,组织绍兴市水利局、绍兴市鉴湖研究会等有关单位,寻访了四川汤绍恩家乡。此次行程为汤绍恩离任绍兴后,绍兴方面有组织参加的首次赴川专题考察汤绍恩故居活动。此行最大收获是在故居四川省安岳县城北乡陶海村见到了汤绍恩的后裔,举行了拜祭汤绍恩墓地仪式,并获得了汤绍恩第19代孙汤铨叙、汤荣续赠送的《汤氏族谱》,此书后又捐赠给绍兴图书馆收藏,为绍兴留下了宝贵的历史文献资料。③

2014年9月,绍兴市水利局、绍兴图书馆、绍兴市鉴湖研究会、绍兴市水文化教育研究会集众学者之力编辑出版《绍兴水利文献丛集》④,对《三江闸务全书》《经野规略》《麻溪改坝为桥始末记》《上虞五乡水利本末记》等9部文献和3组资料进行点校,计100余万字,是为绍兴水利文献之历史精华,受到广泛好评和应用。

2014年10月,绍兴市人民政府办公室以绍政办发明电〔2014〕98号文发布《三江闸保护、利用、传承工作方案》(以下简称《方案》),《方案》确定在新的历史背景下对绍兴三江4.5平方公里区域环境进行全面整治,并对以三江闸为核心的海塘等水利文物进行系统保护。之后,在各方努力之下,取得显著成绩。

"风云三江,潮起浪卷。"2015年又发生了因三江村拆迁而引起的社会各界和媒体的广泛关注与争议,反映了社会经济发展对文物的威胁无处不在和文化遗产保护的任重而道远,文化遗产保护既要进行理论探讨,更要下决心实践。

按照《方案》的要求,绍兴市水利局、绍兴市鉴湖研究会承担编写三江水利发展史等文化工作任务。其意义,既是三江文化遗产保护的基础性工作,也是传承、弘扬三江文化的重要载体与学术支撑。因此绍兴市水利局、绍兴市社会科学界联合会、绍兴市鉴湖研究会2016年编辑出版了《绍兴三江研究文集》⑤。是书以水利为主脉,是多学者、多学科研究古今三江水利文化的集大成,成果多为原创。始于海侵沧海桑田,直至当代。其主篇《三江水利史稿》旨在揭示这一地区天人之际、古今之变,力求经世致用。

三

三江闸在绍兴水利史上重要而特殊的地位,一直成为绍兴各界和有识之士关注的重点。绍兴历史上第一部水利工程专志便是《三江闸务全书》,它由《闸务全书》和《闸务全书续刻》组成,记载了明清两代三江闸修建和管理的主要过程。

《三江闸务全书》鲁元炅《序》中称:

> 昔神禹治水八年,使无《禹贡》一篇,则治水之道不详。若汤公与诸公之建修诸务使无全书一录,则节水之计罔据。岂非皆天地间不可少之人,以补世界之缺陷者哉!昔人有曰:"莫为之前,虽美不彰;莫为之后,虽盛不传。"是书也,梓而行之,列之府志,板藏汤祠,仁人之言,其利溥哉!

认为记述水利业绩,编写水利史志是和建设不可互缺之事,同是世间伟业。

《三江闸务全书》成书以来,成为绍兴水利的治谱而为人们所推崇。不但对水利建设和管理的指导、借鉴意义非凡,也在我国水利史上有着杰出的地位,载入《中国水利史典》⑥而显其卓越。

绍兴图书馆原馆长赵任飞女士,好文献学及越中文史资料编撰,成就显著。她兼任绍兴市鉴湖研究会副会长以来,更重视对绍兴水利史、水文化的关心支持,在2015年就曾提议编纂《三江闸务全书三刻》,此举得到时任绍兴市人民政府副市长冯建荣先生的鼎力支持,并组织谋篇布局,分解任务。之后,赵任飞执编,蔡彦、陈鹏儿等诸同仁辛勤工作,广搜精辑,悉心编排,终集大成。是书内容既承《三江闸务全书》后之工程维修、管理精要,又集三江研究学术成果,还择近年环境治理、文化保护实践和探索。此书辑成,为绍兴水利、文史整理出版增添经典要籍,也可谓"于汤有光"⑦。

陈桥驿先生有诗曰:"神禹原来出此方,洪海茫茫化息壤。应是人定胜天力,稽山青青鉴水长。"⑧ 如今,绍兴已从三江时代走向钱塘江时代,然历史地理变迁和历史文脉传承不息,承上启下,便是本书的要旨所在。

愿绍兴历史文化得到更好的保护、传承、利用;愿三江闸早日升级为全国重点文物保护单位,实现前辈、同仁夙愿。

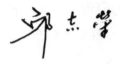

二〇一八年一月

注释:

①⑦ 程鹤翥辑注《闸务全书》,载冯建荣主编《绍兴水利文献丛集》,广陵书社,2014 年版,第 65 页。

② 邱志荣、李云鹏主编《运河论丛——中国大运河水利遗产保护与利用战略论坛论文集》,中国文史出版社,2014 年版,第 379 页。

③ 邱志荣、魏义君《四川汤绍恩故居寻访记》,载邱志荣主编《中国鉴湖·第一辑》,中国文史出版社,第 150 页。

④ 冯建荣主编《绍兴水利文献丛集》,广陵书社,2014 年版。

⑤ 邱志荣主编《绍兴三江研究文集》,中国文史出版社,2016 年版。

⑥ 匡尚富主编《中国水利史典·运河卷》,中国水利水电出版社,2015 年版,第 359 页。

⑧ 陈桥驿《稽山鉴水诗》,载邱志荣著《鉴水流长·后记》,新华出版社,2002 年版,第 406 页。

目　录

序　言 1

总　述

应宿闸总说 002

修筑绍兴三江闸工程报告 003

浙江省水利工程计划分年进行案　（节录） 020

十年来之浙江水利　（节录） 021

策　论

书　虚　（节录） 026

海潮论 027

韩振撰绍兴县三江闸考 028

阅海塘记 030

论潮汐 031

论涨沙 033

宗能述三江闸私议 034

徐树兰致潘遹论三江闸书 037

绍萧两县水利联合研究会筹议绍萧两县塘闸治标治本计画（划）案 038

疏浚绍兴城区河道之意见 039

从办理水政所见到的浙江水利之重心 042

闸　务

胡廷俊撰增建均水诸闸记 044

王衍梅跋铅山先生请重修应宿闸书 045

徐树兰撰西湖底闸闸栏碑记 046

薛介福请建复老则水牌 047

请县署掉换三江闸板 047

提议兴修三江闸 048

应宿闸二十八洞之深浅及闸板数 048

绍萧塘闸局东区为盘查应宿等闸闸板确数列表呈报并陈明闸象危险处所请

　核示文 049

绍萧塘闸工程局呈省政府为东区呈请回复姚家埠闸请核示文 051

浙江建设厅长曾养甫重修绍兴三江闸碑记 052

浙江省水利局绍萧段闸务报告 054

为预防敌机轰炸三江闸破坏水利工程案 058

海　塘

潮灾记 060

任浚撰会稽邑侯张公捍海纪事碑 061

竹　络 063

录浙江续通志稿海塘志 064

萧绍段海塘 066

塘工之部位与区画 073

绍萧段塘闸情形 075

各塘概说 075

绍萧两县水利联合研究会议决整顿护塘地案 077

北海塘总说 078

绍萧塘闸工程局施工细则 080

东区管理处条陈责成塘夫照章割草挑土筑塘管见两端请核示文 082

绍萧塘闸工程局呈报本局经过暨现办情形并规划进行程序列表请核文 083

曹豫谦敬告同乡父老...089

浙江省第三区绍萧塘闸工程处护塘地取缔章程.....................090

绍萧塘闸工程局呈省政府为船货违禁盘塘请严令禁止文..........091

东区管理处北塘报告书..092

曹豫谦拟绍萧塘工辑要凡例...094

绍萧段护塘取缔案情形..096

海　塘..096

浙省海塘工程告竣　今日举行落成典礼....................................098

关联闸

三江闸附属各闸调查录..100

茅山闸总说..101

宜桥闸..101

刷沙闸..102

栋树下闸...102

西湖底闸...103

山西闸总说..103

朱阜撰重建山西闸碑记..104

姚家埠闸...105

黄草沥闸...105

清水闸..106

蒿口新闸辨..107

玉山陡门闸..109

吴庆羲字采之陡疍闸考证...109

扁拖闸..111

浚　淤

章景烈代金光照上闽浙总督左宗棠论浙江水利亟宜疏浚禀文.......113

浙江按察使王凯泰禀浙抚勘明三江闸宣港淤沙文.....................115

浙江巡抚马新贻奏勘办绍兴闸港疏浚折 117

委办绍郡山会萧塘工总局沈元泰周以均余恩照章嗣衡孙道乾莫元遂禀浙抚
　　开掘宣港文 119

绍兴府高札会稽县金山场曹娥场上虞县东江场疏掘吕家埠等淤沙文 120

绍兴府知府李寿榛撰重浚三江闸港碑记 121

山阴县知县王示谕掘丁家堰至夹灶湾清水沟以通闸流文 122

三江闸淤塞良久 123

安昌沙民擅掘三江闸外新涨沙记事 124

绍兴县议会咨绍兴县知事请移知上虞县会议疏浚东塘西汇嘴沙角涨沙文 ... 125

绍萧两县水利联合研究会议决沈一鹏陈请修埂保塘并浚复宣港闸道案 126

绍萧两县水利联合研究会议决疏浚三江闸淤沙案 132

浙江省绍萧塘闸工程处呈挖掘三江闸港完工日期报祈鉴核备查由 134

省发巨款开掘三江闸外涨沙 134

浙江第三区行政督察专员公署示禁开掘三江闸港涨沙文 135

钱江绍萧段塘闸工程处报告闸港涨塞情形并建设厅批令救济办法 136

三江闸淤塞整理 137

水道、水文

绍兴府 139

钱塘江在杭州、萧山一带之变迁　（节录） 140

曹娥江　附钱清江 142

浙东主要河流测量步骤及完成期限 144

民国十八年水标站水位统计表 145

民国十九年水标站水位统计表 146

民国二十年水标站水位统计表 147

民国二十一年水标站水位统计表 148

民国二十二年水标站水位统计表 149

民国二十三年水标站水位统计表 150

民国二十六年秋间闸内外水位 151

机 构

三江场 153

三江汛 153

塘闸研究会简章 154

山会萧塘闸水利会规则 155

浙抚札绍兴府知府改正塘闸水利会规则文 160

修正设立塘闸局案 161

民国元年省委塘工局长 163

绍萧两县水利联合研究会设立公牍 163

绍萧塘闸工程局简章 165

绍萧塘闸工程局员役名额俸给职务编制表 166

绍萧塘闸工程局办事规则 （节录） 168

绍萧塘闸工程局呈总司令、省长呈订东西区管理处章程文 169

绍萧塘闸工程局局长曹豫谦函告设处就职文 172

绍萧塘闸工程局局长曹豫谦呈（总司令部、省长公署）设处开办文 172

塘闸管理机关沿革 173

浙江省政府令知将局务结束逐项移交钱塘江工程局接收并委萧山县监

盘文 175

绍萧塘闸工程局局长电呈各段工程次第办竣遵电结束局务文 176

浙江水利局令绍萧塘闸工程处以霉汛阴雨注意防范文 177

拟请恢复绍萧水利委员会加强管理沿塘设施以策万全案 178

经 费

前浙江巡抚马奏援案借款修筑山会萧三县南塘要工片 181

徐树兰呈缴塘闸经费文 182

绍兴县议事会民国元年议决案小塘曹蒿等捐仍照旧章收取规定捐率咨县

执行文 183

内务部拟订绍萧江塘施工计划并由中央地方分担工程经费办法提交国务

会议文 184

闸夫闸板经费 187

水利研究会经费 188

汤公祠经费 188

绍萧塘闸工程局呈省长为委员疏掘三江闸港取具支付册据请核销文 189

塘闸经费沿革 190

绍萧塘闸工程局收支总报告 191

又呈送东区闸务经费预算文 194

绍萧塘闸工程局东西区塘闸管理处经费预算表 195

绍萧东区塘闸管理处闸务经费预算表 197

东区管理处呈复遵令彻查应宿闸闸田户名字号亩分并陈管见请核示文 199

绍兴县公函查复应宿闸田一案情形文 200

绍萧塘闸工程局函绍兴县请查覆应宿闸闸田户名粮额等项文 201

民国十六年度至廿五年度绍兴塘闸各项工程费统计表 202

民国十六年度至廿五年度绍兴塘闸工程岁修统计表 203

绍兴县参议会第一届第三次大会决议案 206

人 文

三江应宿闸 209

白洋潮 212

汤公别传 213

汤公传 214

汤氏族谱序 215

程孺人传 216

张大帝庙 217

汤太守祠 218

谒灵济汤公祠并读《三江闸实录》 218

三江观闸歌 219

五月三日大雨连朝恐伤海塘 219

六月三十日与同人视柳塘溃口集芥园会议塘工风雨大作遂泛白塔洋往
  陶堰 220

三江闸上看工程 221

三江所城 230

城　垣 230

三江社仓 231

第九区三江乡镇祠庙一览表 231

三江炮台 232

重建汤公祠 232

当代文献

三江闸调查记录 234

地名录 238

三江闸 256

新三江闸 257

三江闸 258

绍兴的海塘 261

新三江闸的创建 264

船户祭张神 271

弥足珍贵的水利史料

　　——任元炳与绍萧塘闸 272

避火石 277

《闸务全书》与《闸务全书·续刻》点校本序一 278

《闸务全书》与《闸务全书·续刻》点校本序二 282

绍兴三江新考 283

三江闸保护、利用、传承工作方案 316

挖掘三江文化遗产　再现水城滨海明珠 323

四川汤绍恩故居寻访记 331

三江所城考 338

正本清源　精准定位

　　——也谈三江所城保护 350

绍兴三江闸区块历史文化资源调查 353

图　照

绍兴府图 379

绍兴府海防图 380

光绪二十八年绍兴府图 381

浙江省水利局江海塘形势图 382

绍萧海塘形势图 383

1939年挖掘三江闸港略图 384

1933年三江闸外坝铺柴打桩 385

民国时期三江闸俯图 385

民国时期三江闸侧面 386

1970年代三江闸 386

今日绍兴三江闸 387

1989年绍兴市沿海滩涂资源分布图 388

附　录

绍兴县三江闸系收益田单位应负担经费分区统计表 390

关于局部改建三江闸的请示报告 391

关于同意局部改建三江闸的批复 392

关于要求上级拆除三江闸的请示 392

市府第四次办公会议纪要 393

后　记 395

总　述

十年來之浙江水利

应宿闸总说

一名三江闸,在县西北飞十八里之三江口(即钱清江、曹娥江、钱塘江会合之处),为内河外海之关键。明嘉靖十五年(《府志》十六年),郡守汤公绍恩相地建闸于此,凡二十八洞,并筑堤百余丈,操纵内地之水,使旱有蓄,涝有泄,启闭有则,无旱干水溢之患,从此绍、萧人民得安居乐业,生聚繁茂,蔚为东南名郡者,水利之兴修有以致之,而三江闸尤为枢纽。二十八洞启闭,以则水牌为准。闭闸先下内版,开闸先起外版,有闸夫十一人司其事,"角、轸"二洞名常平,土人呼减水洞,十一闸夫所共也。闭闸只下版,不筑泥,故二洞无工食。除此二洞外,每夫派管二洞,深浅相配,有管房、胃洞者,有管心、参洞者,有管尾、柳洞者,有管箕、娄洞者,有管斗、室洞者,有管女、觜洞者,有管昴、井洞者,有管毕、星洞者,有管鬼、翼洞者。又有依次连管二洞者,冗、氐、奎、壁是也。牛、虚、危、张四患洞,名大家洞,不在分管之数。三夫共管一洞,盖牛、虚、危三洞,乃尤深洞也。"张"洞虽不深,因槽底活石有坚硬处,锤凿难施,未采平下板,筑泥费力,亦在公管之例。闸板共计一千一百十三块。

《民国绍兴县志资料第二辑·地理》

修筑绍兴三江闸工程报告

董开章

一、三江闸之形势

绍、萧二县,古称泽国。禹治水终于会稽(大禹陵在会稽山)。盖地势最卑下云。且仅南面依山,东、西、北三面皆水。东临曹娥江,西濒浦阳江,北负钱塘江,为潮汐出没之地。绍兴城内龙山顶有亭曰望海亭,可想见当时潮水到达情形。自汉唐以来,水利代有改进。东、北、西三面沿江筑塘(视三江闸泄水流域图),自马溪桥至西兴,曰西江塘。自西兴至宋家娄曰北海塘。自宋家娄至蒿坝曰东江塘,以捍外来之潮汐。至明嘉靖十五年,郡守汤公笃斋复于三江(钱塘江、曹娥江、钱清江会合之处)建闸,操纵内地之水,使旱有蓄,涝有泄,启闭有则,无旱干水溢之患,从此绍、萧人民得安居乐业。迄今生聚繁茂,蔚为东南名郡者,水利之兴修有以致之,而三江闸尤为枢纽。

三江闸泄水流域为一五二〇平方公里,人口百有余万,河道纵横,密如蛛网;大小湖泊,星罗棋布。湖面积约占全流域百分之五。闭闸时能容大量之水,足资灌溉。舟楫交通到处可达,货物运输尤称便利,固极完备之灌溉制度,亦一周密之水道运输网也。

惟三江闸外,闸港形势与汤公建闸时颇有变迁。古时钱塘江入海之道有三:一曰南大亹,又称鳖子门,在龛山、赭山之间(视三江闸泄水流域图);一曰中小亹,在赭山与河庄山之间;一曰北大亹,在河庄山与海宁县城之间。钱江怒潮,势如排山奔马,名闻中外。而犹以鳖子门一路为最猛,山洪之下注,亦以该路为最烈。北海塘系着塘流水,故自西兴至三江,蜿蜒四十余公里之塘,均系条石砌成,建筑极为巩固。迨清雍正元年(西历1723年),江流变迁,鳖子门竟因以涨塞。至乾隆廿三年(西历1758年)中小亹又淤为平陆。而北海塘外成横纵各廿余公里之南沙江流,完全由北大亹入海。自是以还,南沙常有向东增涨之势,三江闸港始屡有淤塞之患矣。今钱塘江与曹娥江口,尚无确定之整理计划,塘外

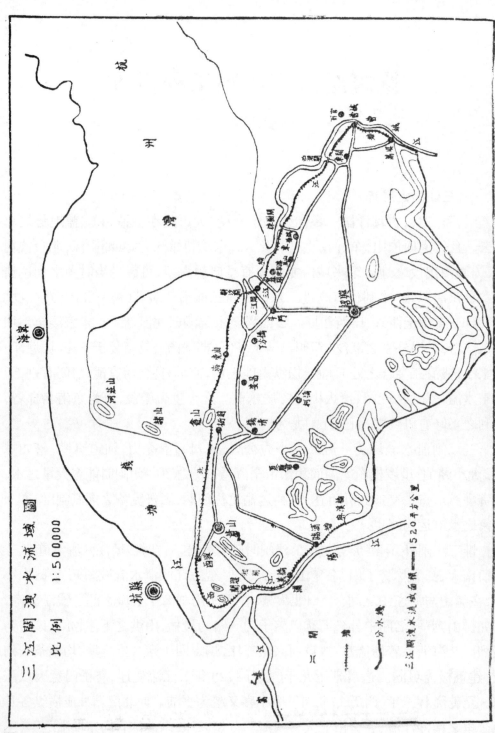

沙地究将涨至如何程度,钱塘江口与曹娥江口之固定岸线应在何处,一时尚无从预测。在目前状况之下,惟有随时开闸刷沙,以减闸港淤塞之患。根本之改进,须待江口整理、江岸决定之后,非短时期所能决定也。

二、三江闸之创筑

三江闸,又名应宿闸,建于三江城之西北,系就天然岩石为基础,计二十八洞,每隔五洞置一大闸墩(视江闸平剖面图),洞深浅不一,依天然岩基而定。最深者"虚"字,洞深 5.14 公尺。最浅者"角"字,洞深 3.40 公尺。即同一闸洞,有内槛高于外槛者,有外槛高于内槛者,洞宽亦略有出入,最宽者"昴"字,洞宽 2.42 公尺,最狭者"柳"字,洞宽 2.10 公尺。全闸共长 103.15 公尺。二十洞共宽 62.74 公尺(视三江闸洞宽度高度及闸板块数表)。

洞名	洞宽(公尺)	槛高(公尺)		洞深(公尺)		闸板块数		墩宽(公尺)	墩条石层数	备注
		内槛	外槛	内槛	外槛	内槛上	外槛上			
角	2.20	5.51	5.02	3.40	3.89	15	17	1.17	8	
亢	2.26	4.53	4.55	4.38	4.36	19	19	1.17	8	
氐	2.21	4.76	4.42	4.15	4.49	18	20	1.22	8	
房	2.18	4.37	4.25	4.54	4.61	20	20	1.08	9	
心	2.35	4.31	4.30	4.60	4.61	20	20	2.99	9	
尾	2.19	4.09	4.13	4.82	4.78	21	21	1.15	10	
箕	2.19	3.93	3.94	4.98	4.97	22	22	1.15	10	
斗	2.28	3.94	3.97	4.97	4.97	22	22	1.22	10	
牛	2.30	3.88	3.83	5.03	5.08	22	22	1.19	11	
女	2.30	4.00	3.97	4.91	4.94	21	22	2.91	11	
虚	2.32	3.75	3.77	5.16	5.14	23	22	1.20	11	
危	2.17	3.82	3.77	5.09	5.14	22	22	1.12	10	
室	2.21	4.09	4.10	4.82	4.81	21	21	1.17	10	
壁	2.23	4.32	4.11	4.59	4.80	20	21	1.15	9	
奎	2.26	4.43	4.24	4.48	4.67	20	20	2.93	8	

续 表

洞名	洞宽（公尺）	槛高（公尺）		洞深（公尺）		闸板块数		墩宽（公尺）	墩条石层数	备注
		内槛	外槛	内槛	外槛	内槛上	外槛上			
娄	2.23	4.41	4.35	4.50	4.56	20	20	1.17	8	
胃	2.26	4.95	4.93	3.96	3.97	17	17	1.10	8	
昴	2.42	4.48	4.48	4.43	4.43	19	19	1.16	8	
毕	2.19	4.62	4.85	4.29	4.06	19	18	1.12	8	
觜	2.21	4.61	4.37	4.30	4.54	19	20	3.00	7	
参	2.27	4.75	4.74	4.16	4.17	18	18	1.11	7	
井	2.24	4.94	5.21	3.96	3.70	17	16	1.13	7	
鬼	2.20	5.19	4.79	3.72	4.12	16	18	1.19	8	
柳	2.16	4.86	5.02	4.05	3.89	18	17	1.19	7	
星	2.23	4.99	5.06	3.92	3.85	17	17	3，12	8	
张	2.26	5.03	4.96	3.88	3.95	17	17	1.12	8	
翼	2.23	4.90	4.67	4.01	4.24	17	18	1.18	9	
轸	2.19	5.17	5.23	3.72	3.68	16	16			
共计	62.74					536	542	40.41		

　　筑闸之石，采自绍兴之大山、洋山，石体厚大，每块重量多在五〇〇公斤以上。考当时无起重机之运用，叠石为墩，渐高渐难，乃于闸墩砌石一层，同时闸洞封土一层，与砌石齐平等阔，后所加石，得从土拖曳而上，则容足有地，而推挽可施，石梁亦易上。古人工程建筑之智慧，殊令人敬佩。其筑法，令石与石牝牡相衔，胶以灰秫，灌以生铁，使相维系，底措石则凿榫于天然岩基之上，墩侧刻内外闸槽，洞底有内外石槛，以承闸板。墩与墩间架巨石为闸面。细察三江闸"女"字洞闸面及大小闸墩图，便可代表其构造之大概。图中除栏石及小梭墩，系第一次修闸时增置。一比二比四混凝土底，系此次修补外，余均汤公建筑时原来形状。

三、三江闸从前修理方法之略述

　　三江闸建于嘉靖十五年（西历 1536 年），迄今已历（西历 1932 年）

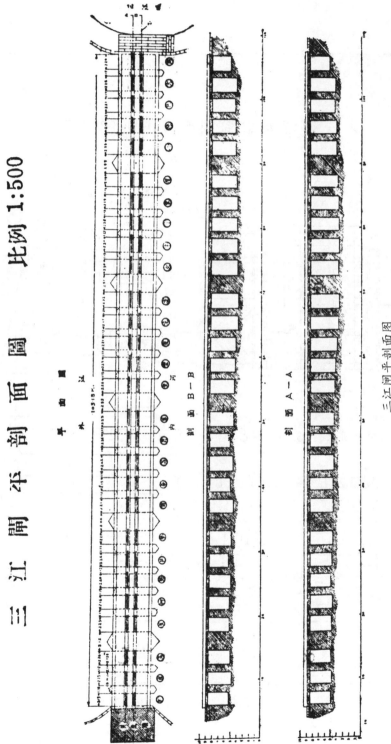

三 江 闸 水 剖 面 图 比例 1:500

平 面 图

剖面 B—B

剖面 A—A

三江闸平剖面图

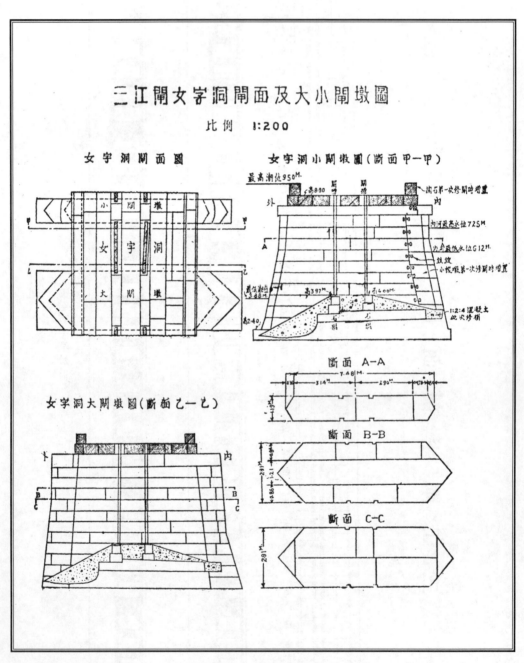

三江闸女字洞闸面及大小闸墩图

三九六年。除此次工程以外，经修理五次，其修理方法具载《闸务全书》，爰略述于下：

　　第一次修闸　明万历十二年（西历 1584 年）。即建闸后四八年。绍兴郡守萧良干（江南泾县人）从事修理。于闸前增置小梭墩（视三江闸"女"字洞闸面及大小闸墩图），用石牝牡交互，从下镶上，并铸铁锭钳固之。闸面自首迄尾，铺镶盖面石，以资覆护。两旁加巨石为栏，以二十八宿分属各洞，凿字于闸洞上，罅泐处则沃锡加灰秫弥缝之。底板槛石及两涯，有应补换及应用灰铁者，靡不加以整理。

　　第二次修闸　明崇祯六年（西历 1633 年），距第一次修闸后四九年。修撰余煌（浙江会稽人）再修三江闸。于是年十月中旬动工，十二月完工。考余公修闸成规条例，内载诸洞底石，走水冲坏不齐者，于未筑坝以前，先着殷实宕户，发大山坚硬石板，长九尺，阔四尺，厚一尺，并槛石、衬石，应用梭墩，罅缝处或用锅犁废铁，或用碎缸填满。

　　第三次修闸　清康熙二十一年（西历 1682 年），即第二次修闸后四九年，闽督姚启圣（浙江会稽人）三修三江闸。是年九月四日开工，十一月十五日完工。于闸墩隙缝先塞以废铁，再用羊毛纸筋灰弥缝。羊毛纸筋灰者，由石灰、羊毛、纸筋、卤醝、糯米春合而成。复以闸内有十余闸洞，有上阔下狭者，有上狭下阔者，有中阔上下稍狭者，起板下板，诸多不便，乃清其槽，使上下成平行直线，既便于启闭，兼令下板得以密切。此外复补立闸槛八根。

　　第四次修闸　清乾隆六十年（西历 1795 年），距第三次修闸后一一三年，尚书茹棻（浙江山阴人）四修三江闸。是年十月六日开工，十一月十八日完工。其修理方法，考诸记载，仅载有用鱼网包石灰填塞罅漏一事。

　　第五次修闸　清道光十三年（西历 1833 年），距第四次修闸后三八年。郡守周仲墀（江西湖口人）五次修三江闸。是年秋筑坝告成，值霖潦大至，乃毁坝泄水。先修水面以上部分，视石缝大小高下，先用灰铁填补，其有缝小不用铁针填嵌，及近水处石灰难用者，改用油松削针以塞之。盖取千年水底松浸久不坏之义。于次年冬筑坝车水，将底部隙缝完全沃锡修补。

　　四、三江闸现在罅漏情形

　　距第五次修闸至今已历九八年。照历次修闸期间计之，已觉较远，再察该闸罅漏情形，尤觉有急修之必要。兹将各部损害情形略述于下：

　　闸底石槛置于岩基之上，槛与岩基间弥缝之锡冲刷殆尽。小汛时内水自槛底漏出,大汛时外潮由槛底涌入。照水力学水之压力与深度成正比例。再,同一漏洞,其漏水之量与深度之平方根成正比例。闸槛居最深部分,受水压力最甚。而槛下漏水之量,亦特大,且开闸时,水之流速多在每秒钟三公尺以上,槛已动摇,有脱落之虞。

闸墩　第五次修闸分二年办竣,前已言之。第一年修上部,用灰。次年修下部,用锡。查锡之熔解点为摄氏 232 度,达该度时,即熔解为液体,如温度降至 232 度以下,复凝结而为固体。修闸在冬令,闸石温度多在 10 度以下,以 232 度以上极热液体之锡,遇 10 度以下极冷之石,且石又系良导体,善于传热,能不即凝固直接注入闸墩之中心乎? 昔人云,闸墩闸底透沃以锡,予不信也。可见镕锡灌注仅能弥封于墩缝之四周,且锡与石本无粘合之力,经九十八年闸水之冲刷,锡之留存者甚微。此次抽水检查,见闸缝有宽达五公分者,水经石缝得周流无滞,足见镕锡之不足恃也。再,闸墩条石经三九六年风化作用,多现裂解现象,尤急应修补,以策安全。

翼墙　两端翼墙漏水,与闸墩相似,惟情形较烈耳。

总上述,闸底闸墩及两端翼墙漏水之量,乡人尝谓有开闸四洞之数。旱则内水易涸,失灌溉之资。而闸外朔望二汛咸潮,经石缝涌入,尤伤田禾。且水啮石罅,石渐酥,水亦益驶,剥蚀亦益烈。常此失修,闸身将有逐渐就圮之势。

五、三江闸此次修理之经过

修闸必须筑坝抽水。筑坝之先,对于二县内水之宣泄,尤应预为布置。然后灌浆补底及其他各项工程,始可渐次进行,兹分别说明于下:

宣泄　绍、萧二县泄水之道,以三江闸二十八洞为主,以西湖(三洞)、楝树(三洞)、宜桥(三洞)、刷沙(一洞)、四小闸共计十洞为附(视江闸泄水流域图)。三江闸内外坝筑后,二县之水必须经四小闸出口,甚为明显。筑坝之初,查西湖、宜桥二闸港淤塞,即雇工掘通并与修闸期内,令四小闸闸夫依照内河水位高低,按时间启闭,按日具报。至水位之高低,则以绍兴城内山阴火神庙之水尺为准,使最低水位不得低于 6.366 尺(无碍轮船交通之最低水位),最高水位不得高于 7.00 公尺(无碍农田之最高水位)。冬季水小,四小闸已足操纵裕如。再查历次修闸均在冬令(视三江闸从前修理方法略述),盖冬令雨量最少,绍兴雨量本处仅有三年记载,兹录上海徐家汇天文台绍兴附近之宁波站雨量报告,以供参考。

宁波站 1886 年至 1924 年之每月平均雨量(单位 : 毫米)

月　份	雨　量
一	68.3
二	88.1
三	109.1
四	118.2
五	112.0
六	190.1
七	126.0
八	176.5
九	177.4
一〇	109.1
一一	62.9
一二	47.9
共计	1386.4

内坝　内坝三。一号坝筑于头道河,二号坝筑于二道河,三道坝筑于钱清江(视内外坝与抽水机地位图)。坝之筑法:先钉木桩二排,排与排之距离为 1.0 公尺,桩与桩之距离为 0.6 公尺,中间实以蓬柴与土,然后内外加土,筑令坚实。顶宽 4公尺,高 7.20 公尺,内外坡一比一二分之一。一、三两坝十月九日(废历九月十日)开工,十七日完工。留二号坝不筑,以备废历九月望汛之潮,自闸底闸缝漏入,可由二道河直流入内。否则,闸外之潮位常在 8.00 公尺以上,内坝高度仅 7.20 公尺,潮水经闸漏入涌高,将漫内坝之顶而过,危险甚大。至十九日(废历九月二十日)望汛已过,乃筑二号坝,打桩、铺柴、加土,一天赶竣。计一号坝长 17 公尺,高 2.2公尺;二号坝长 16 公尺,高 2.3 公尺;三号坝长 120 公尺,高 3.2 公尺。

外坝　内坝完工后,已届小汛时期。外坝地点,港底涸露。乃于二十一日开始建筑。先铺柴笼,笼上铺抢柴,厚 1.5 公尺,钉木桩三排,是谓底层。再于其上铺柴,厚 1.5 公尺,钉木桩三排,是谓中层。复加柴厚 1.7 公尺,钉桩二排,是谓上层。每层柴之铺叠,干向外,枝向内,宽 3.5 公尺。木桩之排列,则排与排之距离为 0.6 公尺。每排桩与桩之距离亦 0.6 公尺。内坡填土,顶宽 3 公尺,高 9.50 公尺。内坡一比二,外坡三比一,坝长 126 公尺,高 5.3 公尺。至三十

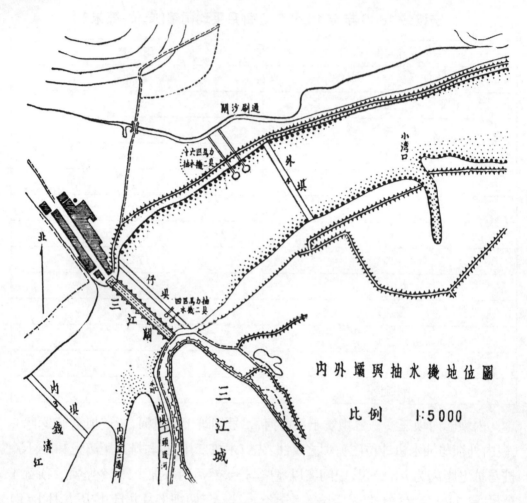

内外坝与抽水机地位图

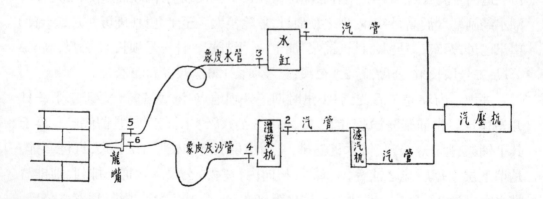

灌浆机件图

日完工。外坝共用土 7284.95 公方，柴 56020 担，钉桩 1129 枝，用柴既多，柴中钉桩尤多，非有经验者不办。此项叠柴钉桩小工，均自海宁远道雇来。且外坝附近之土，系沙性，夯不适用，须一方加土，一方加水，雇工用脚踏练，层累而上。庶无松浮之患。全部坝工，须于九天小汛内赶竣。地位局促，人数拥挤，已甚困难，乃进行期内，东北风大作，潮水特大，竟达 8.33 公尺，新填之土，受此高水压力，曾发生数处渗漏，日夜防守抢护，终底于成。为此次修闸最艰巨之工作。

抽水　此次筑坝程序，事前均经详细考虑。内坝完竣后，正在小汛，此时内河之水已断绝，内坝以外之水，除少数深洞外，均向外流出，各浅洞底脚俱干涸呈露，然后开始建筑外坝，故抽水之工极少。闸外一六公尺处，筑仔坝一道。用四匹马力煤油机四具，离心抽水机二具，装置船上，停于闸与仔坝之间，水自虚、危等深洞抽出仔坝储蓄，以备洗闸之需。再于近外坝处，装十六匹马力柴油机、八时离心抽水机二具，以备天雨时将过量之水抽出塘外（视内外坝与抽水机地位图）。闸底之水，十月三十日开始抽出仔坝，十一月十日抽干。工程进行期内，天气极干旱，近外坝处之八时大抽水机装置后竟完全不用。

灌浆　闸墩及两端翼墙石缝，均用一比三灰沙浆，以灌浆机 Cement-Gun 注射入缝填满，使之结实。惟灌浆之先，须将原有石灰凿去，再将碎块杂质钩出。其缝内淤积沙泥，则临时备手摇洋龙三具冲洗，使荡涤清净。灌浆机件之重要者，除灌浆机外尚有汽压机 AirCompressor、水缸 WaterTank、滤汽机 Airdryer 各一具，其布置如图。先将水缸满储以水，并将一比三灰沙干拌后（不加水）陆续装入灌浆机，然后开一、二、三、四、五、六各门 Valve，则水缸内之水，灌浆机内之灰沙，同时被高汽压，经水管、灰沙管压出至龙嘴 Nozzle 会合，喷出灌注石缝。滤汽缸则装于汽压机与灌浆机之间，所以滤汽中之水分也。汽压机系 N-1 式德国柏林 InternationalCement-GunCompany 制造，每小时能灌灰沙浆 0.75 公方，汽压机之马力为 35 匹，汽压为每平方 2.5 至 3.5 公斤。灌浆之黄沙采自绍兴平水镇，均经筛洗晒干后使用，洋灰则采用象牌。灌浆工程于十一月一日开始，十二月二十七日完工，共灌灰沙浆 158 公方。

闸底　闸底岩基凹凸不平，淤泥甚多。先雇工挖掘，再用手摇洋龙冲洗，然后依各洞形势，两石槛间及内外，用一比三比四混凝土填补（视三江闸闸底修铺工程图）。闸底工程于十一月四日开始，十二月一日完工，共做混凝土 177 公方。

试闸　灌浆及闸底工程完竣后，闭内外闸板。中实以土，使闸板接缝丝毫不能漏水，然后开一号坝，试闸墩及翼墙灌浆之处有无渗漏情事，结果甚佳。惟西端翼墙左右石塘,未经灌浆,水竟由石塘绕道漏出。石塘灌浆本未列入预算。试验之后,觉石塘不修,闸身仍有危险,即封筑一号坝,将放入之水车干。石塘闸内 12 公尺、闸外 38 公尺,重行灌浆。共费工料洋 668.38 元。此则另列预算,作二十一年度岁修,不在修闸经费之内也。

其他工程 闸面及闸栏条石之缝,用一比三灰沙弥塞。闸槽上部则用一比二比四混凝土修补。两端翼墙背面均挖开填实。闸墩条石裂解处,用一比二比四钢筋混凝土修补。闸墩清理时脱下之锡,于彩凤山上建碑立亭,以留纪念。再,筑 5 号坝取土时,西端田中掘得石龟一个,置于锡碑之旁,要关加以粉刷修整。闸栏则凿每洞洞名,以资识别。

修闸经费 此次修闸,除灌浆及抽水机件不计外,合计工料杂费洋 31376.50 元,列表于下:

工程类别	工料名称	数　量	金　额	备　注
一、筑坝工程				
内坝	蓬柴	2308.00 担	138.48 元	内坝三道
	叠柴工	114.21 公尺	46.14	
	土方	2901.48 公尺	1334.68	
	木桩	347.00 支	320.95	
	打桩工	347.00 支	86.75	
	拆坝工		175.48	
外坝	抢柴	56020.00 担	5010.69	外坝一道。
	叠柴工	346.02 公尺	346.02	柴分三层铺叠,合计长 346.02 公尺。
	土方	7284.95 公尺	3642.48	
	地龙木	30.00 支	21.60	
	木桩	1129.00 支	994.67	
	打桩工	1129.00 支	282.25	
	拆坝工		556.32	
二、抽水工程			932.96	

续 表

工程类别	工料名称	数 量	金 额	备 注
三、灌浆工程	洋灰	397.00 桶	2840.48	闸墩及翼墙灌一比三灰沙浆。
	黄沙	241.05 公方	482.10	黄沙照一比三比例仅需 158 公方,超出之数因经筛洗晒之损耗。
三、灌浆工程	灌浆工		2426.00	
	清理工	1019.00 工	858.80	
	机器运费		361.94	
四、补底工程	洋灰	355.00 桶	2587.03	闸底石槛间及内外用一比二比四混凝土填补。
	黄沙	81.59 公方	163.18	
	石子	175.89 公方	439.73	
	混凝土工	945.50 工	675.35	
	清理工	1472.00 工	927.37	
五、其他工程	闸面		451.51	闸面用一比三灰沙弥缝,石栏凿二十八字洞名。
	闸槽		232.98	闸槽上部用一比二比四混凝土修补。
	挖修翼墙		91.98	两端翼墙背后均挖开修填。
	锡碑亭		753.42	
	粉刷要关		35.62	
六、杂费			4129.54	

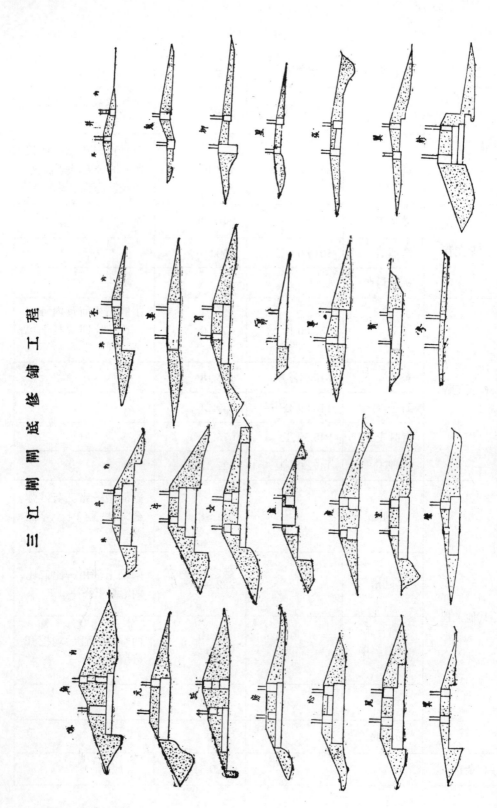

三江闸闸底修铺工程

三江闸闸底修铺工程图

三江闸全景

闸墩漏水情形

民国二十一年十二月五日纪于三江闸工次
用 CementGun 灌洋灰情形

工程类别	工料名称	数　量	金　额	备　注
合　计			31376.50 元	

六、三江闸今后之管理

　　三江闸现在管理方面，有闸务员一人，闸夫十人，全闸闸板 1078 块，照已往之经验，每年规定添换 300 块，每块约可使用四年，兹将二十一年度闸务经费列下，以供留心闸务者之参考：

闸务员一人	每月 25 元	每年 300 元
夫头一人	每月 7 元	每年 84 元
闸夫十人	每人每月 6 元	每年 720 元
添换闸板盖板闸环闸钩及大汛帮工等		每年 1656 元
共计		每年 2760 元

每洞闸板,由 15 块至 23 块不等,现拟每洞闸板编列号码,开闸启闸板是否到底,便易检查。

开闸制度:绍兴城内山阴火神庙立有水则碑一块,凿有金、木、水、火、土五字。清咸丰元年规定内河水涨至"火"字脚(高 6.69)开八洞,"水"字脚(高 6.82)开十六洞,"木"字脚(高 6.94)开二十八洞。三江闸内头道河,亦有水则碑一块,与城内之碑高度略有出入,易使管理者发生疑义,兹拟以城内之碑为标准,加以测量校正。

闸港淤塞,久成大患。未修闸之前,石缝漏水,尚稍有冲刷之力。现经修理,漏水既断,港底必更容易淤涨。查外坝二十一年十月二十一日开工时,外坡脚高为 4.30 公尺。至二十二年一月一日高达 6.20 公尺(视三江闸开洞刷沙计划图)。经过 72 天淤涨至 1.90 公尺。如再涨半公尺,则内水虽已达开放之时,即开闸亦不能泄水矣。闸港长二十余里,疏掘又非旦夕所能办竣。兹规定于闸外 250 公尺处,设测沙站,每月朔望后测量一次,如港底高达 5.00 公尺时,即须开闸一洞以刷积沙,如一洞之水不足,得酌开数洞,以港底冲至 5.00 公尺以下为止。此法拟试办一年,如成绩优良,当泐石永成定例。

附　注

一、本篇所用高度均以翼、轸二洞间闸墩外端 B.M.N020 高 8.739 公尺为准(视三江闸平剖面图)。将来须根据吴淞零点加以更正。

二、绍兴城内水标与三江闸 B.M.N020 之联络,以内坝建筑后,假定城内与三江坝内同时之水面高度相等为准。将来亦应测量水准核对。

[民国]中国水利工程学会,《水利》第五卷第一期(1933)

浙江省水利工程计划分年进行案 （节录）

查浙江省预定工程计划,约分为(1)省办工程、(2)县办工程、(3)省款补助工程、(4)地方集款新办工程四项;至以后实施工程,拟照省库及国民经济情形,分别缓急,再定施工程序。兹将各项工程计划分述如左。

甲、省办工程

浙省除江海塘工岁修由省库拨款新办外,近年来以国民劳动服务为主要工作,此项工程业于二十四年冬季兴办,第一次计浚河十二处,修筑堤塘六处,共征工四万四千八百五十名,填土挖土四十六万七千一百八十四公方。至本年度及以后分年工程进行,拟就现在工程情形,订定四年计划。

乙、县办工程

本年内各县乡镇水利公会一律组织完成,依照本省各县堤塘修防规则及修浚堰漫沟渠办法,负责查勘、拟具计划,由县汇报建设厅核定。除应行招工办理各项工程,仍就各地水利专款尽量支付,并在县建设费项下呈请动支外,凡可利用国民劳动服务之浚河及培土工程,应予每年水利季节期内,征集壮丁兴办。其较大之工程,则分年办理。

丙、省款补助之工程

诸暨东泌湖排水工程

是项工程,计分修堤、浚河、修筑闸涵及装置抽水机等项,共计工程经费二十余万元,省库补助工振款五万元,余按照受益田亩分担。分二年办理完成。其浚河修理工程正在进行中,闸涵工程即待兴办,装置抽水机工程拟于二十六年度兴办。

续办南沙挑水坝工程

南沙挑水坝工程自民国十七年新办以来,增长沙地约十九万亩,成效卓著。二十四年度由省府拨补工振款五万元,续办9号坝及添办F、H号坝,嗣因振款用尽,中途停止。拟照以前原定计划,将9号坝及F、H号坝陆续完成,所需经费,按照以前分配办法,由省库补助三分之一,余三分之二由地方负担,分年筹集。兹地方士绅拟请继续征收亩捐办理,俟经费筹有成数,即行定期兴工。

［民国］浙江省建设厅《浙江建设月刊》第十卷第三期(1937),
2009 年版《民国浙江史料辑刊》第 2 辑(国家图书馆出版社)

十年来之浙江水利 （节录）

一、引言

本省水利机关,在民国十五年前,整理钱塘江塘工,有海宁、海盐、绍兴三塘工局,各自为政。测绘钱江形势,有浙江海塘测量处,附设于省公署。关于水利行政,则有浙江省水利委员会之组织,经办事件,以局部水利争执,奉命测勘之案为多;其下更设测量队,办理各区测务。又有浙西水利议事会之组织,专司修浚浙西区域内河道、坝闸及河岸工程。上述各机关,彼此不相统属,水政颇为紊歧。迨十六年七月,钱塘江工程局成立,举海塘工程,统筹办理,始有端倪。十七年九月,水利局成立,复将钱塘江工程局并入。于是浙省水利建设机关始告统一。其后于二十年四月,曾一度将海塘工程划出,另设钱塘江塘岸工程处于海宁,未及一载,即裁并于水利局。二十五年六月,复以省库支绌,将水利局改组为建设厅水利工程处,并将杭平段海塘工程处及萧绍段塘闸工程处划出,直属建设厅。二十六年二月,复改为水利局,以应事实需要。本省十年来之水利工作,经历任苦心擘划,惨淡经营,都有足述者,兹谨最要分为工程、测量、测候三部,列举如次,并附将来进行计划概要于末。惟因时间匆促,拨冗从事,挂漏谫劣,在所不免,海内贤达,幸有以教之!

二、实施工程

本省水利工程,向以塘工为主,以整治其余河流为辅。塘工分为海塘、江塘二种:在海宁、海盐、平湖及绍兴东北一带江岸者为海塘;在杭州、萧山及绍兴东面一带江岸者为江塘。前者为江南富庶区域之保障,后者为浙东西膏腴土地之屏蔽。前清年縻国帑数十万至百余万两,分设海宁、海盐、绍萧等塘工局,专理其事,当时对于塘工之重视,可想而知。至整治其余河流,在浙东方面,以建闸防淤、蓄淡灌溉,较为重要,如修理绍兴三江闸、建筑黄岩西江闸与温岭新金清闸等工程,颇有足述者。浙西方面,则以浚治、航运、灌溉并重,如吴兴机杭港、长兴五里桥河道、嘉兴城东濠河、嘉兴鸳鸯新河、平湖泖河支流等,皆其较著者也。兹分述如后。

(二)绍萧段塘闸工程

此段所辖塘工,西起临浦之麻溪山,东迄蒿坝之口头山,再加曹娥江对江飞字至坝字,共一百四十二字号,因属绍兴县境,亦归绍萧段管理,全段塘长一百十八余公里,分为一、二、三三区。塘工分土塘、丁由石塘、鱼鳞石塘、半截石塘四种。险塘地点,为临浦、闻堰、南塘头、镇塘殿、车家浦、贺盘六处;而尤以闻堰适当富春江、浦阳江之顶冲为最险。沿塘之闸有十,其中因闸外沙地淤涨、闸港淤塞,已失宣泄效能,闸洞业经填塞者,为山西闸、黄草闸;闸外沙涂屡涨屡坍,泄水之效能已失去十之八九者,为姚家埠闸;宣泄灵畅,时资利用者,为三江闸、刷沙闸、宜桥闸、栋树闸、西湖。泄水以三江闸为总枢纽,以刷沙、宜桥、栋树、西湖四小闸为辅。遇天时亢旱,内河水枯,兼作进水之用者,为茅山闸、清水闸。

此段所施工程,除塘工与杭平一段相类似外,而保管闸坝工程,亦为主要工作之一。此十年来,实施工程计修理塘身一六四二五·三五公尺,修理坦水一五八七·五〇公尺,新建条石塘二四·〇〇公尺,新建块石斜坡塘七四四·〇〇公尺,新建土塘三八七·一〇公尺,建筑挑水坝十六座,汲水坝一座,修闸二座,计工程及经常费五五一三六九·一三元。兹列表如下:

绍萧段塘闸工程处十六年度至二十五年度经费支出统计表 单位(元)

类别	工程费						经常费	总计
年别	岁修费	月修费	抢修费	工程队费	闸务	合计		
民国十六年	18289.63			170.97		18460.42	9357.86	27818.28
民国十七年	11875.11	780.69		4220.73	531.86	17408.39	12714.06	30123.45

续　表

类　别	工程费						经常费	总　计
民国十八年	64785.52	3911.44		4653.49	1131.69	74482.14	14048.20	88550.34
民国十九年	34766.27	2405.19	2081.39	4548.03	168.75	43969.63	13816.85	57786.48
民国二十年	26740.42	116.32		4608.00	1098.53	32169.28	9434.15	41597.43
民国二十一年	61482.98	2592.96	570.99	4641.10	1055.03	71243.06	11334..31	82677..37
民国二十二年	67604.96	2080.87	2008.33	4909.98	670.47	77274.61	10312.57	87587.18
民国二十三年	26529.13	4923.67		4982.67	964.15	37399.62	10998.62	48299.24
民国二十四年	9957.33	1130.05	401.67	5049.24	909.07	17447.36	8948.00	26395.36
民国二十五年	34368.00	4200.00	2400.00	5544.00	2664.00	49176.00	11280.00	60456.00
总　计	355999.36	23141.19	7462.38	43328.03	9193.55	439124.51	112244.62	551369.13

　　南沙工程，其经费由地方筹集三分之二，省库拨充三分之一，足见当地人士热心赞襄之一斑也。

　　（十）征工服役工程

　　民国劳动服务，为民国经济建设八端之一，利用人民农隙及业余时间，服务各项水利工作，自二十四年起，奉命规划办理，大部分以普通人民所能工作之浚河筑堤为限。于二十四年十一月开工，由局派员指导，二十五年四月二十日结束，计浚河工程十处，挖土三六五四六六公方，筑堤六处，挑土一○二三一八公方，共征四四八五○三工。二十五年起，改称征工服役，所有工程分疏浚及挑填海塘二种，共二十二处，预估土方四十八万三千余公方，现正在举办中。兹将二十四年工程成绩（见附表一）及二十五年度土方预算列表如下：

二十五年度浙江省征工服役省水利工事土方预算表

工程号数	工程名称	县　境	工作地点	预　算	土方数
5	疏浚嵊县北官河	嵊县	西港至剡溪	29	394.00
22	挑填海塘	绍兴	曹娥镇	11	233.00

［民国］浙江省建设厅《浙江建设月刊》第十卷第十一期（1937），

2009年版《民国浙江史料辑刊第2辑》（国家图书馆出版社）

策 论

于雄峙國僅南面……龍山之東西北三面皆水東臨曹娥江西瀕浦陽江北……

水利代有改進東西北三面沿江築塘自麻溪壩至西興曰江塘之……

海塘自宋家溇至曹娥曰東江塘以捍外來之潮汐遂成巨浸形一遇……

過淹沒故明季郡守湯公篤齋有應宿閘之建也

石三江閘在縣西北二十八里之三江口（即錢清江曹城……

海之關鍵明嘉靖十五年（府志十六年）郡守湯公紹恩相……

自餘丈操縱內地之水使旱有蓄潦有洩啟閉有則無旱……

啟閉以則水牌為準開閉先下內版開閘先起外版有閘夫十人可……

店樂業生聚繁茂蔚為東南名郡者水利之興修有以致之……

平土人呼減水洞十一閘一閘夫所共也閉閘祗下版不築泥故一……

派管二洞深淺相配有管房胃洞者有管心參洞者有管脊尾獅……

书　虚（节录）

王　充

　　传书言：吴王夫差杀伍子胥，煮之于镬，乃以鸱夷橐投之于江。子胥恚恨，驱水为涛，以溺杀人。今时会稽、丹徒大江、钱唐浙江，皆立子胥之庙。盖欲慰其恨心，止其猛涛也。夫言吴王杀子胥投之于江，实也；言其恨恚驱水为涛者，虚也。屈原怀恨，自投湘江，湘江不为涛；申徒狄蹈河而死，河水不为涛。世人必曰屈原、申徒狄不能勇猛，力怒不如子胥。夫卫菹子路而汉烹彭越，子胥勇猛不过子路、彭越。然二士不能发怒于鼎镬之中，以烹汤菹汁溅湿旁人。子胥亦自先入镬，乃入江；在镬中之时，其神安居？岂怯于镬汤，勇于江水哉！何其怒气前后不相副也？且投于江中，何江也？有丹徒大江，有钱唐浙江，有吴通陵江。或言投于丹徒大江，无涛，欲言投于钱唐浙江。浙江、山阴江、上虞江皆有涛，三江有涛，岂分橐中之体，散置三江中乎？人若恨恚也，仇雠未死，子孙遗在，可也。

　　今吴国已灭，夫差无类，吴为会稽，立置太守，子胥之神，复何怨苦，为涛不止，欲何求索？吴、越在时，分会稽郡，越治山阴。吴都今吴，馀暨以南属越，钱唐以北属吴。钱唐之江，两国界也。山阴、上虞在越界中，子胥入吴之江，为涛当自上吴界中，何为入越之地？怨恚吴王、发怒越江，违失道理，无神之验也。且夫水难驱而人易从也。生任筋力，死用精魂。子胥之生，不能从生人营卫其身，自令身死，筋力消绝，精魂飞散，安能为涛？使子胥之类数百千人，乘船渡江，不能越水。一子胥之身，煮汤镬之中，骨肉糜烂，成为羹菹，何能有害也？

　　周宣王杀其臣杜伯，（燕简公）杀其臣庄子义。其后杜伯射宣王，庄子义害简（公），事理似然，犹为虚言。今子胥不能完体，为杜伯、子义之事以报吴王，而驱水往来，岂报仇之义、有知之验哉！俗语不实，成为丹青；丹青之文，贤圣惑焉。夫地之有百川也，犹人之有血脉也。血脉流行泛扬，动静自有节度。百川亦然，其朝夕往来，犹人之呼吸气出入也。天地之性，上古有之，经曰："江、汉朝宗于海。"唐、虞之前也，其发海中之时，漾驰而已；入三江之中，殆小浅狭，水激沸起，故腾为涛。广陵曲江有涛，文人赋之。大江浩洋，曲江有涛，竟以隘狭也。吴杀其身，为涛广陵，子胥之神，竟无知也。溪谷之深，流者安洋，浅多沙石，激扬为濑。夫涛濑，一也。谓子胥为涛，谁居溪谷为濑者乎？案，涛入三江，岸沸踊，中央无声。必以子胥为涛，子胥之身聚岸灌也。涛之起也，随月盛衰，小大满损不齐同。如子胥为涛，子胥之怒，以月为节也。三江时风，扬疾之波亦溺杀人，子胥之神，复为风也？秦始皇渡湘水，遭风，问湘山何祠？左右对曰："尧之女，舜之妻也。"始皇大怒，使刑徒三千人斩湘山之树而履之。夫谓子胥之神为涛，犹谓二女之精为风也。

黄晖《论衡校释》，2017 年版（中华书局）

海潮论

燕　肃

　　观古今诸家，海潮之说亦多矣。或谓天河激涌，亦云地机翕张。卢肇以"日激水而潮生"，封演云"月周天而潮应"。挺空入汉，山涌而涛随（施师谓僧隐之之言）。析木大梁，月行而水大。源殊派异，无所适从。

　　索隐探微，宜伸确论。大率元气嘘翕，天随气而涨敛；溟渤往来，潮随天而进退者也。以日者，重阳之母，阴生于阳，故潮附之于日也。月者，太阴之精，水乃阴类，故潮依之于月也。是故随日而应月，依阴而附阳。盈于朔、望，消于月出魄；虚于上、下弦，息于胱朒。故潮有小大焉。

　　今起月朔夜半子时，潮平于地之子位四刻一十六分半，月离于日，在地之辰。次日移三刻七十二分，对月到之位，以日临之，次潮必应之。过月望，复东行，潮附日而又西应之。至后朔子时四刻一十六分半，日、月、潮水俱复会于子位。其小尽，则月离于日，在地之辰。次日移三刻七十三分半，对月到之位，以日临之，次潮必应之。至后朔子时四刻一十六分半，日、月、潮水亦俱复会于子位，于是知潮常附日而右旋。以月临子午,潮必平矣;月在卯酉,汐必尽矣。或迟速消息又小异,而进退盈虚终不失其期也。

或曰:"四海潮平来皆有渐,唯浙江潮至则亘如山岳,奋如雷霆,水岸横飞,雪崖旁射,澎腾奔激,吁可畏也。其涨怒之理可得闻乎?"

曰:"或云夹岸有山,南曰龛,北曰赭,二山相对谓之海门,岸狭势逼,涌而为涛耳。"

若言"狭逼",则东溟自定海吞余姚、奉化二江,侔之浙江尤甚狭逼,潮来不闻涛有声也。

今观浙江之口,起自纂风亭,北望嘉兴大山,水阔二百余里。故海商舶船畏避沙滩,不由大江,惟泛余姚小江,易舟而浮运河达于杭越矣。盖以下有沙滩南北亘连,隔碍洪波,蹙遏潮势。

夫月离震兑,他潮已生,惟浙江潮水不同。月经乾巽,潮来已半,浊浪堆滞,后水益来,于是溢于沙滩,猛怒顿涌,声势激射,故起而为涛耳。非江山狭逼使之然也。

[宋]姚宽《西溪丛语》卷上,1922年版(商务印书馆)

韩振撰绍兴县三江闸考

绍兴府山阴、会稽、萧山三县,皆系滨海,其形内高外低,会上游诸郡之水,出三江口而注诸海。三江者,曹娥江、钱清江、浙江也。曹娥江归西汇觜,是为东江。钱清江出闸归东巉觜,是为西小江。其东海之西北上流,即为浙江。至东西两沙觜入东海。三县内地之水由三江口以出海,海之潮汐亦由三江以入内地。其潮汐之来也,拥沙以入;其退也,停沙而出。迨至日久,沙拥成阜,当其霖雨浃旬,水不得泄,则泛滥为患。及至决沙而出,水无所蓄,又倾泻可虞。

汉唐以来建闸二十余所,虽稍杀水势,而未据要津,恒有决筑之劳,而患不能弭。明嘉靖中,绍兴知府汤公绍恩,审度沿海,知三江口者,内河外海之关键也,欲闸之。而苦湖撼沙松,基难成立。乃近里相度,见浮山之东西两岸,有交牙状。掘地则石骨横亘数十丈,此又三江口以内之关键而天然闸基也。乃建二十八洞大闸以扼之，果屹然安固。兼筑塘四百余丈以捍海潮，由是而二邑之水总会于斯，潦则泄，旱则闭，有利无患，盖数百年于兹矣。

然为日既久，胶石灰秫渐剥，潮汛日夜震荡，砥不能无泐，址不能无圮，其后萧、余、姚、姜诸公，相继修之。而潮泥壅塞，疏浚无策，甚有以闸为不可修、不能修、不必修者。其说固悖谬，即主修者，亦未得其病之由，盖坏闸之弊不一，而莫甚于启闭乖方与沙港开直之二端。夫昔人定启闭之制也，版必厚阔，环必坚铁，至水则以按时启闭。其启也，必稽底板之多寡而尽去之，使水势湍急，沙得随潮以出入；其闭也，又必实以沙土，塞以草薪。故秋潮虽大，而沙无从入。今乃启闭听之闸夫，则于深阔难启之版，往往不尽起，以致浑沙下积，而外渔人又赂掌闸者迟闭，以致涸而害农，且填土多不实，又无草薪补其渗漏，并有闸版缺而不全者，所以虽不启之时，而潮沙尝得乘隙以入，夫安得不淤乎？此坏闸之大弊一也。凡水之曲折以趋海者，其性则然，故中江以浙名，而东西二小江亦以九曲名。昔时两沙觜，东西交互以环卫海塘，故海口关锁周密，潮来自下盖山起涛头，一从二觜外，溯钱塘江而西；一从二觜内，分往曹娥及钱清诸江，以曲九曲而至闸，是海离闸远而曲多。曲多，故来缓而退有力，来缓则挟沙少，退有力则刷沙速。且遇内水发时，外潮初入，则东江清水逼入西江浊流，既无从进而潮愈不迫，故到闸为时甚久，且沙地坚实，萑苇茂密，皆可以御浑潮。古人犹筑二堤以补九曲之不足，岂无深意焉？故语云："三湾抵一闸"，良不诬也。自巉觜两沙日坍日狭，南北一望，阔仅里许，海口关锁已无，潮固可以长驱直入矣。乃司浚者不察所以致淤之由，反以旧曲难通，更将两曲逼近之处而开直之，以省挑浚之力。小民贪淤地之利，灶户幸免涉江晒盐之劳，而闸身之受患与咸水之害田，罔有过而问者也。此坏闸之大弊又一也。

如是而欲去淤闸之二弊，以收捍蓄之全功，岂能无浮议之阻挠乎？夫闸潦而启不时，则海亩者窃决塘，窃则罪，故海民谤；无闸则海鱼入潮、河鱼入汐，闸则否，故内外渔迕闸者谤。宅是者闸阻潮汐吞吐，改水顺逆关废兴，故宅是者亦谤；况计闸之无淤，必塞直以就曲，则灶丁晒盐必渡江往来，故擅牢盆之利者亦谤。虽然，唯谤之是畏，必作有意于民瘼者也。夫诚有意于民瘼，即百口谤且不避，况异日必万口颂乎？是以愚民可与乐，成难以图始。麋裘衮衣，褚伍诲殖，是所赖实心任事兴久大之利者。

阅海塘记

爱新觉罗·弘历

隆古以来，治水者必应以神禹为准。神禹乘四载，随山浚川，其大者导河导江，胥入于海。

禹之迹至于会稽。会稽者，即今浙海之区，所谓南北互为坍涨，迁徙靡常地。神禹亲历其间何以未治？岂古今异势，尔时可以不治治之乎？抑海之为物最巨，不可与江河同，人力有所难施乎？河之患，既以堤防；海之患，亦以塘坝。然既有之，莫能已之，已之而其患更烈，仁人君子所弗忍为也。故每补偏救弊，亦云尽人事而已，施堤防于河已难，而况措塘坝于海乎？

海之有塘坝，李唐以前不可考，可考者，盖自太宗贞观间始。历宋、元、明，屡修而屡坏。南岸绍兴有山为之御，故其患常轻；北岸海宁无山为之御，故其患常重。乾隆乙丑以后，丁丑以前，海趋中亹，浙人所谓"最吉而最难获者"。辛未、丁丑两度临观，为之庆幸，而不敢必其久如是也。无何而戊寅之秋，雷山北首有涨沙痕，己卯之春，遂全趋北大亹，而北岸护沙以渐次被刷，是柴塘、石塘之保护于斯时为刻不可缓者。易柴以石，费虽巨而经久，去害为民者，弗惜也。然有云柴塘之下皆活沙，不能易石者；有云移内数十丈，则可施工者。督抚以斯事体大，不敢定议。夫朕之巡方问俗，非为展义制宜，措斯民于衽席之安乎？数郡民生休戚之关，孰有大于此者？可以沮洳海滨地险，辞而不为之悉心相度，以期又安吾赤子乎？故于至杭之翌日，即减从趣程，策马堤上，一一履视测度。然后深悉夫柴塘之下不可施工，以其实系活沙，桩橛弗牢，讫不可以擎石也。柴塘之内可施工，而仓卒不可为，以其拆人庐墓、桑麻，填坑堑，未受害而先惊吾民也。即云成大利者不顾小害，然使石塘成而废柴塘，是弃石塘以外之人矣。如仍保柴塘，则徒费帑项，为此无益而有害之举，滋弗当也。于是定议，修柴塘、增坦水、加柴价。

一经指示而海塘大端已具，守土之臣有所遵循，即随时入告，亦已成竹素具,便于进止也。议者或曰:"所损者少而全者众,柴固不如石坚,何为?"是姑息之论。然吾闻古人云:井田善政,行于乱之后,是求治;行于治之时,是求乱。吾将以是为折中,而不肯冒昧以举者,此也。

踏勘尖山之日,守塘者以涨沙闻。后数日,沙涨又增。命御前大臣志石篓以验之,果然(自初三日亲临阅塘,后即命都统努三、额驸福隆安立标于石篓之上,以验增长。今复遣往视,回奏云,十日以来沙涨至三尺余,土人以为神佑)。斯诚海神之佑耶!但丁丑以前已趋中亹者尚不可保,而况今数尺之涨沙乎?然此诚转旋之机,是吾所默识灵贶,益励敬天勤民之心也;是吾所以望神禹而怵然以惧,渐无奠定之良策也。

至海宁日即虔谒海神庙,皇考御制文在焉,因书此记于碑阴,以识吾阅塘咨度者如是,固不敢以己见为必当也。

《乾隆绍兴府志·卷首》,清乾隆五十四年(1789)刻本

论潮汐

范 寅

天地一气之所鼓铸也:天为气鼓而运于外,廓落焉;地为气铸而动于中,卵实焉。

四海之水为天气所逼浸绕地边,犹人身之血,所以滋地生万物焉。地若不动,则死物矣。地之动不可验,验之于潮汐。海水朝涌逆行曰潮,夕涌逆行曰汐。潮汐者,地动使之也。地之动,非震也,沉浮焉。天,替之水钢;地,譬之木器。今试置木器于水钢,静则浮,动则沈。

沈而水泛器边,即犹海渔江滨之潮汐;水泛器边,或激之而生潡,即曲江之涛矣。涛与潮汐何以异?曰:潮汐,不过水涌逆行耳;涛者,潮汐之怒气高卷骇浪白喷者也。然则各海澨江滨不过潮汐,曲江何以独为涛?曰:曲江,今之浙江

武林诸山迤逦起伏直至尖山,以障江海之口。尖山之脉又迤逦海中,直联上虞之夏盖山。其东岸之龛、赭二山脉,亦迤逦隐联山阴之马鞍山、会稽之俯山。曹娥之凤凰山为越郡江海之门户,其内外山脉曲折夹绕,故名曲江,又名之江。江既曲,故潮汐至夏盖山陡起涛头,雷轰风卷,不及一时,流转五百里,由夏盖山滚过尖山,南驱钱江,直达富阳港。又东驱龛、赭,席卷鞍、俯,曲进曹娥江、凤凰山,下越城西江、钱塘东江、曹娥北塘。龛、赭、马鞍、俯山外套,乃夏盖及尖山;涛之来钱塘,特一面之反弓,其包越郡,实三面之眠弓也。譬木器之中置一曲套,颓套头人水钢曰起,其旁泛之水四涌,而曲套之水更疾卷高喷矣。

潮汐、涛之由于地动,何以异? 然则曲江之潮汐,宜从枚乘《七发》。曰涛名潮者,未确也。且夫论形势,涛固异于潮汐;论理,仍潮汐耳。既曰“朝潮夕汐”,每昼夜必两次乎? 则又非也。地配天属阴,其气动荡较迟,犹月配日而有新残盈阙也。月有新残盈阙,故涛亦有迟早大小。土人常计月以测涛,涛固天地之元气。而外省人民之惊涛者,辄曰绍兴水怪,殆未悉其理耳。何怪焉? 或曰昔之涛头止于富阳,而潮涨止于桐庐柳江滩;今则涛头止于钱江,潮涨且未至富阳,其元气未足乎? 曰:非也。此因其涨沙数百里,犹昔之止富阳,阻柳江滩,理势然。或又曰:尖山之脉迤逦海中,直联上虞之夏盖山,子何由见而知之? 曰:访于蜑户,且目睹涛头之来如此,涛神其诏我矣。否则,海溢江滨何以皆潮汐,曲江何独有涛,且涛何必如此来?

［清］范寅《越谚·附论》,清光绪八年（1882）谷应山房刻本

论涨沙

范　寅

　　越之有涨沙,沧海将变桑田也。其初艘船,继而露于水面,可卤、可芦、可茅、可棉,至于可瓜豆,即转黄壤为黑坟,堪圩塘为桑田矣。

　　其在前者,吾详考而为《古今山海》一论。其目睹者,咸丰元年辛亥二月初吉,送胞兄赴皖,至西兴石塘上话别,但见洋洋水阔十里者,钱塘江也。以石塘为渡头,兄跨脚上船径去。明年夏,兄归应乡试。秋初,予赴皖,亦渡钱塘江。由石塘上船,隔水沙二里许矣。月涨年高,予亦数数往还江上。三十年间,已由芦、茅、棉而稔瓜豆。其涨沙之地,上接闻堰,下至海宁对岸。昔年十里江面,今惟中流一泾矣。此越城西壤涨沙焉。余姚县北四塘以外,自东而北而西,三十年间涨数十里。所谓“梁上梁下”“柏上柏下”“埋上埋下”者,形如折扇张面,接塘之沙犹窄,滨海之涨,突围转也。咸丰十一年辛酉,洪逆陷越城,山、会乡民流徙其地,苏人幕浙之曹凯唐亦避匿焉。逆贼虽不到,而民饥之变生肘腋也。出箧金,嘱仿岱山盐法,作板晒盐谋生。由是余姚涨沙数十里,晒盐盛行。此越城东鄙涨沙也。其在越城北塘以外者,山阴、会稽、萧山三县之北境,东至俿山,西迄龛山,北临大海,三十年间亦沙涨数十里。此间民灶杂居,各相争讼。灶丁曰:“我有丁壳,涨则直出至河,宜归我。”农民曰:“灶丁旧地,足卤供煎,涨沙旷土,我往筑丘开垦,宜归我。”窃按涨沙不独越郡,浙省之温、台,江南之苏、松、常、镇四府及太仓一州皆滨海,时涨时坍,历有成案。办法虽不同,大抵执政者听从民便而定。故即越郡而论,西壤钱江涨沙数百里南上者,皆由萧山农民筑丘开垦,今已由棉花、瓜豆可栽麦稻矣。北下者,皆由海民刮淋煎盐,设立河庄、党山两局收销矣。其东鄙余姚涨沙,且任山、会流民晒板谋生,余姚土民同居乐业。何尝涨沙必归灶丁乎?因民之所利而利之,惠而不费之政也。考之《周礼》,宅不毛者,有里布;民无职事者,出夫家之征。故天子巡狩,见土地辟、田野治,则有庆,庆以地;土地荒芜,则有让。所以如此者,毋令民有惰游酿为乱阶焉,且令生众为疾国富长治焉。

今之地丁,亦此治意耳。至于不安而争讼,势必各执一是,未可厚非。在听断者,采风问俗,酌古斟今,上有道揆,庶下有法守。

涨沙者,天造地设之旷土也。普天之下,莫非王土。积涨三十年之久、数十里之多,未曾上报而规画及之,必俟争讼而始理也,失政慢民矣;理而未得其当也,政乱民慢矣。窃思乂安之情理,食米亟于食盐;冻馁之图防,救民胜于救灶。山、会、萧三县,田亩不及山林川泽什之五,况去庐舍坟墓参之一,岁稔仅敷半载之粮。今海有涨沙,是天赐之田亩也。宜择高淡者,开垦归民;低咸者,刮淋归灶。其或卤地多于盐引,即低咸者,亦令民蓄淡种棉艺谷。棉谷丰,则衣食足;衣食足,则上赢国课,下靖民心。灶丁自在长养之中,而礼义可讲,以臻上理。国家所以禁止令行者,胥是道也。否则,或抑之,或扬之,或强为调停而和解之,以布种之地与灶,是令刮淋供煎之灶丁弃失本业而逃入于农;勤作之农,禁其开垦,收其田亩,是逼令惰游也;皆背典常而攻匪彝,上无道揆,下无法守矣。且咸地可以蓄淡,淡地不能复咸。与其谷荒,不若盐荒;盐荒,食淡,无害于命;谷荒,则民命国脉攸关。故自古惟闻积谷防饥之政,不闻积盐防淡之章。抑卤多必煎,私而害官。引此,关越地治忽。谨蠡测,以备刍荛。

[清]范寅《越谚·附论》,清光绪八年(1882)谷应山房刻本

宗能述三江闸私议

(清光绪壬申年)

一、究患原。闸港之塞也,塞之于沙。沙之至也,挟之于潮。潮因太阴摄力而生,其势骤以急,海沙受摄轻浮,尽从潮入。太阴过度,潮退之,势缓以迟,海沙摄去滞重,乃随地留澄。海港患塞,此为通病。而往往必有天然补救之利。盖众川入海,必汇百派而合一流。势常足以敌潮刷沙,故患常不致于终塞。吾越三江闸,因地得名,所谓三江口者,钱清江合曹江以会于浙江之区也。明太守

汤公察其形便,建闸其间,于是握山、会、萧三邑水利之总键,世称大利焉。数百年来,闸外沙线偶有变迁,亦未为大患。即患,亦易于补救。自同治五年,开宣港以后,闸患乃年重一年矣。何则？宣港未开,曹江自东南趋乎西北,闸港自西曲曲注于曹江,而潮来则自东北,有西汏涷沙洲为之屏蔽,潮不独不能直入闸,且不能直入曹江,必一折而入江,再折而入港。谚云："三湾抵一闸。"言其能杀潮而御沙也。无何竟掘西涷而断之,使口门直向东北,潮挟沙来,毫无阻滞。入曹江易,入闸港尤易,且令港口直对曹江,势若仰承,隐病实痼。盖潮进宣港,分而为二。一入曹江,一入闸港。闸港短、近,潮之退速。曹江远、长,潮之退迟。闸港潮退将尽,曹江之退潮适来,犹得涌入闸港。闸港退潮中之沙,果积于本港。曹江退潮中之沙,亦入而积于闸港。闸港之地,竟成汇沙之区矣。一日两潮,闸港四次受沙。而无敌潮刷沙之辅,欲不及于常塞,得乎？

一、导曹江。曹江处闸港常塞之地,闸港塞而曹江终不塞,何也？盖江源数百里,受数县万山之水,自上下下,势若建瓴。潮挟沙入江,江流因潮之阻力而生抵力。潮力既减,江流遂沛然收送潮逐沙之功,若闸港,闸非盛涨大潦不全启,平日闸内之水停弱无力,启亦不足敌潮。即旁求余流,亦鲜能为功。是以曹江实为三江闸敌渐刷沙之大辅也。今曹江自出宣港,绕今之所谓西嘴而归海。与闸港不关痛痒矣。以我本有之大辅,一旦弃之,别启一户,令其自出。谓非启户之咎乎？启户者,开宣港也今惟有导之使复故道,仍与闸港脉络融贯,如枝干之相依,则原气复而水利归矣。

一、复故道。闸港故道,本以闸外东西两沙嘴为屏藩。东嘴自西北抱向东南,嘴尖在东,故曰东嘴。西嘴自东南抱向西北,嘴尖在西,故曰西嘴。东嘴沙洲近于闸,西嘴沙洲近于海。两嘴之中,曹江自东南直趋西北之首。闸港自东嘴之内注于曹江,形势完固,宜乎为三邑之利而无患。今之形势反于古矣,不复于古,恐终不能远患而被利也。然欲复古,岂易言哉？必得深明水性之贤,与三邑练达之士,博访精求,抉择审定,不执一见之偏,不惑众论之歧,毋惜费而终误,毋欲速而罔功,和人事以俟天时,因今之势,导之以合古之道,江流岂不可致之顺轨也哉？

一、堵宣港。宣港者,内地之村名。昔西嘴沙地中,有直对宣港村之区言水利者谓：掘通此处,则闸港之流速,三邑可无病潦,因宣有通之义焉,遂亦因而名之曰宣港。当初开之时,顷刻之效,自足称快。不知内水之出速,外潮之入亦速矣。潮速,潮挟之沙亦速矣。且内水之速暂,外潮之速常。利之不足胜害万万矣。

开港以救闸流之病，反以种闸病之根。今病深而须急救，若治标求末，恐终不起，自当力拔其根。拔根之道，则非堵宣港不可。宣港初开，不过数丈，今数百丈者，乃闸港不与曹江交汇，各循岸并流，溜冲潮激，刷啮堤边，渐入水中。水洪所以如此，其阔也。然中溜以外，迄不甚深，若合三邑人力材物，乘天时而为之，成功亦不难耳。

此私议作于光绪初年，距今几二十年矣。前岁闸外形势忽焉变改，宣港东岸之西汇嘴接涨新沙，宣港西岸坍去旧沙，宣港西移，江流西逐，曹江出海之道，遂较前近闸数里。此诚天心欲令曹江与闸仍合为一，以救三邑之民之仁爱也。述初冬奉讳旋里，与乡士之深明闸故者讨论闸事，各以所见辨难商榷。虑宣港塞复之艰巨，能令人畏而终托。遂筹简而易行，足以代塞复之策二：其一策，为渐筑挑溜坝于西汇嘴，循沙性导水势，使之一意西趋，以遂江流西刷之道。屡筑屡导，曹江出海之流必可渐移，以致于闸西闸内之水自注于曹江而无塞淤之患矣。此则不塞之塞，不复之复，天心所在，顺势利导，事半功倍，诚万不可失之一时也。其一策即塘闸局拟办清潮刷沙之说也，潮至极点，退势已具，沙重已澄，距水面一尺之间，已如清水。此时各洞均启一版，放之入闸，蓄于筑坝之内河，逾刻港沙必又澄下一尺。再启一版以放之，蓄亦如是。递启至五七板，潮已退尽，乃尽闭诸洞，独尽启中间一洞之版，使中溜一道，沛然将闸外新澄之沙，逐成港溜一道。省财省力，莫良于此。惟潮汛有大小，涨退之时，因有多少。其启板之刻分数目，须按汛较准，定画一之规，俾实心之人行之，三邑可高枕不患水潦矣。壬寅冬日。

《民国绍兴县志资料第一辑·塘闸汇记》

徐树兰致潘遹论三江闸书

（清同治七年）

　　三江闸为山、会、萧三邑汇泄之区，自同治四年，前董沈公牧庄开通宣港，潮汐由此出入两岸，渐刷渐宽，沙地之坍入水中者六七万亩，闸外游沙日积。晴曦略久，即淤为坚沙，绵亘一二十里。骤逢久雨，则内水无从宣泄，而三邑之民田皆淹。补救既无善策，人力亦苦难施，诚吾乡之大虑也。献岁以来，周历沙洲，探讨原委，乃知受病全在开掘宣港。但现在断无筑复宣港之理。统筹全局，惟有借清刷浊、束水攻沙之法。于三江闸之西，开通白洋川，使塘外二十余里沙地沟渠之水尽趋东北，以直攻宣港之沙，并修复山西闸，俾西小江来水，得从闸分消而出，与白洋川合流，以广川水之源，而益攻沙之力。又于三江闸之东，蒿坝尽处，建一清水闸，引曹娥江上游山水，使从闸流入内河，俾田畴缺水之际，江闸亦可常开一二洞，以疏壅而导滞。涝则开山西闸，以减消作攻沙之用，旱则开清水闸，以挹注收疏刷之功。如是设施，或可补救万一。明日尚拟出城覆勘形势，究其利病，俟胸中确有把握，再行著为图说，通禀省宪，筹款举办。成固吾乡之福，不成则留此空言，以俟苤心桑梓者之采择，似亦一善举也。吾弟以为然否？再，杜莲衢太亲家，其生平虽无赫赫之功，而吾乡三江应宿闸经其整理，创开清水河引闸外沙地之水，以刷随潮而至之沙，至今六七年，河身日渐宽广，闸无淤塞之患，今夏西塘漫决，内水骤涨，亦幸赖闸门通畅，不成泽国。即此一端，成效显然，其有功于山、会、萧之民田水利，已足祀乡贤而光志乘。兄久拟集三邑绅耆，为之公请于大吏，而因循未果。今得云裳太史，与有同心，班管之表扬荣于梓乡之尸祝矣。得书后，即函致汇占，渠甚感刻。今索得行述底稿，寄上，请即饬送何公处，并为汇占道感。

绍萧两县水利联合研究会筹议绍萧两县塘闸治标治本计画（划）案

（中华民国六年十月）

按：本案于六年十月十八日准萧山县公署函开：顷接绍、萧两县水利联合研究会会员汤建中、韩颐、何兆棠、李培初、汪望庚、何丙藻函称，迩来绍、萧塘闸迭出险工，两县地方各机关及人民因经费支绌，均拟请官厅设法主持。会员等负研究水利责任，对于各塘工程治标、治本均须切实计划，以备长官采择，为此具陈意见，敢祈知事提交两县水利联合研究会，迅速定期特开会研究等语。相应提交贵会，希即查照集会研究，为荷，此致等由到会。准此。当经本会于十月二十三日在萧山县塘闸局开特别会，印刷配布，付众研究。金以绍、萧塘闸同时迭出险工，关系至为险要，即将各塘闸详细情形，询由两县塘闸局理事当场报告，并将两局理事所拟治标、治本两种办法逐项审查，详细研究，议决如左：

一、议萧山县知事交议，准本会会员汤建中等函请，筹议两县塘闸治标、治本计划一案，现经集议，金以东、西、北塘险工叠出，应宿闸年久失修，渗漏不堪，在在均关紧要，不得不抢先救护其治标方法，业由两县塘闸局理事逐段勘明，条举办法均属妥当，本会俱表赞同。惟治本计划东、北两塘，苟能按照现事抢护，尚可暂缓时日，从长计议。而西塘则危险急迫，施工较难，抢护固刻不可缓，而治本方法实难缓图。现在两县塘闸局理事所议，自砾山起至半爿山止，另筑石塘一道，仍属治标之计，盖塘身不能与水势争持，塘身退一步，则水势必随而进迫，仍难一劳永逸，尚非治本之法。治本维何？非分流杀势，开掘自老塍村西首至大王浦引河不可，况另筑石塘需款约二三百万元，开掘引河约计工程并赔偿损失不过数十万元，事半功倍，是为上策。应函请绍、萧两县知事会衔转呈省长察核，采择施行。

《民国绍兴县志资料第一辑·塘闸汇记》

疏浚绍兴城区河道之意见

解洞九

查绍兴县所送图表,在事实上究竟应否或能否依照所订计划施行,非经实地调查,不能决定;当由洞九以验收三江闸工程之便,就地邀同绍萧段塘闸工程处工程师董开章,绍兴市民现在萧山东乡江岸工程委员会工程师俞廷光,暨绍兴县建设科长朱懋灿等,分别查勘,详加讨论,兹将意见述下:

一、疏浚现在航船通行之河道

绍兴城内河渠,依照绍兴县政府所拟计划,如图上加志红线各河流,在理想上似属有疏浚之必要,然其中最扼要之部分,如大云桥至大小江桥一段,荷叶桥至狮子桥出口一段,及藕梗桥至东郭门一段河流,窄处不及二公尺,沿河两岸,房屋矗立,而均以直砌之条石岸线为基础,此等所在,欲加疏浚,概为事实上或经济上所不许,又就绍兴全城之水位而言,除仅少部分外,若非大旱,大概总可保留四公尺以上之深度(当查勘之日,除少部分特别淤浅者不计外,大概水深总在一公尺以上,是日水标高度为八公寸,最低水位为二公寸云),则在普通对于卫生及市内交通上,负有重要任务之水船、仓船及驳船,倘能船行无阻,故在目前就各方情形而论,似不必实亦不能完全依照所订计划大举疏浚,只得择取航船经过之河流,即原计划自都泗门至西郭门及自凤仪桥至北海桥两段,加以适当之疏浚,其疏浚之深度,约可及最低水位以下八公寸,即以府桥附近之水利局水标零点以下六公寸为度,因挖土过深,势必危及多数之桥脚及石□故也。其余图内红线所志各河流,则可于最浅水时查取,其中确有阻泄之处,酌予浚挖,以普通较小之驳船能通过为度。

二、抽水

绍兴城内人烟辐辏,房屋栉比,尤以中部一带河流,既已狭窄,两岸房屋复如前节所述,高声逼仄,骑楼交错,横盖河面,日光不透,□□阴沟,加以沿岸庙所矗立,仓船往来如织,湫隘狼藉,莫此为甚。而居民复阻于习惯,动以垃圾及其他糙物遗弃河中,水质污浊,厌臭扬溢,卫生工程诚有不容或缓者。然以目下现实上之可能性观之,则在积极上对于河道之改良,实非旦夕所能举办;至消极上对于卫生之取缔,微特收效微而无济于事,且复格于种种之困难之情势,不能严格执行。故为救济,目前较为有效之办法,抽水之一途。此段计划之要点:(一)每一水城门设闸一座;(二)于昌安门附近置电力抽水机一台或二台,将城内之水抽出城外,择地而分散之;(三)抽水机之大小,以每次约七小时之时间内(每日抽水约以午后十时起,至翌日午前五时此行之),能抽出全城所有水量之半部乃至三分之一部为度。

年前蔡院长曾提议拆宽绍兴水城门,冀收交通及卫生上之效益。查拆宽水城门,对于交通虽有一部分之利益,然由绍兴全城之流域观之,则此项利益,几等于零;因城内各河流本身及桥洞等,尚有无数较水城门窄至数倍,不能一一拆宽故也。且拆卸及改造两项费用,约略计算,每一门总须四千元以上,六门计之,为数诚不在小。前节已言,以绍兴城内普通之水位,对于市内交通,并无若何重大之阻碍,且在现代都市发展之观点上,就绍兴现在之情形而论,城区之舟楫交通,将随着环境之条件,而渐次蜕变于车辆交通,而失其重要性。是则拆建水城门,似非绍兴日前事故上当务之急。再就其关于卫生方面观之,查绍兴城区附近河流,水而平行,水流速度甚缓,以水之性质而论,非有相当之速力,不能发挥其荡垢涤污之作用;故拟拆宽水城门,而城内与城外之水面,仍保持其原有之坡度,苟非值大雨(大雨亦仅能稀薄污浊之浓度),或以人工障使众流归一,而仅恃其自然之趋向,则水仍不肯径自入城,以遂行其荡涤之职责。然则拆建水城门,对于卫生之功用,可谓微乎其微。

由上所述,拆建水城门一事,对于绍兴目下之情势,实非急要之图,反观该项工程经费实达二万元以上,似不如改抽水这一法,对于卫生方面,为切实而可靠。至电力抽水机及六座闸门之计划,似可由厅令饬绍萧段塘闸工程处工程师严开章代为设计,预算呈厅核办。

三、赶办自来水

绍兴城内河道,据绍兴县政府建设科测得面积,计有四十八公里之长,自未能一一加以疏浚;而其中部各河之湫隘龌龊,又有如前节所述;欲于交通及卫生上适可有效之限度内,加以整理,自须以拆让两旁房屋、建筑堤岸为必要条件。然而此项工事,在绍兴目前或最近之将来,熟悉各方之情势,尚未见有几分实现之可能性。故谈绍兴城内卫生政策,与其牺牲若大之经费,投诸不彻底之疏鉴，反不若填塞无用之河道，以杜绝污□之源为得计。但查此项计划，目前有两种困难，一是消防问题，一是给水问题。（绍兴城内饮水大都由城外舟运入城，沿流分配。）故为正本清源计划，极应装设自来水；若自来水成功，则上述问题可以同时解决，从而填河计划可以实现。

卷查民国十七年绍兴县政府曾以组织自来水筹备处，依照杭州市自来水公债派募办法，筹集工款，呈由本厅提请省政府议决照；并由财政、建设两厅会令该县将办理情形随时具报在案；但迄末据呈报前来，似应令县政府：（一）先行规划小规模之初步工程，究竟需款若干；（二）依照杭州市自来水公债派募办法，在绍兴能让集款项若干，并年来办理经过情形如何；（三）有无其他筹款办法，分别详细具报查核。

四、处理跨河骑楼

绍兴城中部，如上节所述，骑楼密布，横跨河面，此项骑楼不但阻碍有益日光□水面，并且提供居民抛弃污物于河中以方便之道，其为害于河水，而影响于卫生，自不待言。应令该县政府调查登记，分别轻重，勒限拆除，以清医障，而重卫生。

以上所列各项办法，曾由洞九面商绍兴汤县长，据云关于筹办自来水一事，曾经拟具派募公债之具体办法，为民政厅所废；若省方面能假以权宜，自有把握等语。

［民国］浙江省建设厅《浙江建设月刊》第十卷第七期（1936），
2009 年版《民国浙江史料辑刊》第 2 辑（国家图书馆出版社）

从办理水政所见到的浙江水利之重心

朱延平

至如浙江一省之水利事业，就其特性与需要而言之，则"西河东闸海修补"七字尽之矣。浙东方面，山岭层杂，而地多濒海，山多则水易泄难储，地近海则咸水易于侵入而变澙，均应设法以防之。其法为何？则多建闸堰是已。关于前者，衢县有著名之三堰，江山有箬堰；关于后者，绍兴县有三江闸，黄岩、温岭有新近造成之西江闸及新金清闸，均属收益甚宏、福国利民之建筑。内地沿海，其有此项需要，而尚无此项建设者，不知凡几，关系当局，应旁搜博采，从事勘测，提倡敷筑，以储国富，而利民生，"东闸"云云，盖即谓此。外则海塘，亦为浙省重要工程之一。海塘工程，自科学眼光观之，均应改作，尽其基础均高于钱江之低水位，而未能深入于地下，一旦江水顶冲，冲刷基部，即有游走蛰陷之患；惟如全部改作，工艰费巨，非一二千万元不办，不但现下省库无比财力，且亦无此办法。尽海塘工程虽属不牢，而险工仅江溜冲刷之处为然，其平工无溜之处，一二十年不加修理，固亦无碍于事也。为今之计，只有筹足每年应需之修理费十余万元，先时修理，宁为曲突移薪之计，勿作焦头烂额之救，则省费已不赀矣。所谓海修补者，此也。甚盼当局确定，逐渐实施。

［民国］浙江省建设厅《浙江建设月刊》第十卷第十期（1937），
2009 年版《民国浙江史料辑刊》第 2 辑（国家图书馆出版社）

闸务

胡廷俊撰增建均水诸闸记

（清康熙四年）

治地之宜,莫先于平水土。所谓平者,无高无下,咸各得其所,而无旱涝之患者也。吾绍兴为浙省之东郡,山、会为绍兴之宗邑,倚万叠之峰峦,临归墟之沧海,潮汐随气升降,东自蛏浦,进于曹娥江,注于东小江而止;西自鳖门,进于钱塘江,灌于西小江而止,此越国之大形势也。山有源泉之脉,脉而溢出于三十六带之溪。溪有流泉之混,混而充满于三百余里之湖,灌溉九千余顷之田,此足国之大功利也。不虞宋真宗时,势家占湖为田,水无潴蓄之处。一遇烈风淫雨,水如龙马奔腾,田无高下,皆为鱼鳖游息之场。由小江而复归大海,其能速退乎?故开拦江坝以泄之,开之数日筑之。月余而后复其故疆,二邑之水已涸矣。故守臣先后建闸,如龛山、陡亹诸处,时开时闭,以除其患。其间有便于低田而不便于高田,利于上乡而不利于下乡。嘉靖中,郡守笃斋汤公,复于三江建闸二十八洞,立准则以敛散其水,水得其平,而后田亩高低皆获其利。近年以来,饥岁相仍,固曰天时使然,然滨海黄云被野,边山赤土飞埃,下田近水,高田立涸,江村沈公,康熙四年乙巳秋来守吾邦,心乎民病,而不少安,躬自经度,乃于朱储、泾溇、伧塘、丁溇、夹篷各建一闸,不加木板于其上,以为开闭。乃置石堰于其下,以为疏咽。水涨时,自堰盘剥其下,由旧闸以归海。水退时,自堰障住其上,溉民田以利民。卓立宏规,而不尽革乎旧制。此万世之利也。昔禹之治水,顺下而已。今之所为无土之堤、不板之闸,神乎有夏之绪余也。木石之费,公悉自置之。不数月而功成,民享其利而不知为之者。众欲立石以纪其事,且为后来者式。承公闻而止之曰:吾之所为,不过因前人之已为而折衷之,小小补塞其罅漏而已,功何与焉?越之士大夫,益嘉公不自有其功,而功终莫之能掩也。因属予为记。予曰然。公虽不自有其功,而功之在于吾民者,其利无穷也。功及于吾民,而吾民喜得公,倘后来继公者,皆如公之勤施于民,则吾民之利,赖于公者抑何穷哉?公,苏之吴江人,名岱,字子田,江村其号云。(见《张川胡氏谱》。廷俊,字载歌)

王衍梅跋铅山先生请重修应宿闸书

（清乾隆六年）

铅山先生两贻宁绍台潘兰谷观察书，请重修吾乡三江应宿闸，前书略云：闻此都老成人言，应宿闸石脚松弛，坼罅如裂缯，虽两板层蔽，而奔澜激箭，透漏泄喷缕缕焉。及此，不重加修建，它日之祸烈矣。再书略云：此闸自康熙二十一年，经制府姚公捐修。至十年前，太守舒宁安兴德，山阴令万以敦，因士民请修，两次妥议垂成，而各官以升擢去，遂延至今时，溃败日甚。其前次建议时，有萧山蔡某怆而瞆者也，忽持彼邑前翰林毛甡所著三不修之说，力梗众议曰：不必修，不能修，不可修。大约以此闸为姚制军修坏立论。按毛甡所著之书，言伪而辩，记丑而博，平生以诋毁先儒为能，其奴视朱子，几同仇敌。及病危日，自嚼其舌称快，舌尽乃死。其人很愎无赖可知。所言偏僻，何足为重。况姚公籍本山阴，当时几经集议，始为举行，岂智出毛甡下乎？在当日萧山之人，总以此闸切肤山、会，于彼上游无涉，故欲吝其财与力耳。岂知水性无分于东西，彼为海潮者，果不能西流而上溯乎？末又自记云：此书庚寅三月中，再达观察。观察覆札亦恳挚。旋移嘉湖道去。而七月廿三，飓风作矣，萧山沿海居民遂成鱼鳖。兴利除害，盖有天焉，可慨也。是时先生年四十六，主讲稽山证人书院，其于富若贵，淡焉冥焉，而拳拳利济之心，随地触发，有出于不能已者。乾隆己卯，乡先辈修撰茹公棻，外舅前甘泉令陈公太初，复议重修，上书于制府觉罗吉公庆，时又有以毛甡之说来梗者，大藩稼轩汪公志伊，竟如所请，浃日而檄下，动帑劝捐，自秋徂冬，数阅月而功成。其石脚之松者插之，泐者新之铁之，寒者胶液而融之，冻以苎麻，周以纯灰，千辟而万灌之，凡洞二十有八，有细罅必鼓之。启闭以时，渟泄有法。而先生二十年前所谓溃败决裂者，至是而屹若崇墉焉。方创修时，庸夫贩竖；吻翕翕如箕舌张，妄云汤公水星，手创神迹，不宜骚动。一目之儒，又以毛甡鸿博，必非无见，恐一坏于制府，再坏于状元，而同事诸公，毅然不顾，鸠工而落之。厥后年谷丰收以倍，旱干水潦无虞。方稍稍感重修之德于不逮。嗟乎,仁人君子,达而在上,兴闾阎,咨疾苦,课耕桑,敦孝弟,力行而不怠,退而居下,不以声色田园自娱,而孳孳于农畴水洫之大防,此成己及物之当然,非吾儒分外事也。不然,先生一寄公耳。足迹所至,曾何毛发切于其肤?而一议修萧山富家池石塘,再请修三江应宿闸,何其不惮烦哉?当时事虽不果行,所谓仁人之言,其利也溥。后之君子,即指先生两书,以驳毛甡三不修之说,而果于必行。余时据席隅而观焉,盖不自知其何以尊先生而薄西河也。为人上者,其可不留意乎哉?嗟乎,读是书,汤公神灵亦当为吾越士民称叹矣。

《民国绍兴县志资料第一辑·塘闸汇记》

徐树兰撰西湖底闸闸栏碑记

　　光绪十五年,秋霖连月份,水潦害稼。太守用树兰议,决西湖底塘泄之。水退,请于上官,庸饥民修八县水利,以待赈赡,而是塘地形卑利钟泄,因建闸焉。十六年七月成。太守长白霍顺武,长史武进薛赞襄,会稽令广丰俞凤冈,临造太守宁乡杨鼎勋,勘工邑子章廷黻、杜用康、袁文纬。典功作邑子徐树兰记。

　　据调查,西湖底闸在东关镇,因地名西湖底,遂以名闸。石造,方向西北,高二丈余,宽四丈,洞三。现由塘闸工程处管理。

《民国绍兴县志资料第一辑·塘闸汇记》

薛介福请建复老则水牌

宣统二年八月二十九日,山阴县增批薛介福请建复老则水牌禀云,该处牌名,应否建复,姑候便道诣勘察夺。

嘉庆《山阴县志》内《水利志》第二十卷,有明知府萧良干三江闸现行事宜六条,兹节录首条以资考证:

一、闸之启闭,以中田为准。定立水则于三江平阔处,以金、木、水、火、土为则,至"金"字脚,各洞尽开;至"木"字脚,开十六洞;至"水"字脚开八洞;夏至"火"字头筑;冬至"土"字头筑。闸夫照则启闭,不许稽延时刻。仍建水则于府治东佑圣观,并老则水牌。上下相同,以防欺蔽。

《民国绍兴县志资料第一辑·塘闸汇记》

请县署掉换三江闸板

绍兴三江乡民人,以三江闸板久未易换,雨淋日晒,霉坏者甚多。值此冬令江水干涸,正宜及早修换,藉兴水利。业已公函县署派员勘查换易。

1924 年 12 月 25 日《申报》

提议兴修三江闸

　　绍兴三江应宿闸为绍、萧两县机用民命之保证,关系至为重要,而因年久失修,已多渗漏。现由越社发起筹议兴修。昨通函各法团,定于旧历九月一日下午开会讨论。

1925 年 10 月 19 日《申报》

应宿闸二十八洞之深浅及闸板数

　　民国十五年,余任东区主任,令闸夫挨洞盘起闸板,先后数次,最多总数仅得一千一百零九块,与《全书》所载不符。因思深洞必有底板未起,开放时拦梗震撼,积久损害闸座,闸夫习于偷懒,不肯深求。爰于十六年夏,另雇善泅渔人,深入水底探摸,务令清出石槽,果于牛、虚、危、张各深洞起出陷板四块,合计总数始与《全书》相符。陷板铁环脱落,两旁泥沙淤积,故平时不易钩起也,兹将挨洞盘查闸板确数开列于后。

“角”字洞最浅,板十五块(中深)。

“牛”字洞深,板五十块(外槛下有长洞)。

“亢”字洞深,板四十四块。

“女”字洞深,板四十四块。

“氐”字洞深,板四十五块(外槛下有洞)。

“虚”、“危”二洞尤深,板均五十块。

“房”、“心”二洞深,板均四十六块(中平)。

“室”、“壁”二洞深,板均四十四块。

"尾"、"箕"二洞深,板均四十八块。

"斗"字洞深,板四十六块。

"胃"字洞半深,板三十八块。

"昴"字洞半深,板三十四块。

"毕"字洞半深,板三十四块(外槛下有洞)。

"参"、"觜"字洞半深,板均三十四块(觜字内槛下有洞)。

"翼"字洞半深,板计八块。

"轸"字洞尤浅,板十四块。

"奎"字洞半深,板四十块(内槛下有洞)。

"娄"字洞半深,板三十三块。

"柳"字洞半深,板三十八块(外槛下有大洞)。

"星"字洞半深,板三十四块。

"张"字洞半深,板四十块。

"井"字洞半深,板三十四块。

"鬼"字洞半深,板四十块。

《民国绍兴县志资料第二辑·地理》

绍萧塘闸局东区为盘查应宿等闸闸板确数列表呈报并陈明闸象危险处所请核示文

(民国十六年四月)

呈为盘查应宿闸板确数、列表呈报并陈明闸象危险处所,请予核办事。窃查职属三江应宿大闸原有各洞闸板,考诸《闸务全书》,综数为一千一百零九块。然近来屡经查点,数终未符。主任窃疑必有远年板片,深陷闸底,听其朽腐,不事深求之故。第沉陷日久,点数不符,其事小。任其横亘闸洞,遇开放泄水时,拦截闸门,震撼闸石,其害大。兹为澈底清查起见,经觅雇善泅渔民深入水底,按洞仔细探摸,起出腐板多块,合计现板综数亦为一千一百零九块,已与《闸务全书》所载相符。惟分算每洞板数,与书载各洞原数,多寡不同。谅由清道光甲午第五次修闸时,槛下石脚变迁所致。理合开列今昔闸板对照表,呈请鉴核。又查与新塘衔接处之"轸"字洞,其南北两翼石腮中空,渗漏殊甚,且莫神庙下要关后塘石已显形欹侧,危险堪虞。窃以为兴修全闸则工程浩大,需款甚巨,或非现时所能办到。若仅修整要关后新塘,则工料均较简单,尚属轻而易举,主任既有所见,不得不据实陈明,尚祈钧长采择施行,实为公便。谨呈。

闸务全书板数与现板对照表

"角"字洞原板	计一十五块	"角"字洞现板	内十五块	外十七块	共计三十二块
"亢"字洞原板	计四十四块	"亢"字洞现板	内二十块	外二十二块	共计四十二块
"氐"字洞原板	计四十五块	"氐"字洞现板	内十八块	外二十块	共计三十八块
"房"字洞原板	计四十六块	"房"字洞现板	内二十块	外二十块	共计四十块
"心"字洞原板	计四十六块	"心"字洞现板	内二十块	外二十块	共计四十块
"尾"字洞原板	计四十八块	"尾"字洞现板	内二十一块	外二十四块	共计四十五块
"箕"字洞原板	计四十八块	"箕"字洞现板	内二十二块	外二十二块	共计四十四块
"斗"字洞原板	计四十六块	"斗"字洞现板	内二十二块	外二十三块	共计四十五块
"牛"字洞原板	计五十块	"牛"字洞现板	内二十二块	外二十二块	共计四十四块
"女"字洞原板	计四十四块	"女"字洞现板	内二十二块	外二十二块	共计四十四块
"虚"字洞原板	计五十块	"虚"字洞现板	内二十三块	外二十四块	共计四十七块
"危"字洞原板	计五十块	"危"字洞现板	内二十三块	外二十三块	共计四十六块
"室"字洞原板	计四十四块	"室"字洞现板	内二十一块	外二十二块	共计四卜三块
"壁"字洞原板	计四十四块	"壁"字洞现板	内二十一块	外二十二块	共计四十三块
"奎"字洞原板	计四十块	"奎"字洞现板	内二十块	外二十块	共计四十块
"娄"字洞原板	计三十三块	"娄"字洞现板	内二十块	外二十块	共计四十块
"胃"字洞原板	计三十八块	"胃"字洞现板	内十八块	外十八块	共计三十六块
"昴"字洞原板	计三十四块	"昴"字洞现板	内十九块	外二十块	共计三十九块
"毕"字洞原板	计三十四块	"毕"字洞现板	内十九块	外十八块	共计三十七块
"参"字洞原板	计三十八块	"参"字洞现板	内十九块	外十九块	共计三十八块
"觜"字洞原板	计三十八块	"觜"字洞现板	内十九块	外二十块	共计三七九块
"井"字洞原板	计十四块	"井"字洞现板	内十八块	外十六块	共计三十四块

续 表

"鬼"字洞原板	计四十块	"鬼"字洞现板	内十七块	外十八块	共计三十五块
"柳"字洞原板	计三十八块	"柳"字洞现板	内十八块	外十八块	共计三十六块
"星"字洞原板	计三十四块	"星"字洞现板	内十八块	外十七块	共计三十五块
"张"字洞原板	计四十块	"张"字洞现板	内十八块	外十八块	共计三十六块
"翼"字洞原板	计三十四块	"翼"字洞现板	内十九块	外十九块	共计三十八块
"轸"字洞原板	计一十四块	"轸"字洞现板	内十七块	外十六块	共计三十三块

《民国绍兴县志资料第一辑·塘闸汇记》

绍萧塘闸工程局呈省政府为东区呈请回复
姚家埠闸请核示文

（民国十六年七月）

　　呈为东区拟请回复姚家埠闸，据情转请核示事。窃据东区管理处主任任元炳呈称：职处所辖江应宿大闸，近年因闸外港流，每被沙涂淤塞，必须多开旁闸，随时分泄，庶于水利农田自必较多裨益。兹查北塘第五段马鞍"善"字号塘堤附近，向有三眼闸一座，原名姚家埠闸。前因该闸外港久被沙涂涨塞，以致废弃有年，无人顾问。现经主任巡行察看，见该闸外沙涂，因经潮流冲刷，已曲折辟成港道，如内河之水冲放有力，更可渐将涨沙刷去，不难日见畅流。因思应宿闸外港流通塞不时既如彼，而姚家埠闲外港沙变迁情形又如此，自应亟予回复，以期多一处尾闾，即于农田水利多一重保障。询之就地民众，亦极赞成。是举用敢陈明理由，如蒙核准，所有换置闸板、添设闸夫等经费，拟于造送十六年度预算时,一并编请审核。等情。据此。查开设旁闸,分泄水流,实为必要之举。据呈各节,经派员覆勘无异,似应速谋恢复,以资保障。惟职局结束在即,应否准如所请之处理,合备文转请钧府鉴核令遵。谨呈。

《民国绍兴县志资料第一辑·塘闸汇记》

浙江建设厅长曾养甫重修绍兴三江闸碑记

(民国二十二年一月)

绍兴古会稽郡地,山自南来,水尽北趋,泥沙淤积,遂成原野,曹娥、浦阳两江之间,沃壤万顷,宜黍宜稷。港汊纵衡,灌溉是资。而钱清一水,实其综汇,北注东海。西通浦阳,倾泻既易,倏盈倏竭。久霖苦潦,偶暵患涸。海涛西指,旁溢平地。每每原田,时虞斥卤。李唐以来,颇事堤堰,因陋就简,未彰厥效。朱明嘉靖之世,绍兴太守富顺汤公绍恩,实闸三江,地当入海之会,蓄淡御咸,泄潦防旱,万民利赖,厥功乃大。嗣是以后,代事修缮。清季迄今,久未踵武。越为水乡,设局以治。斯闸兴废,责亦归之。三载以还,迭有计议。民国二十一年春,养甫继主浙省建设,浼安化张君自立长局务,爰赓前议,庀材兴工。其年十月,既截水流,躬与其役。汤公遗烈,灿然可见。浮山潜脉,隐限钱清。入海之口,引为闸基。上砌巨石,牝牡相衔。弥缝苴罅,惟铁惟锡。挽近西土工程共夸精绝,以此方之,殊无逊色。而远在数百年前,有兹伟画,犹足钦矣。今兹重葺,壹循陈轨,兼参西法,以混凝土质代铁锡灌沃膏黏,弥坚弥久。计时三月,闸工告成,乃熔铸废锡为碑,综其始末为文,镌之以汤公之遗,记汤公之德,其意益深切焉。至工程费之详,并志碑阴,以征众信。

重修三江闸经费支出表

工程类别	作法大概	开工日期	完工日期	工料金额
筑坝工程	内坝三道,离闸二二○公尺。外坝一道,离闸五○公尺,用柴土木桩建筑。	二十一年十月九日	二十一年十月三十日	12986.51
抽水工程	闸外十六公尺,筑仔坝一道,用四匹及十六匹马力抽水机各二具递转抽出塘外。	二十一年十月卅日	二十一年十一月十日	932.96
灌浆工程	闸墩及两端翼墙石缝,用一比三灰沙,以汽压灌浆机注射填实。	廿一年十一月一日	廿一年十一月廿三日	6969.32
补底工程	闸底两楹间及内外,用一比二比四混凝土填补。	廿一年十一月四日	二十一年十二月一日	4792.66
其他工程	闸面闸栏用一比三沙灰弥缝。闸槽上部一比二比四混凝土填筑。并挖修两端翼墙,建造锡碑亭及粉刷要关等。			1565.51
杂费:4129.54				

合计洋三万一千三百七十六元五角正。

浙江省水利局绍萧段闸务报告

闸务管理有闸务员一人（第二区工务员兼），常驻三江，主持其事。各闸均有闸夫，以司启闭。兹将闸夫制度、开闸规则等，分述于后：

闸夫制度　闸夫司闸之启闭。除启闭时间外，均得在家自作生活，故工资特为低廉，每月工食：夫头七元，闸夫五元，向来以附闸农民富有闸务经验者选充之，名额亦有规定。计三江闸闸夫十名，设夫头一名统率之。有闸田九十亩，每闸夫一人租种八亩，而夫头得租种十亩。宜桥、刷沙、西湖、楝树、姚公埠等小闸亦各设闸夫一名以司启闭，直辖于闸务员，惟无闸田。闸之启闭，通常以二人用长柄铁钩钩取闸板，二人以铁钩接取，再以一二人在旁扶住，将闸板安放于规定之处，故启闸每洞约须闸夫五名至六名。闭闸所用之人夫亦如之，各小闸启闭时由其兄弟妻子协助。三江闸则因有闸夫十名，协同启闭，如适值深夜，大雨滂沱，水流湍急并各洞齐开时，启闭较难，须临时另雇帮工。

开闸规例　绍兴城内山阴火神庙立有水则碑一块，镌有金、木、水、火、土五字。清咸丰元年，规定内河水涨至"火"字脚，开八洞；"水"字脚，开十六洞；"木"字脚，开二十八洞。但因特别情形，亦须酌量增减。如大潮汛期内，往往提前多开数洞，使多泄水量以抵补闭闸时间内泄水不足之量，在旱季农田需水之时，往往减开数洞，多蓄水量以备灌溉交通之用。闸内头道河亦有水则一块，惟在开闸泄水之时，水面有斜坡，此碑之读数，仅能供参考，仍当以城内山阴火神庙之水则碑为准。兹将二十一年三江闸开闸次数制成一表，以每开一洞为一次，计五月开三五八次，六月开三九二次，为绍、萧之雨季。十月、十一月、十二月、一月接连四个月不开闸，足见冬令之少雨。共计本年开闸九〇二次，以开闸日数计，同时开六洞者八日，开八洞者二十五日，开十二洞者一日，开十六洞及二十洞者各五日，开二十二洞者十一日，开二十四洞者一日，开二十八洞者七日。计全年开闸六十三日，计五月开二十一日，六月开二十二日（见表）。

绍、萧段二十一年三江闸开闸次数

洞名 月份	一	二	三	四	五	六	七	八	九	一〇	一一	一二	共计
角					一一	二二	一	八					四二
亢					一一	二二	一	八					四二
氐					一一	二一	一		三				三六
房					二一	二一	一		八				五一
心		八		三	二一	一九							五一
尾		八		三	一四	一五							四〇
箕		八		三	一四	一五							四〇
斗		八		三	五	一五							三一
牛					一二	一四	一						二七
女					一二	一三	一						二六
虚					一二	九	一						
危					一二	九							
室					二一	三							二四
壁					一四	三							一七
奎					一二	三							一五
娄					一二	四							一六
胃				三	一二	五							二〇
昴				三	一二	五			八				二八
毕		八		三	五	一六			八				四〇
觜		八		三	四	一六							三一
参					一一	二〇	一						三二
井					一二	一六	一						二九
鬼					二一	一七	一						三九

续　表

洞名\月份	一	二	三	四	五	六	七	八	九	一〇	一一	一二	共计
柳					二一	一七	一						三九
星					一二	一八	一						三一
张					一一	一八	一			五			三五
翼					一一	一八	一			八			三八
轸					一一	一八	一			八			三八
共计次数		四八		二四	三五								
八	三九												
二	一六		六四				九〇二						
雨量（公厘）	5.0	94.5	58.0	112.0	278.0	29.5	49.0	177.5	159.0	103.0	75.0	45.0	1450.5

绍、萧段二十一年三江闸开闸日数表

月份\洞数	六	八	一二	一六	二〇	二二	二四	二八	共计开闸日数
一									
二	八								八
三									
四		三							三
五		九			一	七		四	二一
六		五	一	四	四	四	一	三	二一
七			一						一
八									
九		八							八

续　表

月份 洞数	六	八	一二	一六	二〇	二二	二四	二八	共计开 闸日数
一〇									
一一									
一二									
共计开 闸日数	八	二五	一	五	五	一一	一	七	六三

　　若将二十一年雨量，列入开闸次数表，则知雨量愈多，开闸次数亦愈增。独八月份雨量为177.5公厘而不开闸者，因三江闸流域多系稻田，八月正农田需水之时，闭闸蓄水以资灌溉也。

　　测沙站　闸港淤塞，久成大患。未修闸之前，石缝漏水，尚有冲刷之力。既经修理，漏水断绝，港底更易淤涨。如修理三江闸期内，二十一年十月二十一日开工时，闸港为高4.3公尺。至次年一月一日高达6.2公尺，仅经七十二天，淤涨至1.9公尺，如再涨高半公尺，则内水虽已达开放之时，即开闸亦不能泄水矣。闸港长十余公里，疏决又非旦夕所能办竣。兹规定于闸外250公尺处，设一测沙站。每月朔望后测量一次，如港底高达5.00公尺时，即须开闸一洞以刷积沙。如一洞之水力不足，得酌开数闸，以港底高达5.00公尺以下为止。

　　取缔规则　渔船附闸放罾捕鱼，足以撞坏闸身，且妨害河港水杂而致壅塞。民国十二年，绍、萧塘闸局会同绍兴县会衔立碑，离闸五十丈内不准放罾捕鱼，至今垂为定制。

　　经费　三江闸及五小闸每年须更换闸板三百余块。惟以五小闸启阀次数较少，闸板之损耗较缓，故常以三江闸换下之旧板择较好者代用之。又大汛时雇用帮工，闸田赋税及测沙站之测量费用（测沙站系二十二年修闸后增设）共计全年开支在一千一百元之谱。兹将二十一年至二十三年闸务经费表列后。至闸务员薪水及闸夫工食则在经常费内开支也（见表）。

绍、萧段二十一年至二十三年闸务经费表

年份	添换闸板（元）	大汛帮工（元）	筑闸费（元）	田赋（元）	合计（元）
二十一年	985.86	64.40	55.45	54.67	1160.38

续　表

年份	添换闸板(元)	大汛帮工(元)	筑闸费(元)	田赋(元)	合计(元)
二十二年	997.76	30.10	17.62	52.88	1098.36
二十三年	596.91		12.38	57.77	667.06
总计	2580.53	94.50	85.45	165.32	2925.80

《民国绍兴县志资料第一辑·塘闸汇记》

为预防敌机轰炸三江闸破坏水利工程案

案查前奉。

省政府二十六年八月三十日建三字第一五五号密令，为预防敌机轰炸三江闸，破坏水利工程，饬即拟具办法，会商绍兴县政府办理具报。等因。遵经拟具办法，令饬绍萧段塘闸工程处从速会商县政府办理具复，并将计划图、预算表呈送钧厅备案在案。

所有前项预防应需块石、松板，经由该工程处招商徐卿记、龚元庆分别承办，并经本局派副工程师黄德纯前往监订承揽，又在案。

兹据该工程处呈送承揽，请予备案前来，理合检同原承揽备文，呈请鉴核备案。

谨呈。

建设厅厅长王

浙江省档案馆档案 L098-002-0519

海　塘

潮灾记

俞应畿

　　元天比缺，日月之光照亮；大地东倾，河海之水振畜。夫水固阴物，而月为阴宗。晦朔望弦，潮汐应之。然此其常，试言其变。

　　龙飞崇祯戊辰秋孟贰拾三日酉，汐正微，飓风飞扬，雨如注而不霁；候波沸澜，堤尽溃而仅存。奔逸之势，如鸟轮之运行；奋怒之声，似天鼓之震击。逾岸尺许，少□过，寻居民之被水而逃祸者，登木庶生，驾舟咸覆。庐舍之漂压而得出者，缘物则浮，徒手遂溺。尽随浊流，葬于鳞虫之腹；骸填穷港，入于守夜之肠。少壮分飞，望天涯而酹祭；嫁茹无刈，转他乡而就餐。于越之无潮灾，惟新、线两县。而吾村死于水者，几二百余人。其它郡邑，未及尽闻。夫醴泉消疾，神水蠲屙，何潮变之害，乃至是乎！嗟又火炎昆冈，玉石俱毁，严霜夜凝，兰艾共尽。所以同此域者一隅，适然之运哉。昔天乙之世，涤涤山川者七年，放勋之时，浩浩襄陵者九载。

　　方今圣历钦明，阉尹是戮。仁如天覆，德以日辉。狭三王之趑趄，轶尧舜之驱。除海之扬波，岂关盛治。岁次己巳，时维仲春，堤累埋而功成，人复归而安堵。余谨陈辞记之于石，使后人知我辰之潮患若此，与夫所以死中得生之故云。

　　里人俞应畿撰。

　　江西安福县儒学训导俞应簋书。

　　会首：俞应辉、俞应振、俞光复、俞光璧、俞光浚、俞光计、俞王盛、陶朱藩、俞时懋、俞祯、俞继衡、陶朱赢、俞式仁、成福、俞明邻、俞继微。

　　徐元刻石。

　　大明崇祯三年季春天日里人俞应畿撰。

原碑存绍兴齐贤羊山石佛风景区

任浚撰会稽邑侯张公捍海纪事碑

（清雍正七年）

　　古会稽郡，泽国也。自故明太守汤公建闸于三江口，山、会、萧三邑，得以时潴泻，安居粒石者二百余年。会邑滨海，而十四都之李木桥、中市、龙王堂、白米堰、新沙诸处，尤当冲激，旧筑百丈石塘以御之，而官塘迤北，又有"食"字号田若干顷，故又筑备塘于其外，且以固石塘也。备塘之外，渐有淤涨，醝使者令灶户垦种，按亩升课。灶户鸠工筑堤，以防潮汐。久之地日增，而堤日扩。曩之备塘，日侵月削，不复顾问矣。讵知沧桑倏变，前之屡涨而屡筑者，悉付之海。若惟灶户所筑以防潮汐之堤，补偏救弊，幸而仅存。但海波汹洞，力可排山，每遇春秋二汛，岌岌乎有朝不保暮之忧。雍正甲辰七月，冲没尤甚。我邑侯张公，念切民瘼，谓此堤一决，则百丈塘不足恃，而附近之田园庐舍不保。且三江之出不及决口之入，弥漫滔天，而山、会、萧俱不能无虞。拟于灶地土厚之处，复筑备塘一带，如车之有辅，齿之有唇，庶可恃以无恐。白其事于郡伯特公，许之。丙午之三月，旬有一日，涕泪以祷于神。乃发丁夫按亩分筑，东西绵亘，得弓一千六百五十，纵而高得尺十，横而广得弓六，巅则半之。间有滨江深堑，非一丸泥可塞者，则捐俸购桩箴以填筑之。而旧塘及百丈塘皆益加高广，新旧映带，屹若重城。阳侯当不能肆其虐矣。第塘以外，升课地亩日为海潮所啮，坍坼殆尽，复捐俸铸铁牛以镇于中市之北。奈水势未杀而啮者如故，势渐近则患渐迫，是新旧土塘与百丈石塘尚难永固也。盖新、嵊之水，由会邑之东南下归西北，而海潮则由会邑之西北上达东南，自淤在塘角，则潮折而斜趋东北，山水因之，而会邑之新沙、李木桥诸处亦日濒于危。春秋二汛，海潮与山水相薄，而又济以飓风之力，鼓怒溢浪，其决坏塘堤易若骇鲸之裂细网，能保吾民之不鱼乎？按故明司李刘公，决北岸之淤，使山水从东南直泻西北，而水潮自西北直上东南，上下吞吐，安流中道。然则欲使地无坍坼之虞，塘无冲决之患，舍此则其道无由。侯循例请诸各宪，会罣误中止。制府李公知侯贤，题留原任兼篆海防分宪，曰以此汲汲，乃别缓急，请先拨项疏浚虞邑前江相对之塘角淤沙。已酉二月旬有七日，会邑始兴大工。侯戴星渡江，躬亲率作。上接虞邑百官金鸡山南之老江口，下对偁山斜北虞邑开掘之新江口，袤延得弓一千四百有奇，计丈八百八十有零。我十三、四、五、六都，向称塘都，计图一十有二，每图分段十，图立董事，段立甲首。董事总其成，甲首分其任。每甲分浚六丈有七，阔得弓十，底减三一，深得尺十，每计一丈需工四十，每工给银五分。如并日而作，值则倍之。灶户另作一图，法亦如之。上下江口，倍令开阔，使易受水。其难以丈尺课程者计工授值，条分缕析，臂运指随，畚锸之声，殷殷如雷动。制府于拨项外，复索羡赢以济不给。督役张少甫，讳永年，晨不暇食，夕不告倦，兼以俸入犒劝役夫，又何怪乎趋事者之云集而恐后耶？夫亦我侯之治行，素能得乎上下之心，其所以感动斯民者，匪伊朝夕矣。下汛后，南北口外俱有沙涂拦截水道，而南口为甚。计长百六十余丈，潮之由港以外达者势既涣，而不能扬之使去。五月间，山水迅发，砂厓转石则骇浪浮空，又不能抑之使深，当事者虑焉，募夫开浚，施以锹镢，不可即入，入则胶不可急出，间有挖至数尺，或移夜或经汛，复如故。郡伯顾公触暑枉勘，檄后郭并力协浚，浚已复。故董事议设桩篾以斜拦其水势，使鼓怒而作涛，彼必不能据地而相抗。侯白之郡伯，乃购竹木，每间五尺植一木桩，桩可丈五六尺，聚五六人踞而摇之，旋下，上余三之一，副以竹桩，长短如木桩，中实以篾，环蒇固之，计用桩五百余十，篾百二十余丈。水潮上下，汇入江口，水以下溜而弥急，沙随水汱而就深。继之秋雨连绵，山流奔注，桩篾挟浮沙俱去口以内，口以外遂成洪流，而沧桑递变，向之日啮而弃于海，而为盘涡汗潬者，渐有不可方舟处矣。夫自汉以来，岁遭河决，糜内府金钱动以十百万计，而言治水者大率以填以筑，因时补救而已，未有上不耗国、下不病民，昔为修禿治痍，今为拯溺疗饥，卒能捍大灾、钟大利，惠此三邑如我侯者。且前江诸处，决则湖海相连，而由虞而姚皆为巨浸，而今咸登衽席，是泽又不独在三邑也。其至计岂仅不出汤、刘下已哉？是月也，分浚之处逾旬，而告竣阅六月，而流始畅。董事若朱潜佳（字鳞飞）、沈士球（字扬彩）、许士和（字在兹）皆不辞暑雨，而杨明宗（字昭侯）、章永培（字子乐）沾体涂足，尤仔肩其任，浚亦居邻鲛室，敢焊勤劳。外掾金琮、金宁远，各挟已赀，竭蹶办公，皆体我侯之志，以勤厥事者也。於戏！得汤公而鉴湖之利兴，得刘公而海潮之患息，汤公累膺锡典，于今为烈，刘公亦立祠貌相，历久不替，若我侯之浚江注海，俾新旧土石塘之屹若重城者，庶可永保无虞，其功德实可并垂不朽，方冀其永莅兹土,惠我无疆,何遽以老病告休,攀卧无从耶! 爰书其巅末,勒诸贞珉。俟后世之职斯土者,守为前型,而我子孙黎庶,知安澜之庆所由来有自云。

　　按:侯讳我观,字昭民,别字省斋,山西绛州太平县东敬人。生于康熙壬寅十二月十二日,中癸酉科乡试,拣选知县,敕授文林郎,知会稽县事。于康熙五十九年三月间莅任,政声卓越,为上游所器重。雍正四年三月以里误罢职。五年又三月,复留原任,兼署宁绍台分府印务。盗息风淳,几于道不拾遗。七年又七月,以老且病告休。阖邑士民公吁郡伯,仰冀据情转请恩予卧理。郡伯殊床维絷之心,奈以委验得实,遂侯志。民甚惜之,于屠家埠之北,仍刘侯故祠而更新之,貌侯相与刘侯并峙焉,时己酉阳月日也。任浚又识。(此碑嵌东厢壁中)

《民国绍兴县志资料第一辑·塘闸汇记》

竹　络

　　竹络又名石篓,以篾编造,内贮块石,外用竹箍。有方、长二式。如累高者,用方竹络;平铺者,用长竹络。前代修筑,相沿用之。雍正十二年,都统隆昇于海宁尖山西,筑鸡嘴坝,编造方竹络,累高两边为墙。每个高三四五尺,宽六七八尺不等。乾隆八年,浙闽总督那苏图以海宁观音堂诸处草塘,冲刷成险塘,外编造长竹络,丁顺铺放,以作坦水、挑溜、挂淤。每个高、宽各五尺,长一丈四五尺不等。络外密钉长桩关键,并钉东西裹头桩,迎潮抵溜。又,绍郡山阴县之荷花池,亦用竹络为塘。现在遵行。

［清］方观承《敕修两浙海塘通志》,2012年版(浙江古籍出版社)

录浙江续通志稿海塘志

乾隆元年三月初五日。奉上谕：朕闻浙江绍兴府属山阴、会稽、萧山、余姚、上虞五县，有沿江海堤岸工程，向系附近里民按照田亩派费修筑，而地棍衙役于中包揽分肥，用少报多，甚为民累。嗣经督臣李卫檄行府县，定议每亩捐钱二文至五文不等，合计五县共捐二千九百六十余千，计值银三千余两，民累较前减轻，而胥吏等仍不免有借端苛索之事。朕以爱养百姓为心，欲使闾阎毫无科扰，著将按亩派钱之例即行停止。其堤岸工程遇有应修段落，着地方大员委员确估，于存公项内动支银两兴修，报部核，永著为例。

十二年奏准：绍兴所属塘工，令绍兴府水利通判兼管。

十九年奏准：裁江海防道。萧山、山阴、会稽三县塘工归宁绍台道管辖，将北岸海防通判改为南塘通判，移扎绍兴之三江城，专管南岸塘工。凡有塘工，各县所设之巡检、典史，听同知通判稽察调遣。

二十三年奏准：山阴县宋家溇大池头一带添建石塘二十九丈，并于塘外填砌块石。

三十二年奏准：山阴、会稽、萧山、余姚、上虞五县典史兼管塘工，改派各该县管理。

五十三年，山阴县境内，宋家溇外围"外"、"受"二字号土塘，长三十七丈九尺，"下"、"睦"二字号土塘长三十八丈五尺，改筑柴脚土塘，外堆块石，排桩拥护。

嘉庆四年，山阴县境内南塘头"真"、"志"、"满"三字号土塘五十丈，改建柴塘。

五年，"命"字号石塘外建砌单坦二十丈。

十二年，山阴三江闸等处"动"、"守"、"真"三字号及"面"、"洛"二字号柴土塘堤，被冲塌六十八丈，一律建筑柴塘。

道光元年奏准：浙江山阴县境内宋家溇盘头各工，东西两首，姑、伯、比、儿、孔、怀等号坍卸九十丈，并坍陷姑、伯、叔、犹等号原堆块石六十四丈一尺，其比、儿、孔、怀四号柴塘五十八丈，塘外无块石拥护，坍卸更甚。姑、比等号柴塘九十丈照旧拆让，并于塘外一律添砌块石一百二十丈一尺，加钉排桩以防冲溃。

二年,上谕:帅承瀛奏修筑塘堤工程一折。浙江山阴县三江闸塘堤,坐当潮汐顶冲,现在坍卸,并"神"字号须改柴塘,外抛堆块石,以资捍卫。经该抚委员勘估,亟应修筑。所有估需工料银二千一百四十九两零,着准其在藩库新工经费项下借支,俟收有景工生息、契牙杂税银两即行提还归款。

三年,上谕:帅承瀛奏请修复改建会稽县境内塘堤各工一折。浙江会稽县中巷一带塘堤,攸关民舍田庐保障,据该抚查明坍卸属实,自应及早修筑,所有估需工料银二千四百八十四两零,着照所请,准其于藩库新工经费款内,先借给兴办;又,谕:浙江绍兴府属山阴、会稽、萧山、余姚、上虞等五县境内滨临江海之柴土篓石各塘,间段坍卸。经该抚委员分案履勘,查明久逾保固例限,自应分别改建筑复,俾民田庐舍得资捍卫。所有估需土方工料银二万八百一十余两,应由西湖景工生息、契牙杂税等筹拨给办。惟本款现无存银,着照例先于藩库新工经费款内如数借支,即饬各该厅员认真妥速办理。仍俟收有绍兴南塘等款银两,即行提还归款。

十二年九月,巡抚富呢阿奏绍兴府属之山阴、会稽、萧山、上虞四县各禀报,八月十九至二十一等日,飓风猛雨,潮势汹涌,冲坍土石塘堤,更有山潮二水陡发,冲通土塘。

咸丰元年,巡抚吴文镕奏准:山阴县境内修筑鱼鳞条石塘四十二丈,坦水九十二丈,柴塘一百丈。贴近三江闸之湖河地方,挑挖沙淤,以资泄水。会稽县境内龙王荡、宝山寺等处,塘基冲缺,另行修筑石塘二十八丈四尺,土塘一千六百三十四丈三尺。

五年,议准绍兴府属之海石塘"藏"、"闰"二字号,坍卸四十丈。将塘基移进,改建"馀"字号二十丈,从底拆砌修复。

《民国绍兴县志资料第一辑·塘闸汇记》

萧绍段海塘

此段在江海南岸，故称南塘。以潮势较缓，其严重性次于北塘，修筑工程亦视北塘为简，始筑年代并无可考。兹自唐代增修始，其在上虞、余姚二县境内者，并于此附著焉。

唐

开元十年、大历十年、太和六年先后增修会稽县防海塘。

《唐书·地理志》：会稽东北四十里有防海塘，自上虞江抵山阴百余里。开元十年，令李俊之增修。大历十年，观察使皇甫温；太和六年，令李左次，又增修之。

宋

嘉定间，赵彦俅筑山阴县后海塘。

弘治《绍兴府志》：山阴县后海塘，在县北五十里。宋嘉定间，郡守赵彦俅筑。起自汤湾，讫于黄家浦，共六千一百六十丈，砌以石者三之一，以捍海潮之冲突。

咸淳中，刘良贵筑萧山县捍海塘。

前《志》：萧山县捍海塘，在县东二十里。长五百余丈，阔九尺。宋咸淳中为潮水冲坏，越帅刘良贵所筑。

明

洪武至成化间，山阴、萧山二县海塘均迭经修治。

前《志》：山阴县后海塘，自洪武以来累修累坏，石皆无存。成化八年，风潮大作，塘尽坏，山、会、萧三县滨海之民皆被患，有司议加修葺。萧山县捍海塘，洪武中复坏，邑令王文器请于朝，集本府及衢、严人夫具木石修筑，得不圮坏。成化八年，风潮大作，塘存无几，旋加修筑。

附：余姚、上虞二县海塘

甲、余姚县塘之始筑无考。其见诸载籍者，宋庆历七年，县令谢景初尝筑自云柯达上林塘堤二万八千尺，其后有牛秘丞（失名）者作石堤，已乃溃决。庆元二年，县令施宿又自上林而兰风，为堤四万二千尺，中有石堤五千七百尺。元至正元年，州判叶恒作石堤二万一千二百十一尺，明成化七年、正德七年，迭遭海溢，又修筑之。详见嘉靖《余姚县志》。

陈旅《海堤记》记叶恒筑石堤之法颇详，节录如下：其法布杙为址，前后参错，杙长八尺，尽入土中。当其前行，陷寝木以承侧石，石与杙平，乃以大衡纵横积叠而厚密其表，堤上侧置衡石，若比栉然。又以碎石傅其里而加土筑之，堤高下视海地深浅，深则高丈余，浅则余七尺，长则为尺二万一千二百十又一也。

乙、上虞县

兴修沿革亦以岁久莫详。其可考者，元大德间，风涛大作，漂没田庐，县役阖境之民植楗畚土以捍之。后至元六年，潮复大作，陷毁官民田三千余亩，余姚州判叶恒建议筑石塘，县尹于嗣宗募民出粟筑之。至正七年，大潮复溃，府檄吏王永议筑，计筑石塘一千九百四十四丈。二十二年，秋飓顿发，土塘冲啮殆尽，府檄断事王芳督治，作石塘二百三十二丈。明洪武四年，土塘复溃，乃易以石，如元时王永所筑。万历四年，丞濮阳傅著《海塘湖塘要害议》，以经略之。

详见万历《上虞县志》。兹节录王永作法一段如下：其法塘一丈，用松木径尺、长八尺者三十二，列为四行，参差排定，深入土内，然后以石长五尺、阔半之者置木上，复以四石纵横错置于平石者五重，犬牙相衔，使不摇动。外沙瘠窳者，叠置八重，其高逾丈，上复以侧石钤压之，内填以碎石，厚过一尺，瓮土为塘附之，趾广二丈，上杀四之一，高视石复加三尺，令潮不得渗入。

清顺治朝

康熙朝

五十九年，总督觉罗满保、巡抚朱轼合疏，拟请建筑海宁、上虞二县石塘，并开浚中小淤沙，下部议行。

原奏计分七端，兹节录其四：（一）议筑海盐县老盐仓北岸石塘以防海水内灌——拟自普儿兜起至姚家堰止，共一千三百四十丈，砌筑石塘以保护杭、嘉、湖三府民田水利。（二）议筑石塘之式以防潮水连根搜刷——拟于塘岸用长五尺、阔二尺、厚一尺之大石，每塘一丈，砌作二十层，共高二十尺，于石之纵横侧立两相交接处上下凿成槽笋，嵌合连贯，使其互相牵制，难于动摇。又于每石合缝处用油灰抿灌，铁锔嵌扣，以免渗漏散裂。塘身之内，培筑土塘计高一丈，宽二丈，使潮汐大时不致泛滥，塘基根脚密排梅花桩三路，加石灰沙土，用三和土坚筑，使其稳固；宁邑大石塘之建始此。（三）议开中小亹淤沙，以复江海故道——中小亹在赭山以北，河庄山以南，乃江海故道，近因淤塞以致江水海潮尽归北岸，今虽砌筑石塘，然中小亹淤沙不开，则回潮冲北一日两次，土石塘工终难稳固。今多雇民夫将中小亶一带淤沙上紧挑浚，计挑过一千九十丈，大汛时潮水亦可出入。现在将已挑者开浚深阔，未挑者兼工开浚，使江海尽归故道，则土塘石塘可免潮势北冲之患。（四）议筑上虞县夏盖山石塘以防南岸潮患。

雍正朝

二年，海宁等八县塘决，诏修筑之。

是年七月，海宁、鄞县、慈溪、镇海、象山、山阴、会稽、余姚等县海塘被潮冲决，上谕及时修筑，动正项钱粮作速兴工。沿海失业居民，藉此庸役日得工价以资糊口，计题销工料银一万五千七十四两六钱五分零。

三年，吏部尚书朱轼题奏：奉谕勘查余姚、上虞、会稽、仁和、海宁、海盐、平湖等县塘工应分别建修情形，经议准行。

四年七月，海宁、海盐、余姚、会稽、上虞五县前议建修塘工告竣。

计修过海宁县陈文港乱石塘三千八百丈，并修补子塘；海盐县石塘一百五十丈；余姚县石塘一千三百丈；会稽县石塘二千七百丈；上虞县石塘二千九百八十七丈。

五年，又奏修海盐、萧山、钱塘、仁和等县欹坍各塘。

六年十二月，海盐、萧山、钱塘、仁和等县修塘工竣。

乾隆朝

三十二年，萧山县境内南塘险工准援例改建竹篓。

三十五年，萧山县修筑石塘。

是年七月，飓风暴雨海水陡涨，萧山自西兴至宋家溇八十余里，以芦庵河一带溃决最甚，其余决处甚多。经邑令会绅修筑富家池芦庵河等处石塘五十余丈。

五十三年，改建山阴县宋家溇土塘。

该处外围"外"、"受"二字号土塘三十七丈九尺，"下"、"睦"二字号土塘三十八丈五尺，均改筑柴脚土塘，外堆块石排桩拥护。

五十五年

同年，上虞县孙家渡土塘改建柴工。

嘉庆朝

四年，改建山阴县境内南塘头"真"、"志"、"满"三字号土塘为柴塘。

计共长五十丈。

五年，建山阴县境内命字号石塘外坦水。

计建砌单坦水二十丈。

十三年,改建萧山县境内孔家埠、大养等号旧土堤为柴塘。

该处土堤滨临大江,间段坍卸,因改建柴塘,并于外脚堆砌块石以资捍卫,共长九十三丈。

十六年,分别修建上虞县境内各柴、土塘。

该县境内之前江塘,因雨水连绵泛涨,王家堰等处赞字等号柴土塘堤坍卸一百八丈五尺,内王家堰赞、恣、名、正四号坍损柴土照旧拆镶,其立、形二号土塘一律改建柴工,又为官、结等字号土塘照旧加筑土堤,外堆块石钉桩拥护。又余埭巷之密、而、多三号所坍柴塘照旧拆镶,亦于外脚堆护块石,扣钉排桩,藉资保卫。

同年,改建山阴县境内三江闸等处柴、土塘为柴塘。

该处"动"、"守"、"真"三字号及面、洛二字号柴、土塘堤被冲坍塌六十八丈,一律改建柴塘。

十七年,改建萧山县境内女字号柴塘为石塘,计长六丈。

二十五年,镶修余姚县境内坍卸土塘。

该县利济土塘埋中仓之中字号起至的字号止,坍卸一千二百一十丈,一律加帮高厚。

道光朝

元年,镶修山阴县境内宋家溇柴、石各工。

该处盘头东西两首柴塘,姑、伯、比、儿、孔、怀等号坍卸九十丈,并坍陷姑、伯、叔、犹等号原堆块石六十四丈一尺,其比、儿、孔、怀四号柴塘五十八丈塘外无块石拥护,坍卸更甚,经将姑、比等号柴塘九十丈照旧拆镶,并于塘外一律添砌块石一百二十丈一尺,加钉排桩,以防冲溃。

同年,拆建海盐县石塘。

上年,该县石塘坍卸,兹择要拆建,计朝字号六丈、垂字号十丈五尺、章字号三丈、爱字号七丈,共二十六丈五尺。

二年,修筑萧山县西江土塘。

该处土塘,因去年秋汛海潮互激以致冲坍,又因今春江水涨发复多坍卸,经修筑土塘九十五丈。

同年,又添建该县北境沿塘篓石坦水。

该处塘工,因山水旺发,潮汐顶冲,元字等号均被冲卸,经一律添建篓石坦水以资巩固。

同年,改建山阴县三江闸塘堤为柴塘。

该处塘堤,因坐当潮汐顶冲坍卸,经一律改建柴塘,并于塘外抛堆块石以资捍卫。

同年,续修海盐县石塘。

是年七月十二、十三,连日风潮,该县塘圮,经修黎字号石塘二十丈,首字号石塘十七丈。

三年,分别修建萧山县西江塘上新庙一带坦水柴塘。

同年,修筑会稽县中巷一带塘堤。

该地带塘堤攸关民舍田畴保障,间有坍卸,因予修筑。

同年,分别修建山阴、会稽、萧山、上虞、余姚五县柴、土、篓石各塘。各该县境内各项塘工均间有坍卸,因分别修复改建。

四年,修建上虞县吕家埠等处柴、土塘堤。各该处塘堤均有坍卸,经分别修复改建。

九年,分别修建萧山县西江及北海塘工。

该县西江塘镇水庵一带柴土塘堤被潮冲刷,经改建砖石柴塘,并于塘外堆护块石,又北海塘俞家潭等处矬卸,岁字等号塘身单薄,并一律培土加帮高厚。

十年,改建萧山县西江塘镇水庵藏字等号柴塘为块石塘。

该处柴塘,因潮汐冲激,间段坍卸一百四丈,情形险要,经巡抚刘彬士奏请一律改建块石塘堤,并于塘外抛堆块石,加钉排桩,奉谕照准。

十一年,又改建萧山县西江塘宇字等号柴土塘为块石塘。

该处柴塘间段冲坍,因改建块石塘,并于塘外抛堆块石,其列字等号石塘亦一并抛堆块石。

同年,分别镶砌上虞县各处柴、土塘。

该县王家坝等处柴塘间段坍卸,经将用字等号柴塘拆镶修复,加培高厚,并于塘外谈、靡、难三号抛堆块石,可、复等号添石整彻。又,是年秋雨连绵,山潮并涨,致沿江塘堤间段冲坍,吕家埠、赵村、双墩头、王家堰、孙家渡等处,自彼字号起至谷字号止,共计坍卸柴塘二百六十五丈,经予修复,其塘外原抛石块滚失沉陷,并连同原未抛堆块石各工一律分别添堆。

十四年,巡抚富呢扬阿奏复勘查东西塘各工应修应建情形。

同年,又议奏保护塘工修筑事宜。

计共七条,兹节录与工程关系较切者三条如下:(一)应用条石应分别协济采办以期迅速。查塘工条石向在绍兴府属采购，岁需无多，尚可敷用，此次石工估需条石二十余万丈，为数既多，各工均限来年七月内完竣，为期又促。现于绍兴府外查得，杭州、湖州二府之属县亦有山可采，即分派该三府领银采办，赶速运工。核计其数仍有不敷，案查乾隆四十五及四十八年浙省塘工条石由江苏先后协济应用，兹请照成案饬下江苏抚臣，按照浙省现办宽一尺二寸、厚一尺、长四尺六面见方之条石，于苏州洞庭一带采办协济四万丈，期以来春全数交工，可资应手兴砌。（二）桩木柴束等料应酌委妥员远近分办。向来塘工桩木均于附近购办，兹查本省所产龙游、开化诸山者为最，质性坚老，入水久而不朽，惟因价值较贵，工员图省，率皆购买由福建泛海贩运之木，质性松脆，又多大头小尾，不适工用，应委熟谙诚干之员，赍带银两前往龙游、开化产木处所，如式购运，以应目前工需。惟恐所产无多，不敷工用，仍分委干员前诣江宁、江西各省，按工用围圆尺寸定例，挑取直长者赶速运工，以资接济。其埽工柴束向于富阳、分水、建德、桐庐四县购办，现在需用较多，除委工员自办外，仍分派该四县协同购运，以期迅速。其石灰、铁锭、竹篓、块石等料均令照例办运，与桩、柴各项并由委员验收，不惟稍有短少偷减。（三）埽石各工取用土方，应分别官地、民地酌量办理。无论官地、民地，凡距塘十丈以内一概严禁取土，其在十丈以外、二十丈以内官地听其取土。

同年，萧山县捐建西兴至来家塘石塘。

计工长数百丈，并于冲要处设立盘头，由山、会、萧三县按田亩征捐筹建。

十六年，吴椿、乌尔恭额奏报海塘大工全行完竣。

同年，又奏陈塘工善后事宜。原奏计列五条，节录其四如下：（一）修塘经费应核实筹计，以免支绌。海塘岁修经费，从前止有盐务节省引费银二万余两，遇有应修工程，随时请拨地丁银两存贮备用，后经额定银十五万六千余两，遇有不敷，于新工项下借拨。至道光五年，前抚臣程含章奏定每年岁修不得过此数，于是西塘额定十万六千两专修柴埽，东塘额定五万两专修坦水，迄无岁修石塘专款。迨五年以后，南沙涨宽，东塘念汛一带起有南潮与东潮会合冲激，石塘渐多倾圮，不能不先其所急，即以岁修坦水之银挪以修塘，逐至坦水因无修费而溜卸日甚，石塘因无坦水而受病愈深。现因东塘改筑柴埽，每年添拨监饷银五万两济用，第各工限满以后，以之修办柴埽三千四百数十丈，并坦水六千余丈，盘头十四座，断不敷用。且埽工固限止有二年，较之坦水四年之限为期已促，修复埽工每丈需银九十余两，较之修复坦水每丈需银六十余两之数又多。期促则修理更勤,银多则费用益大。愈厚愈固,当惜之如金,埽工则需土甚多,塘后坑洼,甫经填平,不能任其挖取,是经费既绌,土方又难,揆度情形,似须将前项埽工择其潮缓处所仍改坦水方可筹办。(二)新建块石塘坦,请定保固限期,并预备岁修料物,随时修补,以免延误。查鳞塘保固十年,条石坦水保固四年,均有向例可循,现在新工筑有条块石塘及块石坦水,例无定限,应请酌定将条块石塘保固七年,块石坦水保固三年。(三)南沙淤岸应按年查勘禁止。查海塘患在北岸,而其受病之源实在南沙,从前屡议挖切,总无成效。近年以来,南岸沙涂愈涨愈宽,占海及半,束潮益力,且潮为沙阻,起有东南两股,势更汹涌不可抵御。闻南岸居民希图种植,恒于沙边圈堆圩岸,以致溜缓沙停。应饬该管地方官出示禁止,随时查察,庶居民咸知圈堆淤岸有干严禁,不敢再图小利,贻患海塘。(四)塘后备塘河应按年挑挖培戗。

十八年,修建萧山县境内西江塘工。

是年,因天雨连绵,山、潮二水互激,致将该处块石柴塘冲刷乎卸,塘外块石亦渐沉陷,经巡抚乌尔恭额奏,准将岂、口二字号块石塘二十六丈照旧筑复,并将女、慕、贞、烈四号柴塘六十九丈贮建块石塘,塘外抛块石一百六十丈,以拥护塘根。

同年,修筑上虞县境内吕家埠以及前江等处塘坦。

该处以入春以来雨水过多,梅汛期内山潮汹涌致塘堤被冲乎卸,经奏准于罔、谈等字号起至王家埝羊字号止柴塘一百丈五已,内罔字等号塘外抛堆块石五十七丈。又将谈字等号塘外原桩坦四十七丈、前江等处霜字等号土塘五十五丈,改建块坦,添石加桩整砌以资拥护。

二十三年,改建萧山县境内于家庄等处土塘为柴塘。

该处土塘,近因潮水漫涌过顶,以致翔字号起至国字号止共四百二十丈,被冲坍矬,仅照旧加土筑复,实不足以抵御,经奏准改建柴塘,并于塘外堆石钉桩以资捍卫。

二十七年,分别镶修改建上虞县境内柴土塘。

该县坍卸柴塘一百二十七丈、土塘七丈、块石九十八丈、抛量石八丈,经奏准照旧拆镶修复,所坍临水土塘七丈,一律改建起塘,塘外滚失桩坦块石,并一律添石加桩,改建整砌,又添建桩坦二十一丈,以护塘根。

咸丰朝

元年,谕修冲缺埽石各工。

同年,修筑山阴、会稽、萧山、上虞各县境内柴土石塘及坦水、盘头。

计山阴县境内修筑鱼鳞条石塘四十二丈、坦水九十二丈、柴塘一百丈;会稽县境内龙王荡、宝山寺等处塘基冲缺,另行修筑石塘二十八丈四尺、土塘一千六百三十四丈三尺;萧山县潭头、闻家堰等处,将原建土塘改建石塘,条石塘改建鱼鳞石塘五层,仍用大条石十一层。该堰为山水、潮水汇注冲击之处,并添建块石盘头一座,挑分水势。汪家堰、场化等处石塘被水冲刷,于塘外添建块石大盘头一座,外面仍用柴土夯填,俾资抵御;上虞县坍缺土柴各塘,均抛石钉桩,加帮高阔,并于起村、信使二号改建柴塘,以防冲溃。

五年,改建绍兴府属北海石塘。

该处藏、闰二字号石塘坍卸四十丈,因将塘基移进改建,并将余字号二十丈从底拆砌修复。

同治朝

三年,修理萧山县北塘、陈家溇、曹家埠塘身。

四年,修萧山县北、西二塘。

2010 年版《重修浙江通志稿·地理》(方志出版社)

塘工之部位与区画

海之有塘不限于浙,而就浙言,浙则十一旧府属中濒海者六,其沿海筑塘者亦所在有之。如旧宁属定海今镇海东北之海石塘,旧《通志》引嘉靖《宁波府志》。慈溪之东西海塘,前书引《慈溪县志》。旧台属临海之咸塘,引《台州府志》。宁海之健阳塘,引《县志》。黄岩之捍海塘、丁进塘、洪辅塘、四府塘,引万历《县志》。太平温岭之净社塘、长沙塘,引《赤城新志》。旧温属平阳之外塘,引《温州府志》。永嘉之沙场石堤,引《县志》。瑞安之沿海圩塘,引万历《府志》。乐清之蒲歧塘、海口塘引《庸志》。等皆是也。然为历来所重视而与防河、防运并列为我国三大水利工程者,厥为旧杭、嘉、绍三属沿钱江下流与杭州湾两岸之塘工,兹所述者,亦以此为主体,其他沿海塘岸则于篇末附见焉。

海塘为一概括之名称,如以部位区画,则应分江塘与海塘二部,其沿江所筑者曰江塘,惟濒海者乃称海塘。考诸志乘,如华信之所议立,石瑰之所殉身,钱武肃之所兴筑,三事均详次节。虽捍海、捍江名称不一,《吴越备史》与《钱塘外纪》皆云钱氏筑捍海塘,咸淳《临安志》则称"捍江塘"。而以当今之部位按之,似皆江塘也。至"江塘与海塘之界,则以杭之乌龙庙以西为江塘,江塘尽处即海塘起处",《续海塘新志》语。但辜较言之,今已不分沿江、濒海而统属于海塘矣。

全部海塘又有南塘、北塘之分。北塘自杭县(市)之上四乡起,下讫平湖之独山止,计长二四三公里,凡在浙北之杭、海、盐、平各市县境内者属之,故亦称浙北海塘。南塘自临浦镇起,至曹娥镇止,计长九十公里,凡在浙东之萧、绍二县境内者属之,故亦称浙东之海塘。按:本省海塘工程局近出版《塘工两年》谓海塘北岸长一九零公里,南岸长一一八公里,与此略有出入,并志之。北岸所受江流与海潮冲击之势又视南岸为猛烈,故浙北塘工亦较浙东严重而急要。

南北塘工,为便于管理计,又分为三段:其属于北塘者二,曰杭海,曰盐平;属南塘者一,曰萧绍。而北塘在清代曾设官分防。杭海一段,初置东、西二防,后又增设中防,因之有东塘、中塘、西塘之称。同时置兵防汛,故此段又分为六汛:一曰李家埠汛,自今杭县(市)境内一堡至十堡为止。二曰翁家埠汛,自十堡至海宁县境之二十一堡止;中间之十七堡,为杭海二县交界处。三曰戴家桥汛,自二十一堡至三十堡为止。四曰镇海汛,自三十堡至县东五堡止。五曰念里汛,自东五堡至十一堡为止。六曰尖山汛,自十一堡至十八堡为止。至盐平段,则另设海防同知驻于乍浦,称为乍防。

2010 年版《重修浙江通志稿·地理》(方志出版社)

绍萧段塘闸情形

此段所辖塘工,西起临浦之麻溪山东,迄嵩坝之口头山,再加曹娥对江"飞"字至"现"字共一百四十二字号,因属绍兴县境,亦归绍萧段管理。全段塘长一百十八余公里,分为第一、第二、第三三区。塘工分土塘、丁由石塘、鱼鳞石塘、半截石塘四种,险塘地点为临浦、闻堰、南塘头、镇塘殿、车家浦、贺盘六处,而尤以闻堰适当富春江、浦阳江之顶冲为最险。

沿塘之闸有十,其中因闸外沙地淤涨、闸港淤塞,已失宣泄效能,闸洞业经填塞者,为山西闸、黄草闸。闸外沙涂屡涨屡坍,泄水之效能已去十之八九者,为姚家埠闸。宣泄灵畅,时在启用者,为三江闸、刷沙闸、宜桥闸、楝树闸、西湖闸,泄水以三江闸为主,刷沙、宜桥、楝树、西湖四小闸为辅。遇天时亢旱,内河水枯,兼作进水之用者,为茅山闸、清水闸。

《民国绍兴县志资料第二辑·地理》

各塘概说

绍兴水利自汉迄今,变迁不一。今绍、萧两县交界之西小江,从前因浦阳江之水经麻溪而入此江,复由钱清江至三江口入海,江潮涨落,时有水患。自明天顺间,太守彭谊凿通碛堰山,导浦阳江之水直趋钱塘大江,复筑临浦坝横亘南北,以断江水内趋之故道。于是西小江截入坝内,而旧山阴、会稽、萧山三县水利混为一区,东西临江,北面负海,藉西江、北海、东江三塘以资捍卫,南列万山,汇纳三十六溪之水,遂形成釜底矣。故言绍兴塘堤,必与萧山联合言之,且绍兴又与上虞边境壤地相错,曹娥江以北有绍属之沥海所,剡江以西有上虞之嵩坝镇。沥海有塘一百四十二字,关于绍兴水利者,不过十余村,而关于上虞者甚大;嵩坝有塘一十字,关于上虞水利者不过嵩坝一镇,而关于绍兴者与东江塘等若此者,又不能不兼载焉。兹将各塘字号丈尺、沿海岸线及闸、坝等修建历史,采列于后:

西江塘:自西兴"天"字号起,至麻溪坝"伯"字号讫,计三百五十九字号,属萧山(每字号长旧营造尺二十丈)。

北海塘:自西兴"天"字号起,至瓜沥三祇庵"犹"字号讫,计三百四十二字号,系萧山辖境。三祇庵东"天"字号起,至宋家溇"气"字号讫,计三百七十五字号,系绍兴辖境,合计七百一十七字号。

东江塘:自宋家溇大池盘头"天"字号起,至曹娥小山头"明"字号讫,计四百六十四字号。

沥海所塘:由所城西南王家"飞"字号起,缘所城西北前倪、后倪、俞家、蒋家,至福寺"霸"字号讫,计一百四十二字号。

嵩坝塘:计天、地、元、黄、宇、宙、洪、日、月、盈十字号。

西江塘、北海塘、东江塘自麻溪坝北"伯"字号起,缘萧山县境之长山、峗山,旧山阴县境之龟山、会稽县境之偁山,直至曹娥小山头"明"字号止,计长一百八十里(华里),合公里一百另四里。

海岸线自萧、诸交界之浦阳江起,至上虞嵩坝之馒头山止,计长五百二十里(华里),公里约三百里(依据民国五年陆军测绍萧段塘闸情形)。

《民国绍兴县志资料第二辑·地理》

绍萧两县水利联合研究会
议决整顿护塘地案

（中华民国五年七月）

按：本会据会员陈玉、陈骚、王一寒、汤建中、何兆棠、李培初等提出议案，内称绍、萧负江挟海，地极低洼，所持以保障全局者，实惟塘堤是赖。而塘堤之得以捍卫，又惟以护塘余地为之屏蔽。故塘堤巩固，则野尽沃土；塘堤决裂，则阖境沦胥。关系之重，莫逾于此。惟查近年以来，各处护塘余地，大半均被侵占或有近塘填基，任意建筑者；或在附塘播种，疏松塘脚者；甚至沿塘一带，坟冢林立，始则破塘埋棺，刨土作坑，继因棺木朽腐，穿成空穴者，危害情形，殊难言状。本会既以研究水利为职务，欲保水利，务除水害，紧要根本，自应保全塘堤为重。然欲保全塘堤，必须将护塘余地，先请绍、萧两县知事迅派干员，赶紧勘丈明确，划清界限，切实整顿，务使已占之处严加取缔未占各地永申厉禁。用特提出议案，应请公同研究，共加讨论，以除水害而保水利，绍、萧幸甚等语。当经印刷配布，宣付第四次常会会议，经众研究，议决如左：

议护塘地为保护塘堤之必要，欲期巩固塘堤，自非整顿护塘地不可。以近今之糟蹋日甚，一若不知有从前规定丈尺者，尤非严加取缔不可。现经本会将提议之案，公同讨论，表决通过。拟请两县知事转详财政厅，即饬清理官产处，幸勿视护塘余地为公产，误行标卖，一面由县派员前往勘丈明确后，商订取缔章程，再行办理。

《民国绍兴县志资料第一辑·塘闸汇记》

北海塘总说

北海塘,考萧山旧《志》:自长山之尾,东接龛山之首,跨由化、由夏、里仁诸乡,横亘四十里,共分十二段,每段设塘长一人看守(万历《萧山志》),其塘曰西兴塘;治北一带濒海,自龙王塘至长山,又迤而东,至龛山,统曰北海,其塘曰北海塘。江与海虽属毗连,既有江塘、海塘之分,则山川内应,先江后海,各标名目,以清原委。又钱武肃王筑塘,虽始于西陵,然亦统名捍海,载《宋史·河渠志》,即今江、海两塘之缘起也。后人因地区名,乃有西江塘、北海塘之称。旧《志》不知考史,其分别门类亦未允当,既于《山川》内载江而不及于海,已属脱漏;又将江、海两塘,编入《水利》塘闸内,至浙江之下,摭拾潮论、潮赋及前人潮诗,乞邻借润,累幅不穷,而于江海之屏障反无一字道及,轻重失宜,不得不为更正(万历《萧山志·山川门》)。

北海塘,按萧山旧《志》,该塘西自长山之尾,东接龛山之首,跨由化、由夏、里仁诸乡,横亘四十里,自龛山至新灶河塘三百八十丈,新灶河至丁村塘二百八十五丈,丁村至陈家塘三百丈,巨塘至三神庙塘三百八十丈,三神庙至横塘三百三十丈,横塘至唐家埠塘一百九十丈,唐家埠至莫家港塘二百八十九丈,莫家港至金家埠塘二百十四丈,金家埠至蒋家埠塘二百十四丈,蒋家埠至横塘二百四十丈,共分十二段,每段设塘长一名看守,修筑派里仁、凤仪二乡,不及诸乡云云。查以上所载,仅十段,计长二千八百二十二丈,以华里一百八十丈为一里计算,十六里还弱,云四十里者不知何据。(民国十六年,绍、萧塘闸工程局西区管理处查报北海塘字号为三百四十二字,每字二十丈,合计六千八百四十丈,与志载四十里相差无几。)

宋嘉定六年,溃决五千余丈,郡守赵彦俟重筑兼修补者共六千一百二十丈,砌以石者三之一,起汤湾,迄王家浦。

清康熙壬辰,沿海土塘尽崩,郡守俞卿修筑,癸巳复溃,公乃筑丈午村蔡家塘等处石塘四十余里。

民国二年,北塘菜、重、芥、墓字号土塘,受海潮、山洪互相冲激,塘身坍矬,外面塘脚所钉排桩残缺不全，即经购料雇工，加钉桩木，并于桩内用柴捆厢加土夯筑，计长六十七丈零，共支用洋一百九十九元二角七分七厘。

民国四年，西兴龙口闸即永兴闸闸板废弃无存，因沙地坍近，潮水内拥，即经购置长一丈七尺闸板三十块，以及铁圈、捞钩、搁凳等，计支用洋九十六元一角一分二厘。

民国五年，北塘长山头至西兴"宿"字号，又长山东自莫家港起，至龛山双池止，绵长三十余里，塘外沙地坍没，海潮、山洪直冲，塘身坍矬穿漏，低薄之处水涨时漫溢过塘，均属岌岌可危。当经分别抢修，计支用洋四千九百三十四元九角五分一厘。

民国五年，北塘"丝"字号土塘穿漏一处，即行雇工，翻掘清底，加土夯筑完固，计支用洋十二元九角七分七厘。

民国六年，北塘归、王、鸣字号土塘，及长山闸外泥坝，因被风浪迭冲，塘根护土刷深，塘身矬裂，当即兴工抢修，筑成柴塘十八丈九尺，石塘三十六丈四尺，连闸外泥坝加高培厚，计支用洋一千五百二十元零二分九厘。

民国六年，北塘"鸣"字号迤东旧塘，及"戎"字号块石塘，被潮冲坍；"发"字号附土塘面彻底穿洞，形甚危险，稍经修筑翻填，暂御眉急，计支用洋七百五十一元九角四分五厘。

民国十年（丁办）：

北海塘"庆"至"与"字号，加筑条石塘二百八十二丈四尺，计工料银十一万二千一百九十九元五角五分二厘。

大、小潭"弟"至"日"，暨"月"至"盈"字号，新筑石塘共二百五十丈，共计工料银八万七千零十九元三角六分一厘。

大、小潭"弟"至"日"字号，石坦水二百丈，计工料银一万六千八百四十三元四角一分三厘。

民国十一年（钟办）：

北海塘大、小潭，大池盘头石塘八十丈，并东西两翼石塘八十五丈，并石坦水一百六十五丈，并两处拦潮坝共一百八十丈，共计工料银八万四千三百六十九元八角八分一厘。

北海塘丁家堰竭、力、忠字号，新建条石备塘七十丈，计工料银三万二千八百一十元零三角五分一厘。

北海塘"与"至"命"字号，加高石塘二毗，计二百三十丈，计工料银四千六百六十三元七角七分一厘。

民国十二年(钟办):

北海塘三江"縻"至"华"字号,建筑全石塘计七十二丈,计工料银二万七千八百六十一元三角五分五厘。

北海塘丁家堰君、曰、严字号,石坦水六十丈,计工料银三千七百五十一元七角八分六厘。

民国十三年(钟办):

北海塘三江"自"至"夏"字号,石坦水一百零三丈,计工料银八千四百零六元七角六分六厘。

北海塘茬山头归、王、鸣、凤字号,全石塘六十丈零一尺五寸,并石坦水六十丈,共计工料银二万三千六百六十八元四角零三厘。

北海塘茬山头戎、羌字号,修理旧石塘四十一丈九尺,计工料银二千二百八十四元三角零九厘。

《民国绍兴县志资料第二辑·地理》

绍萧塘闸工程局施工细则

挖土:由工程师指定相当地点,规画宽深及坡度尺寸,挖掘至适合工作之高低为度。其底面务须一律平整,不得此高彼低。其堆土地点亦须由工程人员指定,不得随意倾弃。

钉桩:用二丈桩木,按照底桩图样、尺寸,排钉梅花桩。桩面高度须在水平桩五寸以内。务须距离均匀,不得参差歪斜。未钉之前,由监工员将桩木两端烙印,督同管工监视。钉竣将桩顶锯至与水平桩等齐。

次挖桩缝泥,深一尺三四寸,桩缝内紧嵌石块,用木夯捣实,露出桩顶三四寸。

拌混凝土砌塘底:混凝土用一三六配合,即水泥一成,黄沙三成,寸半石子六成。寸半石子须用筐在水中洗净。

黄沙一项，除带泥者不用外，其带有细石块杂物者，须筛过再洗。

拌时先将水泥、黄沙按成调匀，和成纯一颜色，复将寸半石子六成摊开，将已经拌成之水泥、黄沙，匀铺石上，用喷水壶随喷随翻，以均匀为度，愈快愈好，并注意浆水不使过燥过薄。

拌成后即由竹筐抬至工场，倾入高一尺、阔八尺之模板内，用平锹锹平，再用小木夯夯实，以浆水向上为度。但为时不得逾二十分钟，俟四五日凝固后，作为第一层之塘底，再在上面砌第二层。

第二层之砌法与第一层同，但模板宽度改为七尺，按图与下层比较，计外面缩进六寸，里面缩进四寸，砌成后再照图样安放条石。

安放条石：

在混凝土上安放条石，照图一丁一由，逐层整砌，一律清做（不用石爿塞型，不用灰沙胶粘），砌缝挤紧，须彼此密切，不得缺角离缝。

由石长五尺，高一尺二寸，阔一尺，前面及左右上下均细錾光，后面粗錾光。丁石长四尺五寸至五尺五寸，高阔同，由石顶面及左右上下均细錾光，离顶面二寸处，左右两边各凿成一寸深之直角，光洁子口，使丁石与由石扣紧，每隔一层，纵横交互，均成直线。

上下两丁石之间，用垫石垫平，其腹肚照图中尺寸，用块石填齐。逐层整砌，其填法须审定石块方向，依次排列，以便交互凑合。块石缝隙中用白灰一成、黄沙三成之厚灰沙同砌，砌至三尺宽为度，务使凝成整块，坚实耐久，不得松隙，免致外水漏入。此外，块石如砌墙然，不用灰沙块石之处则填以干土，逐层夯实。

塘之上面铺长五尺，阔、厚各一尺之盖，面石应细錾光，照图安放，一律清做（与丁、由石同），须平整密合，砌缝尤宜光洁挤紧，不得缺角、离缝。以上石料錾光后，须经监工员验明，合用始得安放。

《民国绍兴县志资料第一辑·塘闸汇记》

东区管理处条陈责成塘夫照章割草
挑土筑塘管见两端请核示文

（十五年十二月）

　　呈为呈请事。查绍属各塘塘夫，向来不给工食，故虽有管塘之名，而无护塘之实。今蒙钧长明定规章，实事求是，所有塘夫概给工食。窃以为既给工食，则应责成塘夫者有二端焉：塘上生长之草，本以护塘。然塘面之草无所用之，向因该草刈割为塘夫津贴，故任其长成，莫或过问。萋萋满塘，高出于人，或遇潮汛泛滥之时，欲视塘身之有无罅漏，獾猪之有无巢穴，实令人无从下手。为今之计，似宜将塘外之草照旧章于立冬后刈割。塘内之草照旧章于霉汛前刈割。塘面之草则责成塘夫随时割去，不准长至一尺以上，俾巡视者既不碍于巡行，而塘身之一切情形亦得随时查察，此其一也。土牛为抢险之预备，关系塘务最为紧要。然东、北两塘一带，有土牛者，殊属寥寥。宜责成塘夫，分作三年，每字挑土牛五个，每个底方长一丈二尺，阔八尺，顶方长四尺，阔二尺，高五尺，计土两方。第一年责成塘夫先将旧有塘身须补苴者，一律补苴完讫，再筑土牛一个，第二年、第三年各分挑两个，或遇抢险时，甲段土牛不足，得借用乙段土牛，事后由双方管理员商承主任，酌给挑筑津贴，是每塘夫一名，假定管五十字，平均计算约每年须挑土二百方，每方以三角计，须银六十元，该塘夫一年工食只七十二元，似未免失之太苛。第为之细算，塘夫看塘以外，仍可兼理农工事业。且此项土牛，限三年每字挑筑五个为止。此后不再增加，但每年于土牛坍陷者添补之，塘身有水溜者修葺之，则三年之后，该塘夫既可不劳而获，而抢险之土亦有备无患矣。此其二也。以上二端，愚陋之见，是否有当，伏祈裁夺示遵。谨呈。

《民国绍兴县志资料第一辑·塘闸汇记》

绍萧塘闸工程局呈报本局经过暨现办情形并规划进行程序列表请核文

（十六年四月）

　　呈为报明职局经过暨现办情形，并规划进行程序列表送请鉴核事。本年四月十日，奉钧会第二九二号训令，照得政治革新，建设事业百端待理，所有本省关于塘工水利各项事宜，自应悉心筹划，积极进行，以图发展。该局成立有年，整理改良刻不容缓，亟应将经过情形、现在状况详细查明，并将进行程序预为规划，分别列表，克日呈报，以便查核。除分行外，合亟令仰该局长，即便遵照办理。此令等因。查绍、萧两邑，江海塘堤，专属绍邑者为东江塘，专属萧邑者为西江塘，分属绍、萧两邑者为北海塘。清制由绍兴府直接管理。民国纪元改由两县各自推举理事，任岁修保护之责，而受成于两县知事。其后各塘相继出险，经士绅之呼吁，当道之主持，成立绍萧塘闸工程局，并发行塘工奖券，以盈余拨充经费。自民国七年至十三年，先后用款一百二十余万，险要工程大致告竣，仍回复理事制，维持现状。上年夏，霪雨兼旬，山洪暴发，海潮怒涌，北塘遽告溃决，西塘亦见剉陷。两县士绅奔走呼号，力主规复专局，要求拨款兴修。省中以无款可拨，决议仍发塘工债券，并先向杭、绍中国银行借款十万元，即以奖余作抵。此职局之经过情形也。局长于上年七月奉夏前省长委任，即偕工程人员驰赴北海塘，周历履勘，察得该塘受病之原因凡六，已于呈报视察北塘文内详细具陈，至于决口处所，一为车盘头，一为郭家埠，一为楼下陈，内外均临深河，宜建全石塘，护以石坦。一为湾头徐，则内滨河，外临池，宜建半石塘，当就地势适中之萧山县境新发王村筹备设局，于九月十六日成立。先后将车盘头、郭家埠、湾头徐三处计划图表，分别呈送。车盘头一处，先于十月十日施工。其余各处，原拟次第进行。适逢战事停顿，致车盘头工程未能克期竣事。而郭家埠一段，亦复迟至本年三月十七日甫经着手，实出诸当时意料之外。复查上四处地点，均在龛、苴两山之间,原有土塘,东西近二十里,日久坍塌,询诸就地人士,咸谓上次海水暴涨,越过塘面尺余,此次改筑石塘,每段仅数十丈,若不将其余土塘同时修复,仍属功亏一篑。是以上年十一月间,复经详叙施工计划,呈奉核准。此项土工,其始受军事影响,入春以来又因雨水过多,以致已完之工不及四分之一。此职局之现在状况也。窃谓海塘工程,关系人民之生命财产,非有的实款项,不足以言培修。尤非有常设机关,不足以言管理。职局开办之始,仅领到借款十万元,自债券停办后,已借之款尚在虚悬,未来之款更无把握,以故任职后,仅能尽此十万元就目前最要之工。如上所述者,酌量分配,雅不敢侈言计划,然如北塘三江东门外"摄"至"存"字号一百二十丈土塘,三年内两次出险,已于折呈息借商款案内声明。又如西塘小砾山以下之石塘石坦,半爿山以下各土塘盘头,均有必须修筑情形,亦于视察西塘案内声明,徒以术乏点金,不得不留以有待。兹奉明令,将进行程序预为规画,此实绍、萧士绅所祷祀以求者,亟应列表先行呈送。其东塘应修工段,以及三江应宿大闸年久失修,应如何审慎估计之处,容俟博访周咨,另行具报。抑局长更有请者,绍、萧东、西、北三塘绵亘二百余里,如工程局之外不设其他分理机关,必有鞭长莫及之虑,前就三塘形势,划分为东、西两区,订立管理处章程十二条,并请将此项经费,列入国家预算,作为常设机关,俾司管理防护之责。只以限于预算,东区仅划分为七段二十四岗,西区仅划分为六段二十一岗,平均每段管理员约管十余里,每岗塘夫约管五六里,薪工微薄,路线绵长,仍虑无以经久。值兹政治革新,关于建设事业,宜有远大之图,此又钧令所谓整理改良,刻不容缓者也。理合附具意见,并连同各工段计划表,呈请钧会鉴核令遵。谨呈。

绍萧塘闸工程局各工段计划表

塘名	地段	字号	工别	丈尺	估数	说明
北塘	车盘头		石塘	四十丈	一万八千四百七十七元六角	此段估计图表,早经呈送,系十五年十月十日施工,中间适逢战事,条石块石运输阻滞。如春后雨多晴少,工作进行因之迟缓。现在丁、由石业经砌完,盖石亦将告竣,塘后附土已填三分之二。

续　表

塘名	地段	字号	工别	丈尺	估数	说明
北塘	车盘头		坦水	四十丈	二千九百四十六元四角	坦水泥业将挖竣,杉桩亦钉五分之四,不日即可砌石。
北塘	郭家埠		石塘	十八丈	六千一百四十四元	此段估计图表,早经呈送。系十六年三月十七日施工,外坝已用塘土筑成,如天时晴霁,再有一星期即可钉桩。
北塘	郭家埠		坦水	十八丈	一千三百四十一元四角	须待石塘筑成方能施工。
北塘	湾头徐		半石塘	二十三丈	四千五百五十二元二角九分	此段估计图表,早经呈送。木石各料亦渐预备,两星期后当可施工。
北塘	湾头徐		石塘	三十三丈	一万四千元	此段计划图与车盘头一段同。前经呈送在案,刻正办理估计表。上列系约计数。
北塘	楼下陈		坦水	卅三丈	二千五百元	同前
北塘	龛山至茝山		土塘	三千四百丈	二万六十元	每丈平均加土十五方,每方三角六分,计银一万八千三百六十元。又每丈加挖掘草皮及拆放路石,小工一工,每工五角,计银一千七百元。两共二万六十元。系十五年十一月呈准分段开工,适逢战事,入春后又多雨晴少,以致工作迟缓,未及四分之一。

续 表

塘名	地段	字号	工别	丈尺	估数	说明
北塘	三江	"摄"至"存"字	石塘	一百二十丈	五万五千元	此段适临闸港,三年内两次出险,必须改筑石塘、石坦。只以工需浩繁,未经筹定,是以未即绘图设计。上列系比照车盘头一段工程约略估计。
北塘	三江	"摄"至"存"字	坦水	一百二十丈	九千元	同前
西塘	半爿山					
至龙口			土塘	三千六百丈	二万一千六百元	此段纯系土塘,并无字号。或塘身低薄,或坡度坍削,或外傍沟河,或内滨池沼。前清咸丰、同治、光绪年间,屡次出险,亟应加高培厚,并于接连沟河各处,加钉排桩,以防霉汛。每丈平均以六元计,约需洋如上数。
西塘	曹家里一带		乱石盘头	三座	二千元	该处乱石盘头三座,系就地人民自行建筑,前以款绌停办,由曹永兰等请求酌拨到局,当经转呈,量予补助二千元。
西塘	文昌阁	"皇"字	坦水	二十丈	三千元	
西塘	大庙前	"让"、"国"字	坦水	十丈	一千五百元	
西塘	大庙前	"有"、"虞"字	坦水	八丈	一千二百元	

续 表

塘名	地段	字号	工别	丈尺	估数	说明
西塘	大庙前	"爱"字	坦水	二十丈	三千元	
西塘	大庙前	"臣"、"伏"字	坦水	四十丈	六千元	
西塘	西汪桥	"体"、"率"字	坦水	五十五丈	八千二百五十元	
西塘	西汪桥	"凤"字	坦水	五十丈	二千二百五十元	
西塘	西汪桥	"白"字	坦水	三十丈	四千五百元	查西塘自"皇"字迄"白"字坦水二百丈,渐已陷落,露出坦桩尺余。其故由于上江山水受海潮顶托,每遇屈曲,则回溜激射,旁搜下注,辄成潭穴,始而危在石坦,继将啮及塘根。此时宜将陷落之处,加以整理,并于其外加抛块石,以护其根。前经面嘱西区虞主任测丈水量深度。据报,最浅者为一丈二尺,最深者为三丈六尺,平均折半作为深二丈四尺,如于原有石坦外,抛成面阔一丈、底宽二丈之块石坦水,约每丈需块石三一六方。所虑者块石投入深水,分量减轻,易被卷去。似应查照方数,酌加四成,计每丈实需块石五十方,每方以三元计算,每丈约需洋一百五十元。

续　表

塘名	地段	字号	工别	丈尺	估数	说明
西塘	西汪桥	"宾"字	石塘	四十丈	二万元	查西汪桥一带,邵前局长筑混凝土塘,系"归"字号起,钟前局长筑丁由石塘,系"率"字号止。中间"宾"字号尚有老塘约四十丈,形势倾圮,似应改筑石塘、石坦,以期巩固。每丈每石以五百元计,约需款如上数。
西塘	西汪桥	"宾"字	坦水	四十丈	三千二百元	每丈石坦以八十元计,约需款如上数。
西塘	西汪桥	"鸣"、"凤"字	盘头	一座	四万元	此段系邵前局长所筑之混凝土塘,为富春、浦阳两江汇流冲激地点,形势至为重要,亟应建筑盘头,以杀水势。前经测丈江深,约在三丈以外,拟筑五丈半径盘头一座,连左右两翼,共长二十二丈。下以块石叠成,上砌条石十毗,并于盘头以外加抛块石坦水,期臻巩固。计需块石一万方,条石五百丈,底石一百余块,约计需款如上数。

曹豫谦敬告同乡父老

（十六年七月）

豫谦不敏，承长官之任命，父老之委托，付以巨款，俾掌塘工。就职迄今十阅月矣，论工程则设施未竟，论经费则余剩无多。兹值瓜代有期，敬陈经过如左：

豫谦奉命就职，适在北塘龛、茬山间土塘决口以后，治本办法固须就决口处所，建筑石塘。而其余卑薄残圮之土塘，亦非同时培修，不足以言捍卫。此为第一步计画。计十阅月又二十日中，建筑车盘头石塘三十六丈二尺，郭家埠石塘十八丈五尺，湾头徐半石塘二十五丈，培修龛、茬山土塘二千三百三十丈。此外，则有东区之抢险工程，西区之岁修工程，又有补助西塘民建乱石盘头工程。虽可以报告者已尽于斯，而就当时情形言，一扼于上冬之战事，再扼于入春之雨水，工事迟缓，事实使然，当为父老之所共谅也。

抑豫谦同时复注意于西兴至半爿山之土塘，以及三江"仕"至"存"字之险工，兹再分两节述之：

西兴至半爿山土塘，并无界石字号，或塘身低薄，或坡度坍削，或外傍深沟，或内滨池沿，前清咸丰、同治、光绪等年，先后出险。上年江水盛涨，襄七庄一带，几濒于危。若非就地士绅合力抢修，为患不堪设想。此段实地丈量，长四千丈，已钉号桩。原议克日培修，以新章责具图说，手续繁重，未及筹办而止。

三江"仕"至"存"字土塘危险，必须建筑石塘。情形已详本期上省政府世电，核计余款四万余元，除建楼下陈石塘外，尚虑不敷。然一年以来绍、萧两县塘闸捐征存项下为数当以万计，上年萧山方面又有沙租案内变价之款，事关两县生命财产，省款不足，则县款补助之，此又事理之至顺者。

夫三塘路线绵长二百数十里，前局自七年设立至十三年裁撤，需款一百二十余万，仍不免于上年之溃决。今欲以区区十万之借款，支持一线之危堤，纵才智百倍于豫谦，亦必无以善后。豫谦则不敢自馁其气，曾于四月间拟具各项工段计画表（见第七期月刊），其后视察东塘，复将贺盘一带及楝树下之险工具文呈报。纵不获立邀核准，亦未始无发展之机也。

　　绍、萧两邑，沿江滨海，其西受富春、浦阳之水，其东受剡溪、曹娥之水。而海潮复自北来会，形势险要，与海宁盐平同。顾彼有专设之局，固定之款，此则仅持附捐，略事补苴。一遇风潮震撼，则奔走呼号，张皇失措矣。豫谦前订东西区塘闸管理处章程，并请将管理处预算列国家岁出项下，实为必不得已之举。今幸当局设立钱塘江工程局，有具体之规模，为通盘之筹画。款出省方，事有专属，此后我两邑人民当不致有其鱼之叹。豫谦幸获卸责，乐观厥成，所耿然于怀者，前次以塘工向无专书，将于工余从事编辑，忽忽十月，奔走工次，仅成凡例若干条，附于本刊之末。此则不能不有望于后继耳。至于局用经费，节省六千六百余元。借款息金存贮四千九百余元。仅能免愆尤于万一，不敢遽言尽职也。收支总报告列后。

《民国绍兴县志资料第一辑·塘闸汇记》

浙江省第三区绍萧塘闸工程处
护塘地取缔章程

　　（一）护塘地遵照定案，塘内外各以距塘脚二十弓为界限。

　　（二）护塘地内不论官私，有田地、屋基，均受本章程拘束。

　　（三）塘上及护塘地内，旧有房屋、卤池、粪池并其他等物，现时暂准免予拆填，倘因塘工必要时，应立即拆除填塞。

　　（四）护塘地内不论田地，如系民间私产、执有契串者，仍归民间营业，但只能耕种，不准有新建筑毁掘等事（如起屋、造坟、掘池及其他损害之类）。倘有违犯，应即勒令恢复原状，其情节较重者，并处以相当之惩罚。

　　（五）塘上及护塘地内旧有卤池、粪池及其他损害等物，如因塘工拆除及倒坍废弃者，一概不准修复。

（六）塘上及护塘地内所有房屋，遇修葺时，应报明县署勘明，确无损碍，准予出具保固切结，照旧修葺。

（七）沿塘一带，除向有护塘余地各处（如童家塔、丁家堰等处）外，其有新涨沙地或系坍而复涨者，丈出二十号为护塘地。

（八）此项余地为护塘之必要，如系官有，当永远保存，不得以官产标卖。

（九）前列各条，东、西、北三塘均适用之。

（十）此项取缔章程，由两县公署核转奉准后，出示通告，并分报盐运使暨清理官产处存案，作为永远定案。

《民国绍兴县志资料第二辑·地理》

绍萧塘闸工程局呈省政府
为船货违禁盘塘请严令禁止文

（十六年七月）

呈为船货违禁盘塘请严令禁止事。窃职局管辖江海塘堤，关于船货起运驳卸，向有指定地点。东区管理处主任转据三江应宿闸兼北塘第六段管理员张光耀呈称，七月四日午后一时，光耀巡视塘身，见闸务公所后面"夏"字号塘，停泊盐船一艘，挑夫掘毁塘身，开掘阶级，挑运盐包过塘。当经光耀劝阻，挑夫纷纷逃散，船内尚存盐十四包，当着塘夫往请驻扎三江城内缉私第五营第二队第六棚长蔡伯仲，将盐十四包如数点交。经蔡伯仲领收，出立收讫字据。一面将船扣留。已经呈报。该船于翌日夜间驶去。讵本月十日上午一时，光耀自丁家堰巡塘至闸务公所后面"夏"字号，仍见停泊盐船一艘，挑夫二十余人，纷纷挑运盐包过塘，经应宿闸而去。当经光耀劝令，以后切勿损害塘身，私擅过塘。讵有缉私营第五营第二队第六棚棚长蔡伯仲率领缉私营兵士八人，汹汹赶到，向光耀百般辱骂。

光耀见无可理喻,即回闸务公所。查职段所管塘堤,向不准开设埠头,私擅过塘。今该缉私营棚长蔡伯仲,蛮横不法,强干例禁,实属办理为难等语。查北塘三江一带,塘堤并无正式埠头,无论何种货物,均不准擅自盘运。此次缉私营队,横加干预,若不严行禁止,则将来各种货船均可相率效尤,设有疏虞,谁负其责?除指令外,理合据情呈请鉴核令行,该管机关迅行申禁,并予处分,以重塘政。谨呈。

《民国绍兴县志资料第一辑·塘闸汇记》

东区管理处北塘报告书

(十六年三月)

号别	塘别	塘身高阔	沙碛远近	江流形式	备考
摄	同上	阔一丈三尺,高八尺	同上	同上	塘内外泥路一条。
职	同上	阔一丈六尺,高七尺	同上	同上	塘内泥路一条。
从	同上	阔二丈二尺,高九尺	塘外沙地四五十丈	同上	塘内临河。内木桩各一排。
政	同上	阔一丈九尺,高一丈	同上	同上	塘内临河。内外密桩各一排。内泥路一条。
存	半土石塘	阔一丈九尺,高一丈	同上	同上	塘内临河。内泥路二条。
以	石塘	阔二丈三尺,高一丈	同上	同上	塘内系地。
甘	同上	阔二丈九尺,高一丈	同上	同上	塘内近河。
堂	同上	阔三丈一尺,高一丈三尺	同上	同上	塘内临河。外密桩一排。

续　表

号别	塘别	塘身高阔	沙碛远近	江流形式	备考
而	同上	阔二丈四尺，高一丈	塘外临江	同上	塘内临河，内密桩一排，内石路一条，泥路二条。
益	同上	阔一丈七尺，高一丈四尺	同上	同上	塘内近河。面有宜桥三眼闸一座。内泥路一条。
咏	同上	阔四丈，高一丈一尺	同上	同上	塘内近河。内泥路一条。
乐	同上	阔二丈七尺，高一丈	同上	同上	同上。
殊	同上	阔二丈一尺，高一丈三尺	同上	同上	塘内临河。面有孩棺四穴。
贵	同上	阔二丈三尺，高一丈	同上	同上	塘内临河。面有孩棺二穴。
礼	同上	阔一丈九尺，高一丈三尺	同上	同上	塘内临河，并泥石路一条。面有泥坟二穴。
别	同上	阔二丈三尺，高一丈	同上	同上	塘内临河。
尊	同上	阔二丈，高一丈三尺	同上	同上	塘内临河。内泥、石路各一条。内有草舍一间，卤池三埭。面有孩棺一穴。
卑	同上	阔二丈二尺，高一丈	同上	同上	塘内临河。并坟一穴。浮厝三具。内脚有卤池二处。
上	同上	阔二丈三尺，高一丈四尺	同上	同上	塘内临河。泥石路各一条。内脚有草舍、卤池，并浮厝一具。
和	同上	阔三丈二尺，高一丈五尺	同上	同上	塘内系地。内石路一条。内脚有民房、卤池，并多刺柴。

曹豫谦拟绍萧塘工辑要凡例

一、沿革

绍、萧古称泽国,赖东、西、北三塘以为捍御。自碛堰山通而西塘之局变,自龛、赭地涨而北塘之局又变,其间弃腴田于塘外,改土埝为官塘,每有志乘所未详者。至沿塘各闸坝,尤为蓄泄内水之要键。虽闸务幸有专书,而塘工尚鲜实录。兹特纪"沿革"一门,具征原委,而塘外沙牧各地之坍涨附之。

一、形势

三塘绵亘二百数十里,其西为富春,其东为曹娥江,其北为浙江,均会流而入于海。夏秋之交,怒潮疾上,激成劲溜,往往直逼塘身。兹纪"形势"一门,孰为险要,孰为缓冲,并志历年出险之点,俾后之任事者藉以知工程之缓急焉。

一、图经

测绘为工程之先导,两县塘堤辽阔,近年来尚无精确图说,兹绘三塘总图,并附各段分图,系以说明,藉资考证。

一、诏令

自汉唐以来,关于三塘水利之历朝宸翰,及部省各令,或详史乘,或列成规,或载志书,或𦜌碑碣,详征博引,搜辑靡遗,亦考古者之所不废也。

一、公牍

凡关于工程之各种公私函牍,择其切要者具著于篇。其有批示、指令及覆函者附于每篇之末。

一、议案

清末咨议局,民国省县城镇乡议会,以及其他各法团,有关于塘工各议案,或未决,或尽决,或实行,均按年分类择要纪录。

一、著述

两县之私家著述,有裨塘工水利者,宏文巨制,所在多有。或未付梓,或未行世,潜德弗彰,良用惋惜。兹广搜博采,特纪"著述"一门,附以诗歌杂作,俾后人兴望古遥集之思。

一、祠宇

历代神祠之建于塘闸者,以戴、汤两太守为最著,其他有功于民、以死勤事而庙食者,皆当在防护之列。兹详纪祠宇之所在地及神之姓名、封号、功绩,以资景仰。

一、古迹

塘外之五庙路,杏花村。塘上之跨丈庙,万柳塘。朱子有视事之处,里正标股堰之名,见诸志集,耳熟能详。至若十二生肖,是何取义,一索九龟,得自童谣。明代御倭之役五马并行,鲁王监国之年划江自守。见闻必录,藉广流传。

一、经费

塘闸经费,历来取给于旧山、会、萧三县田亩附捐,由绍兴府主持。自府制取销,绍、萧两县议会分配多寡,互有主张。甫于民国五年定案,东、北两塘,绍认十之七,萧认十之三。西塘及三江大闸,绍认十之六点六六,萧认十之三点三四。然较诸海宁、盐平塘工,仰给于国税,年以数十万计,不免向隅。已向当道据理力争。兹纪"经费"一门,详述历年征收数目,历任报销各册,俾知民力未逮,后继为难。

一、工程

历来工程,因经费有限,往往补苴罅漏,因漏就简。自民国年间,各塘险工迭出,当道知非动巨款不能葳事,时张财政厅长厚爆,创办绍、萧塘工奖券。省委钟君寿康董理工事,为期六年,需款百数十万,仍未能一劳永逸。兹纪"工程"一门,计分八类,曰混凝土塘,曰石塘,曰半石塘,曰土塘,曰柴塘,曰坦水塘,曰盘头,曰备塘。其应宿闸工程载于《闸务全书》,别为补辑,不复重录。

一、料材

材料大纲凡四,曰石,曰木,曰土,曰灰。往昔所需,或以竹篰磊石,或以麻袋灌泥,或用柴薪,或沉石船,类皆施诸抢险工程。近始有以洋灰代石者,性尤坚韧。兹分别纪载,俾后人有所取资焉。

豫谦奉命筑塘,苦无专书,足资考证。工事余暇,拟编《塘工辑要》,先成凡例十二则。近以裁并在即,徒存虚愿,遂将凡例录附也。

绍萧段护塘取缔案情形

　　绍、萧两县塘堤蜿蜒辽远，塘上村镇甚多。其较大者第一区有临浦、新坝、义桥、闻堰、潭头，第二区有西兴、龛山、瓜沥、党山，第三区有镇塘殿、新埠头、楝树下、车家浦、杜浦、曹娥、嵩坝。沿塘过货，设有旱闸，第一区有四处，第三区有二十六处。管理取缔颇感困难。民元以前，民办时间，各项规章，尚无所闻。嗣收归官办，始有绍萧水利联合研究会议决之取缔章程十三条，呈准省府核准，迨民国十七年，由两县县政府水利局会衔布告，严申禁令。

《民国绍兴县志资料第二辑·地理》

海　塘

　　海塘惟江、浙有之。于海滨卫以塘，所以捍御咸潮，奠民居而便耕稼也。……在浙江者，自仁和之乌龙庙至江南金山界，长三万七千二百余丈。浙则江水顺流而下，海潮逆江而上，其冲突激涌，势尤猛险。唐、宋以来，屡有修建，其制未备。清代易土塘为石塘，更民修为官修，巨工累作，力求巩固，滨海生灵，始获乐利矣。

　　顺治十六年，礼科给事中张惟赤言："江、浙二省，杭、嘉、湖、宁、绍、苏、松七郡皆滨海，赖有塘以捍其外，至海盐两山夹峙，潮势尤猛。故明代特编海塘夫银，以事岁修。近此欠不知销归何地，塘基尽圮。倘风涛大作，经从坍口深入，恐为害七郡匪浅。"

　　五十九年，总督满保及轼疏言："上虞夏盖山迤西沿海土塘冲塌无存，其南大亹沙淤成陆,江水海潮直冲北大亹而东,并海宁老盐仓皆坍没。"因陈办法五:一,筑老盐仓北岸石塘千三百余丈,保护杭、嘉、湖三府民田水利;一,新式石塘,使之稳固;一,开中小亹淤沙,使江海尽归赭山、河庄山中间故道,可免潮势北冲;一,筑夏盖山石塘千七百余丈,以御南岸潮患;一,专员岁修,以保永固。下部议,如所请行。

乾隆元年,署苏抚顾琮请设海防道,专司海塘岁修事。会筹请于仁、宁等处酌建鱼鳞大石塘六千余丈,均从之。

二十一年,喀尔吉善言:"水势南趋,北塘稳固,而险工在绍兴一带。拟于宋家溇、杨柳港,照海宁鱼鳞大条石塘式,建四百丈。"从之。

二十七年,帝南巡,阅海宁海塘工。论曰:朕念海塘为越中第一保障。比岁潮势渐趋北大亹,实关海宁、钱塘诸邑利害。计改老盐仓一带柴塘为石,而议者纷歧。及昨临勘,则柴塘沙性涩汕,石工断难措手,惟有力缮柴塘,得补偏救弊之一策。其悉心经理,定岁修以固塘根,增坦水石篓以资拥护。又论曰:尖山、塔山之间,旧有石塘。朕今见其横截海中,直逼大溜,实海塘扼要关键。就目下形势论,或多用竹篓加镶,或改用木柜排砌。如将来沙涨渐远,宜即改筑条石坝工,俾屹然如砥柱,庶北岸海塘永资保障。

三十五年,巡抚熊学鹏请于萧山、山阴、会稽改建鱼鳞大石塘。帝以潮势正趋北亹,与南岸渺不相涉,斥之。三十七年,巡抚富勒浑疏报中亹引河情形,略言:"潮头大溜,一由蜀山直趋引河,一由岩峰山西斜入引河,至河庄山中段会合,互相撞击,仍分二路西行,随令员弁于引河中段挑堰沟二十余道,导引潮溜,俾复中亹故道。"

嘉庆四年,浙抚玉德请改山阴土塘为柴塘。十三年,浙阮元请改萧山土岸为柴塘。十六年,浙抚蒋攸铦请将山阴各土塘隄一律建筑柴塘;苏抚章煦请将华亭土塘加筑单坝二块。均从之。

综计两省塘工,自道光中叶大修后,叠经兵燹,半就颓圮,迄同治初,兴办大工,库款支绌,遂开办海塘捐输,并劝令两省丝商,于正捐外,加抽塘工丝捐,给票请奖。旋即停止。光绪三十年,浙江巡抚聂缉规请复捐输旧章,以济要工。因二十七年以后,潮汐猛烈,次险者变为极险,拟将柴埽各工清底拆筑,非筹集巨款,不能历久巩固云。

[民国]赵尔巽《清史稿》志一百三《河渠三》,1977年版(中华书局)

浙省海塘工程告竣　今日举行落成典礼

　　浙江省海塘工程，年久失修，致每次水患，均出巨险，统计沿塘各县损失，数达五百万元以上。故十八年度开始时，省政府特采纳省水利局奥国工程师建议，改筑新式海塘，谕交省水利局拟订计划，及工程经费预算，经省府会议通过，分期筹款，由建设厅督促进行。其第一期应行改建之伊溪大塘，全部工程，现已完竣，由省水利局长戴恩基呈报建设厅派员验收。建厅以本省建筑新式海塘，在全国水利工程中，具有特殊性质，遂于派员验收后，即定于今（十三）日上午举行落成礼。除已分函各机关团体推派代表外，并已准张静江主席亲自参加，以示隆重（十二日）。

1930 年 7 月 13 日《申报》

关联闸

三江闸附属各闸调查录

三江闸一名应宿闸,距城二十五里。明嘉靖十五年,绍兴知府汤绍恩所建。万历十二年,知府萧良干增修。崇祯六年知府张任学重修。此其事人多知之。但附属于三江闸之各小闸,多忽而不记。兹以调查所得备载如下:

减水闸,亦名监水闸,一名平水闸,又名兴隆桥,在三江城外,石造,长二丈余。因嘉靖时建三江闸后,恐水猛不能支持,于此闸下铺石版,状如鱼脊,以杀其势,足见古人虑事之精密。

宜桥闸,又名三眼闸,在三江东门外塘湾村东首,石造。洞自南至北长丈余。

刷沙闸,又名独眼闸,在三江闸北首,石造,洞自西南至东北,长丈余。

玉山闸,即陡亹老闸,闸梁上尚有"三江老闸"四字,石造。洞自南至北,水深处二丈余,浅处丈许。唐贞元元年浙东观察使皇甫政建造,计十洞。清康熙时知府俞卿改建。

撞塘闸,即两眼闸,在玉山闸之东,洞自东至西,高丈余,亦明嘉靖间知府汤绍恩所建。

又有九岩闸,即三江未设闸前之闸,以阻夏履桥之水。界塘有村口闸以阻紫棠湖之水,亦与三江闸有关系也。

《民国绍兴县志资料第一辑·塘闸汇记》

茅山闸总说

茅山闸（一作猫）：（俞志）在麻溪坝外三里，天乐四都之田截出坝外，岁被江潮淹没。明成化间，知府戴琥于茅山之西，筑闸二洞，以节宣江潮，久之闸圮。崇祯间，乡宦左都御史刘宗周议移麻溪坝于茅山，土人阻之而止。十六年，乃筑茅山闸三洞，甃其上半，禁船出入，三江旱则引水。茅山实与应宿闸相为呼吸焉。

《民国绍兴县志资料第二辑·地理》

宜桥闸

宜桥闸：在应宿闸东三里许，位于北海塘"益"字号，三洞。建于何时待查。

《民国绍兴县志资料第二辑·地理》

刷沙闸

　　刷沙闸：在应宿闸西北里许，北海塘"操"字号，一洞。清光绪十六年知府霍顺武建。因闸港屡塞，欲以此闸冲刷之。三江闸港屡塞之由，实缘于鳖子门涨塞，盖古时钱塘江入海之道有三：一曰南大亹（即鳖子门），在龛山、赭山之间。一曰中小亹，在赭山与河庄山之间。一曰北大亹，在河庄山与海宁县城之间。钱江之潮势如排山奔马，名闻中外，而尤以鳖子门一路为最猛，山洪之下注，亦以该路为最烈。北海塘系着塘流水，故自西兴至三江，蜿蜒四十余公里之塘，均系条石砌成，建筑极为巩固。迨清雍正元年，江流变迁，鳖子门竟因以涨塞。至乾隆二十二年，中小亹又淤为平陆，而北海塘外，成横纵各二十余公里之南沙江流，完全由北大亹入海，自是以还，南沙常有向东增涨之势，三江闸港始屡有淤塞之患矣。（见浙建厅水利局报告册）

《民国绍兴县志资料第二辑·地理》

楝树下闸

　　楝树下闸：在县东北三十里，位于东江塘"归"字号，三洞。清同治五年知府高贡龄建。因三江闸港屡塞，是年夏浮沙壅积，且越闸入内河。浙抚马新贻檄委按察使王凯泰诣勘旧港，既不可循，与知府高、邑绅沈元泰等议，别凿一港以通，并加建楝树下、姚家埠两新闸，而与正闸相辅焉。有《碑记》。（在三江汤公祠）

《民国绍兴县志资料第二辑·地理》

西湖底闸

　　在县东北七十里,白沙港东江塘"从"字号,三洞。清光绪十六年知府霍顺武建。同治四年五月,东江、北海、西江三塘相继决口,山、会、萧三邑均成巨浸,适三江闸港淤塞,无从宣泄,邑绅鲁月峰时董理东江塘,遂决白沙港之"从"字号塘堤,以泄内水。后光绪十五年七月大水,又值三江淤塞,郡绅徐树兰遂建议于是处筑闸,以裨应宿闸之不足,大吏准之。是闸之设计及典工者,为邑绅袁文纬;督其役者,为邑绅章廷黻、杜用康。有《碑记》。(在闸旁汤、霍二公祠)

《民国绍兴县志资料第二辑·地理》

山西闸总说

　　山西闸:在县西北五十余里,白洋龟山(一名大和山)之西,故名。明万历十二年,郡守萧良干既修三江闸,复于龟山之西北海塘"玉"字号建闸气洞,以杀上流水势,补三江之所不足。清康熙二十九年,知府李铎增设二洞,共为五洞。复置田二十九亩以资岁修。后为怒潮所激,毁其西三洞。五十三年,知府俞卿遵旧制修葺。三洞洞底拽巨石巩护,屹如金城(详见《府志》)。同治五年,知府高贡龄、署绍兴府李寿榛又修复,今废。(民国十五年五月间,潮水拥入,堵塞后又被该地农民开掘,外水注入。)

《民国绍兴县志资料第一辑·塘闸汇记》

朱阜撰重建山西闸碑记

（清康熙庚午年）

　　闻之有补于天地曰功，有裨于世教曰名，为百姓驱害曰德，为百姓兴利曰泽。功名德泽能久而不弊者，未有不崇其报而隆其享者也。吾越素称泽国，鉴湖之汪洋，盖八百里焉。自春秋以暨汉唐，尝与海潮通。唐祠部郎中张公筑鉴湖以御水患，海水始与湖水分，而民得以余力治田植禾，八百之巨浸多为良田。张公亦为越神，而司天下之水。继之者为宋太守马公，亦有功于湖。湖傍故有马公庙。延及有明，水患又作。嘉靖丙申之间，被灾尤甚。蜀笃斋汤公守越，悯越人之阽危，乃相厥地形高下，建闸于三江之口，为廿八穴，命名应宿。又按五行之次，立石则水，以资蓄泄。数百年来民受其利，立庙二江，与张公、马公后先相望。我朝康熙庚午秋，霪雨浃旬，水患复作，阡陌沟塍，咸为洪波巨浸。三江大闸二十八穴尽启，犹不能泄其怒，且外沙壅于水道，其势不能骤平。太守李公拯溺为心，惠爱黎庶，必欲为越民永弭其灾，乃于山、会、萧三邑水势下流，得白洋龟山，旧所谓山西闸故址，岁久圮倾，仅存其名，然实与三江应宿闸相为表里。公乃相度地宜，捐俸修建。复于闸西增建二穴，以广水道，备御潦年，俾民不鱼。而且为之设启闭之方，置专司之役，其规模制度，一一仿之三江。后三江而启，先三江而闭，佐应宿之成功，而勷助其不逮。又惧其不克垂之永久也，为捐置"元"字号沙田一亩，岁取土壤以填筑罅漏。置长、恃、改三号江田三十亩，岁取租息，以供其修葺。取萧山之民壮四名，山阴之民壮二名，以供夫役。于闸边建屋三间，以为夫役栖息之所。而专董其事于白洋之巡司，法良而政美，患息而民利，吾越人是以得永免于水灾。初，公之作此闸也，吾越民惑于阴阳风水之言，或以为水势过泄，则旱干之灾必多；或以为水泉不聚，则财货之藏必空。公独毅然不疑，以兴利驱害之责为己任，必欲有裨于天地、有裨于民物而后即安。及公去任，而水复大涨，赖山西之闸以佐三江，而田禾累岁丰稔，益信公之德泽为深且远也。吾越民之幸，有神君而沐其惠，夫岂细欤？夫有利宜兴，有弊宜革，此居官之事也。有功必报，有德必酬，此吾民之分也。郡民感公之惠，即于闸上建立长生祠，以致祝颂报享之心。皋,郡人也,沐惠亦与桑梓同,故乐于为文以记之,俾后之贤者,毋废前人之功,以永为此邦之利,非吾越人之厚幸欤？李公讳铎,字长白,号天民。以贤能奉特调杭州府,方施泽于民,以济时行道云。(见《白洋朱氏谱》。皋,字印山,记在白云庵。闸,石质,高约丈五尺,宽约二丈,在大和乡。)

《民国绍兴县志资料第一辑·塘闸汇记》

姚家埠闸

姚家埠闸：在县西北四十里许姚家埠。清同治五年,知府高贡龄建,位于北海塘"善"字号,三洞(今淤塞)。

《民国绍兴县志资料第二辑·地理》

黄草沥闸

范寅《越谚·论古今山海变易》内有"道墟村北有黄草沥闸",注曰："三江应宿闸未建,此闸要隘。自三江闸利,此闸湮废。"同治初年,抚浙马端愍公以三江闸外涨淤,越地时患大水,奏饬沈绅掘涨通流。然涨高未畅,乃修此闸,并杀水势而成。

黄草沥闸：在县东北六十里道墟村后(《府志》)。位于东江塘"尺"字号。建于何时待考。清同治五年,因三江淤塞,知府高公修复,旋即淤塞。今废。

《民国绍兴县志资料第二辑·地理》

清水闸

　　在县东南八十里，至蒿坝里许，亦临东江（见《府志》）。查此闸离上虞蒿浦（即今蒿坝镇）里许，引剡江之水藉以疏刷三江口之淤沙，与应宿闸相呼吸。迨清乾隆初，蒿浦繁盛，虞人自蒿壁山至凤山之麓，横亘筑一土塘，从此剡江之水源隔断，闸因是以废（今改为桥）。

　　清水闸（又名钟公闸）：在上虞蒿坝镇南凤山之麓，三洞，清光绪二十五年，邑绅钟厚堂观察（念祖）独资捐建。盖光绪十二年，钟公宦归，适应宿闸连年淤塞，绍兴频遭水灾，官民苦无法疏通。公即创议仿明清水闸重建，以引剡水。惟是时蒿坝塘外淤沙三四里，业均成熟，塘内又皆民田，内河与外江相距太远，群以闸位无从安置，议遂罢。迨光绪二十五年六月，蒿坝塘在凤山北溃决，会稽田禾尽被淹没。公决计建议，在凤山脚筑闸，与现在蒿坝塘之"盈"字号衔接。议上，大吏报以无款可拨，公即出资，于翌年创筑。有《碑记》在闸内钟公祠。（旋废弃，至民国二十三年因救旱修复）

《民国绍兴县志资料第二辑·地理》

蒿口新闸辨

（失 名）

尝考越中山川脉络图，其郡城东面山节次至龙会山，渡蒿尖，东至曹娥诸山，又东北至丰山，又迤西至青山，又迤西曲折而至三江大闸。其水亦皆随山西流，转北而出三江。此吾越东偏形势也。其龙会与蒿尖夹水处，中故有闸，曰清水闸。闸之南在龙会一面者，有白鹤湾、凤山诸麓，以包龙会山外角。在蒿尖一面者，节次尽至蒿壁，以包蒿尖山外角。其于两角脱续处，即今所建蒿塘处。然乾隆二十九年以前，清水闸外尚无此塘也。闸以内六七里许，有堰曰白米堰。旧闻宋明间，是堰向横南北，截东西水，舟楫不能直达曹蒿。其堰外之水，南出蒿口斗壐，东出曹娥斗壐。盖是时不惟蒿无塘，即曹亦无塘也。迨明嘉靖间，汤侯既成应宿闸，而复建清水闸，始决堰为桥，而堰外东南两路之水，均西出三江大闸矣。今虽蒿口斗壐之废在何时不可考，而筑闸在决堰之时，则尚有堰桥残碑可考。第念汤侯即决堰为桥，何以堰之南不建塘而必建闸？其必建闸者，安知非借闸以防江，借闸以通源也。及蒿塘筑于乾隆间，而清水闸遂废。而清水闸以外之水，始流塞而源断。邑人士尝深惜之。乃者，官绅创议于蒿塘、凤山根脚建闸，引水源而刷三江淤沙。而阻议者曰：吾越水宜泄不宜引，脱有暴潮，奈何？又离大闸远，恐不能通大闸淤。又有阻议者曰：东偏本出水，外洼于内，水引亦不进，矧流通淤？夫谓其难至大闸以通淤者，言似近理，而实未明理。譬诸宁郡需用之财而待苏郡以为接济，亦似远而难至，乃宁先有绍与杭之财交相济，则绍匮而杭至，杭匮而苏亦至，而又何患其远哉？即如麻溪亦是，进水去大闸亦远，何以前贤谓与应宿相呼吸？此无他源通故也。如谓宜泄不宜引，则麻溪亦引水，何以向无害于萧？且既于水涸时能引而进，亦必可于内涨时能浚泄而出。夫合山、会、萧三邑水而萃三江一口，故每有急不遽退之病。何若当内涨时而使东自归东，讵不稍分大闸之势乎？愚则谓疏大闸者，其常利。而或变为水涸与水涨，则兹闸之利于东偏者为更大也。

特当时上议仅陈通淤，犹只言其常耳。至若虞暴潮冲激，夫岂有凿山为闸而不固，反视旧筑土塘谓固于石闸，而倚如泰山也。为是说者，盖亦积习相安，骇于举动，而仍不细察形势故也。至谓外洼于内，指其地为东偏出口者，是并不知山川脉络者也。议者又欲植木执绳，以量内外高下。试思沿江皆从山麓下田，无论塘内塘外，其山脚皆不能齐。不能齐者，其内外高下可量乎？不可量乎？即或内山近塘之脚较外略高，而建闸者将采山楼脚以安闸乎？抑建诸山脚上乎？此何可以空言争也？愚则谓所应改议改请者有二，而前说皆不与也。其一，现议挖沟清水之处宜改也。今当事于塘外，沿身指南挖沟引水，此却是凤山外包至野猫窠落平一带，沿东临江高田之出水口也，宜请改从馒头山东首高田山挖进，广不过一二十丈，引至野猫窠山脚旧有池处，以东顺入闸，是处沿田皆水沟，谚呼为顺流流而来，工省而路正，此乃进水不易之处也。至现议指南挖沟处，乃是流水由梅桥放江之路，宜请于此路作人字沟式，以放流到闸口之沙，俾水自入闸，沙自入江。而所挖地土，又可顺沿塘身指南筑堤以护塘，庶几保塘更即保闸矣。其一，旧筑之清水闸宜请重建也。愚窃以东较西，其清水闸犹西麻溪坝也，其现议新闸犹西之茅山闸也，其中间蒿坝村犹西之天乐四都也。夫麻溪霤洞，自前明余太史煌从蕺山刘子议，改高、广各七尺，仿闸门式。而清水闸亦宜依为增减。惟现在闸桥之脚南首却不接山，倘仍改桥为闸，似断宜与山接，或仍用小门仿小陡闸式。如是则以重闸而代单层之土塘，何尚虑有意外乎？惟愚所不能决者，为水咸水淡。历询之，而欲为者言淡，不欲为者言咸，而亦皆无确证。惟念蒿之对江，如花杜浦各村，早禾晚禾，在在皆是。夏秋之际，均以江水、潮水灌田，未闻有害稼事，此亦未始非水鉴，而咸淡可无论也。至于人各执一说，凡兴大役，历世皆然。愚窃以为毁誉可弗计，而利害不可不明。故著为《蒿口新闸辨》以告桑梓父老。

《民国绍兴县志资料第一辑·塘闸汇记》

玉山陡门闸

玉山陡门闸：在府城东北三十里，唐贞元元年观察使皇甫政建。明弘治郡守曾轊重修（《万历志》）。凡七门，泄三县之水出三江口入海。自应宿闸建，而陡门之启闭废，舳舻可游行，然洞狭水急，往往碎舟。清康熙六十一年，知府俞卿扩闸高三尺，复去其柱之触舟者，使空阔无碍（《闸务全书》）。

《民国绍兴县志资料第二辑·地理》

吴庆荄字采之陡䢵闸考证
（中华民国二十七年）

陡䢵自唐以前，有斗门而无闸。斗门者，如堰坝之类，皆以为泄水之用也。韩昌黎所谓疏为斗门走潦水已耳。越有斗门凡九，所在会稽者四，曰瓜山斗门，曰少微斗门，曰蒿口斗门，曰曹娥斗门。在山阴者五，曰广陵斗门，曰新迳斗门，曰西墟斗门，曰朱储斗门，曰玉山斗门。玉山斗门者，即陡䢵故址也。陡䢵之有闸，始自唐德宗贞元初，浙东观察使皇甫政就玉山斗门而改建也。闸成，乃以音同义之陡䢵名其乡。然则别处皆有斗门，何以不名别处而此独以名？以水流峡中，两岸对出若门为䢵，闸即建于金鸡、玉蟾两峰之间，岩石陡绝，水势又夺门而出，陡䢵复与斗门同音，因其形而易其名，所以纪新功而存旧置也。陡䢵原名禹山，属感凤乡。今僧道梵夹榜文犹书感凤乡禹山里，礼失求野，亦一证也。玉山实为禹山，北齐"玉"读若"禹"。旧志谓下马、禹山并为沿海要区。下马山与禹山,脉络衔接,地亦相距里许,两处皆石骨过河,联贯若门槛。相传皇甫政下马之初,原议建闸于此。以未能尽束诸流,因就玉山斗门而改建之,又一说也。宋徐次铎谓,玉山斗门即曾南丰所谓朱储斗门,殆误以朱储为陡亹。旧志又误以柘林闸为朱储闸也,以讹传讹,岂惟约略之词乎?其实,明以前,朱储只有斗门,自柘林闸建而朱储之斗门遂废,亦犹玉山之斗门改建为陡亹闸也。柘林距朱储不过数小武,一而二,二而一,并非别有朱储闸也。今柘林闸址犹存,但已改为桥耳。若朱储则本无闸也。旧志又谓扁拖闸有二,北闸三洞,明成化十三年,知府戴琥建。南闸五洞,正德六年,知县张焕建。似又误以两闸皆名为扁拖闸也。殊不知北闸固在扁拖,闸虽废而迹尚留。南闸则在塘头对岸,今名五眼闸。北闸系分泄萧山之水,南闸系分泄会稽之水,来源互异,距离又遥,不能并为一谭也。旧志又谓,泾溇闸在玉山北,一洞,并为知县张焕同时所建是也。其来水,分钱清江十六支流之一,入陡亹后北折玉津桥,绕泾溇底,又南循玉山而东,汇玉山闸之水落荷湖以入于海。闸虽小,流湍急,今亦改为石矼矣。旧志又谓,撞塘闸在玉山闸之东北,一洞,嘉靖十一年建。此闸北枕海塘,南依鸡簏,分会稽旁溢之水,今为两洞,不知何时添建。然自三江应宿闸筑,而诸闸皆废矣。以记载或有异同,乃因考陡亹而并连类以及之。总之,陡亹闸之为玉山斗门改建,以古证今,似无疑义。史乃只称皇甫政于贞元初置越王山堰以蓄水利,独不详载改建玉山闸事,或失传耳。现三江乡乡长陈肇奎家藏有《三江所志》一书,系钞本,未刊行。其载陡亹闸事颇详。谓陡亹闸即玉山闸,与志载皆同。惟称皇甫政建十洞,中三洞填实为张神祠,东三洞上有关公祠,西四洞上供玄帝,有"坎区永建"扁额,即皇甫政题,清康熙六十二年,郡守俞卿改西四洞为三洞,通体升高,以便舟楫。工竣,市人于阁上奉公禄位,称玉山书院,阁名旧称天一阁,有名士朱轸"金玉峰联神禹凿;江湖水汇有唐疏"一联云。按旧志谓皇甫政所建计八门,今云十洞,数已不符,且张神为宋转运使张夏,以筑石塘有功于民。今《所志》谓中三洞填实为张神祠,一似填实与立祠皆为皇甫政者,非独朝代颠倒,其洞数亦不知究何所据。或填实两字上脱落一"今"字。否则,作此志者当不至舛误若此耳。东三洞及中填实处其祀关帝、张神,现尚仍旧。西三洞上玄帝阁,今已改为包孝肃、于忠肃二公。旧额前联亦俱未见。《府志》俞卿改建为清康熙五十七年,今云六十二年。查康熙只六十一年,当以《府志》为是。西四洞改为三洞,其所塞之一洞,今尚石梁中空,水入复出,前后不通,洞形如旧。当系阻塞所致。

谓为四洞,《所志》是也。惟中三洞,究在何年为何人填实,今已无从考证。臆谓当在三江应宿闸筑成以后,当以老闸既废,留此六洞,宣泄有余,且使砥柱中流,坏舟较少。曾闻舵工驶船放闸,必对中间万年剧台,方可随水顺流而下,无虑横搁闸门。近闻水流变迁,则又今昔殊形矣。借非然者,既建复填,梗阻来水,义何取也? 至旧志谓皇甫政原建八门,今即连所塞之一洞在内,亦只七门,尚有一门,已无形迹可按,似《所志》又较旧志为得实也。若闸孔横梁题曰"三江老闸",则又名失其实矣。按三江故道,本为南江与浦阳、曹娥二江。南江自吴分流,绝钱唐至余姚入海,今越之运河是其流域,所谓浙江也。浦阳江即今钱清西小江,为浙江与渐江合流处。自江塘筑而南江至杭之北关而绝,渐江之水益壮。于是有钱塘江无浙江,而越复东西筑塘,渐江水亦不通矣,是则名为三江。而入陡亹闸之水,实只浦阳下流之钱清江与曹娥江而已。且钱清、曹娥之水亦不尽由此出,其所谓三江老闸,无非对三江应宿闸而言,似不如仍名陡亹老闸或玉山古闸之较为名实相孚也。虽与水利无关,然循名核实,或亦考证者之所有事欤。

《民国绍兴县志资料第一辑·塘闸汇记》

扁拖闸

在府城北三十里,其闸有二:北闸三洞,明成化十二年知府戴琥建。南闸五洞,正德六年知县张焕建。均废。(《浙江通志》)

《民国绍兴县志资料第二辑·地理》

凡言

一今之紹興府城即⋯

諺以山會城鄉之諺⋯

一司馬史祖陳沙世家⋯

吁嗟北征南山二詩兩⋯

謗陋之儒視篤宇麗文

口振筆而成今輒越諺遊即⋯

俗字毫不改避改即非諺遊即⋯

一如下卷多頑篤領之類雖不見⋯

求仿桂海雜志不妨爲孼之例⋯

不好爲孽

不能舍

不能舍

淤　浚

章景烈代金光照上闽浙总督左宗棠
论浙江水利亟宜疏浚禀文

（清同治五年）

　　窃维立疏浚之方，有治人尤贵有治法；树久远之业，有实事然后有实功，诚以人劳则事易集，法善则功易成。此古来治水之大端，而今日浙省之急务也。卑职籍隶浙水，职系闽峤。去夏六月，接到家书，惊悉原籍绍兴府，于五月杪连日霪雨至二十七日，江水陡涨，冲决会稽县东海塘五处，计百余丈。闰五月初二日，又冲决萧山县西江塘数处，亦约百余丈。水势东西陡涌，平地水深六七尺，禾苗淹没，庐墓飘零，人民饥溺，交呼道路，舟楫相望，八百里鉴湖如同巨浸，一月余洪水共叹汪洋。兵燹之余，复遭水厄，流离疾苦，不忍绘图，山阴、会稽、萧山等县，详报水灾，蒙抚宪轸念灾黎，派员履勘，议蠲议缓，按被灾之轻重，分别办理。今春续得家书，忻悉遭灾各县，荷蒙抚宪奏请蠲免，分数有差。其修筑塘工之费，仍按亩派捐，萧山每亩派捐钱四百文，山、会两县每亩派捐钱二百六十文。分作两年，随同地方摊征。内以二百文协修萧山西江塘，以六十文修会稽东海塘。各处塘工成有日矣。

　　查近年来三县水灾，如道光二十三、二十九、三十等年，决冲海塘，淹没禾稻，已属创见。迩时适在将次秋收之时，随决随泄，尚不为灾。而被水之重，受灾之久，未有如此之甚者也。幸蒙各宪督饬，赶紧修筑。民捐绅办，虽费钱二十余万缗，而两江塘工将次告成，功诚速，事诚善矣。而卑职犹窃窃然虑者，塘工固宜坚筑，而水利首贵整顿也。伏查浙省水道，其浙西杭、嘉、湖各县，由苏、松入海者无论已，其发源于金、衢各府，合徽江汇流钱塘江入海者，杭则仁和、钱塘、海宁州、余杭、富阳等县系之矣，严则桐庐县系之矣，嘉则平湖、海盐等县系之矣。其钱塘江之东，则萧山东西江塘，实为捍海之要地。至会稽县之东曰曹娥江，发源于天台各县，由新、嵊汇流入海者。其左则余姚、上虞两县，其右则山阴、会稽、萧山三县。而由曹娥江迤逦而北至沥海所等处，其间堤塘半属会稽，一段冲决，三县受灾。此浙江水道之大概情形也。

夫浙省之受灾最易者，莫如杭、嘉、湖三郡，故夏忠靖、海忠介诸君，或浚济河，或开吴淞，莫不以水利为呃呃。惟此事连及苏省，未便越俎而谋而事之。最急功之易集者，莫如山、会、萧三县。查三县皆系滨海，其形内高外低。三县之水，尽出三江口，而注诸海。海之潮汐，亦由三江口以入内地，泛滥为患，民无安居。明嘉靖间汤太守讳绍恩者，于三江口建塘四百余丈，建闸二十八门，上应列宿。旱则闭以蓄之，潦则开以泄之，利益甚大，历有年矣。讵相沿日久，江河变迁，霖雨忽来，江水陡涨。农民之救护堤塘者，昼夜劳辛，而卒至成灾者，其弊有二：就钱塘江处论之，其潮汐之来也，拥沙以入；其退也，停沙以出。日久沙拥成阜，堤外已成沙埕，中流渐积渐浅。就曹娥江等处论之，新、嵊等县各山，近来穷民均有开垦种植地瓜等物，沙泥翻种则松，一遇狂雨随流而下，迤逦入江，泥多停积。当夫霖雨浃旬，潮灰陡涨，水无所蓄则泛滥为患，水高力厚，遂致冲决。此积沙之弊也。海塘之外，沙涨成堤，而沿海刁民，牟利之徒，名曰江豕。江豕者，沙棍之别名也。于海塘之外，就其成壤可种植者略之，沿海则筑私堤以防潮汐，遂使成壤者多，而蓄水者少。水有所逼激则遂冲。夫至私堤冲决，其水势不可遏，而官塘亦并受其害。此私堤之弊也。

窃查浙省匪扰之后，田庐灰烬，井邑为墟。抚绥招徕，屡厪宪虑。年前宫保抚我浙江，轸念民瘼，厘定粮米，画一征收，固已道路讴歌，军民戴德矣。卑职窃思，粮米为国课攸关，实为农功所自出。而农功全恃水利之疏通，其所关系者大也。居今日而救目前之急，不立疏浚之方，惜一时之费，不思久远之图，将来海口淀沙日淤一日，江流滞沙层益加层，必致水灾洊至，民无所归矣。卑职思浙省举措失当，处今日水利，亟须仿照雍正年间运河疏浚之法，制造大船二十号，后尾系混江龙，由深入浅，出则系之，入则收之。顺水梭巡，中流搅动，归入大海，使沙无所停而水有所蓄，则水势广而泛滥无虞。一面开浚闸口，挑掘淤泥，严禁修造私堤，访拿沙棍，劝谕种植堤树，修补缺漏，庶水有所归，而潦有所泄。气宽则势薄，堤坚则力厚。一劳永逸，法尽备矣。至造船浚闸，为费不赀。亟应筹款，以备支用。查绍郡克复之后，米捐接踵；水灾之后，仍派塘捐。上户固属拮据，中户更形竭蹶。此款若再派之民间，非特有需时日，仍恐累及闾阎。应请于浙省，此次塘捐项下，或公款项下，拨用若干，约计数万金可了。其各船水手，每船配雇五六名，分布钱塘江、曹娥江各海口，暨三江闸口，委员督办，分段疏浚，庶事有责成，而水手不至偷惰，费省而功倍，海塘亦从此永固矣。若计不出此，而仅惟决者筑之，坏者修之，补弊救偏，习为故事，势必堤塘愈筑愈松，江沙愈涨愈高，滨海各县付之洪流矣。

　　夫天地之有江河,犹人身之有血脉也。流通则健,壅阻则恙。而治江之道,如治病然,决而待筑,坏而待修,急则治标之道也。与其急则治标,不若未病先药之为愈也。今用混江龙而去浮沙,使沙无所滞,而水有所归,此消积导滞之法也。挑掘淤泥,清闸口以泄水,筑造私堤,拿沙棍以蓄水,此清热驱邪之法也。种堤树而树根盘结,修补缺漏,岸上益坚,永无崩塌之患,此补中益气之法也。举此数者而并行之,则浙省百余万之生灵得以安,国家百余万之赋税无所绌。其功甚速,其泽实长。即不然,仅于三江闸口开浚数十里,使山、会、萧三县水有所泄,潦不为灾,犹可为也。否则,一经水灾,亏朝廷十余万之课税,竭小民二十余万之脂膏,而填之沟壑,庸有尽乎? 今以数万金之费,而立疏浚之方,树久远之业,兴水利而后有农功,有农功而后裕国计,孰得孰失,其较然也。卑职去夏接信后,即所沥陈情形,禀请宪鉴。尔时宫保驻节霞漳,督兵剿贼,军书旁午,不敢琐渎。兹幸东南肃清,四方安谧,浙省民人同在岈嵝之内,用深呼吁之情,伏求宫保不遗葑菲,迅赐察核,咨商浙江抚宪再为酌议,择其可用者札饬办理。抑或迳檄杭、嘉、严、绍各郡,先行试办。正本清源,端赖此役。卑职为国计民生起见,愚妄之谈,不揣冒昧,窃敢效一得之愚,仰祈听纳,则宪泽与江水长流,其造福于浙省者非浅鲜也。

　　　　　　　　　　　　　　　《民国绍兴县志资料第一辑·塘闸汇记》

浙江按察使王凯泰禀浙抚勘明
三江闸宣港淤沙文

（清同治五年）

　　窃奉宪台札,饬赴绍兴督同府县委员暨绅董将三江闸淤沙及议开之后倪、宣港,并修建各旁闸,确切勘明,吊核全卷,酌定办法,详细具覆等因。本司遵即束装于十月二十五日渡江,二十六日驰抵绍兴,会晤绅士沈道等,并接见高守、李守、汪署倅、华、詹二令,旋赴三江闸等处,会督官绅逐一履勘,博访周咨详细情形,为宪台陈之。绍地古称泽国,自鉴湖侵废,水无蓄泄,民病日深。唐宋以迄明初,虽分建各闸,以备旱潦,而未得要领。自嘉靖中汤郡守于三江口迤里造应宿大闸,地居最下,闸介两山,民享其利。于今数百年,闸内之水由山、会、萧达钱清以出闸者为西江,闸外之水由新、嵊入曹娥者为东江,二江合流,由东北趋海,江口坍涨靡定。自江失故道,日趋而西,海潮亦由西而上。其流以日迂而日弱,其沙遂日涨而日高。此时闸门之沙,高至丈余,且越闸而入内河,向之所谓西江,已不可复识,而东江竟至绕闸西行。欲为闸筹出路,即当为江筹去路。画道江之策,乃采通闸之源。此沈绅等议开后倪、宣港,在栋树下之对岸,于曹娥为最近。开通此处,则曹江之水不必西下,经穿后倪入海,曹江可日见深通,东江已有去路矣。宣港地方,北接海口,南接曹江。南北相距约五里有余,北口近为潮水冲有深江,本司督勘时,正值潮来汩汩而入,审定开掘界址,即就潮入之路,乘势疏浚。南口亦为江流,设有港路,沿途审度,皆有天然河形,且一片荒沙,并无田庐坟墓,因势开掘,询谋佥同,已号官绅商定,拣派董事,即日兴工。开通之后,西江即有去路矣。惟博采舆论,或云曹江之水,即从宣港入海,则冲刷淤沙更为得力。查沈绅原禀,亦云后倪既通曹江,复归故道,则现今闸港外曹江之水,所经之处必涸。若宣港尚未开通,闸流无处宣泄,殊为可虑。因与沈绅等会商议定,宣港、后倪两处,一并开掘。现在先掘后倪中段,封留两头暂缓开通,俟来春水发,察看宣港去路,两江合流是否流畅,另行核议。且后倪开掘之处,民田庐舍亦复不少。有此停顿,亦可徐议章程,妥为布置,以免后倪百姓流离之苦,以抒该官绅等恻隐之心。至闸口接入曹江,流处沙泥涨没,若不尽力疏通,江水虽有去路,而闸水尚无出路,终虑来春雨潦,仍为剥肤之灾。本司与官绅妥筹,闸口二十八洞,横积沙泥,必须全行挖掘。掘至数丈以外,渐次收束。宽处多以十丈,少以六丈为度。深处多以一丈,少以六尺为度。因势相形,随地酌办。而掘出之沙泥,则必须拉运上岸,远为抛弃。或以牛车以代人力,不可吝惜经费。如本年夏秋之开浚,仍留沙泥于水沟中。朝浚暮淤,似省而实费。闸外、闸内一并开挖,如此逐节疏通,则出闸之水可接江流入宣港,以达海矣。至李守之议建修旁闸,譬之用兵者为策应之师,犄角之势。本司细勘,山西闸在三江之西,地属山阴,黄草沥闸在栋树下之东,地属会稽。两闸外沙民私筑塘坝,有碍出水。现由府县妥谕拆除,并将出水河道酌加疏浚。山西闸紧傍龟山,闸底当有石骨,地势较下,尤为得用,与应宿闸如车之有辅。今夏水涨,即曾开此闸以泄。黄草沥闸外地势较高,非遇盛涨开泄,恐未必畅。姚家埠在三江之西,相离七里,地势尚好。该处本系防海石塘,新闸工程必须格外坚实。楝树下即曹江塘堤,堤土甚松,必须添筑石塘,方可建闸。闸之盘头,尤宜宽大坚固。以上诸闸,皆为应宿正闸不通预筹旁泄之计,如此谋闸谋江,已无遗策,惟各闸启闭奉檄,及江口预防沙壅,仍须先事妥筹,另议办理。至现在掘海口、浚闸江、建新闸,同时并举,所需经费较多,专持亩捐,诚恐缓不济急。另有李守等酌定数目,具禀。本司管见,思江闸不通,转瞬必有大患。绍兴每年财赋盐捐,所入不下百数十万。失水利即失财赋。现为道江通闸之谋,拟请大人酌筹拨济,以期早为竣事。是否有当,伏乞钧裁批示遵行。

再禀者:查沈绅等原禀,以俌山之东小西团、吕家埠等处,沙嘴悉宜掘去,俾江流直趋入海,诚为疏通曹江要务。现饬高守委员,乘船沿江而上,直抵蒿坝。凡有沙嘴阻碍江道者,绘具图说,加议办理。至掘宣港,挖闸河,工程紧要,沈绅等拟请委员督工,以专责成。查有署南塘通判汪倅勋,能耐劳苦,可以专司其事。可否?迅赐札委,就近督率,理合附禀。

《民国绍兴县志资料第一辑·塘闸汇记》

浙江巡抚马新贻奏勘办绍兴闸港疏浚折

(清同治五年)

奏为勘办绍兴闸港疏浚淤沙以资宣泄,并借拨经费俾应工需,绘呈图说,仰祈圣鉴事。窃查绍兴滨临江海,古称泽国。自鉴湖侵废,水无蓄泄。由唐宋以迄明初,虽分建各闸,以备旱潦,皆未得要领。嘉靖年间,始于二江口建应宿闸,地居最下,闸介两山,民享其利。数百年闸内之水,由山阴、会稽、萧山三邑达钱清江以出闸者,名为西江。闸外之水,由新昌、嵊县入曹娥江者,名为东江。二江合流,由东北趋海。自江失故道,日趋而西,海潮亦由西而上。江流日迁而日弱,海沙遂日涨而日高。询之土人,佥称十数年来,逐渐至此。从前附近业佃,随时挑挖,以免水患。兵燹以后,农民迁徙无定,水利不治,拥塞遂甚。去、今两年，春夏之交，山水陡涨，田禾淹被。经臣严饬府县，会同绅董，设法宣泄，幸得及时补种，而秋收不无减色，目前闸外之沙高与闸齐，且越间而入内河，若不趁此冬令水涸，力求疏浚，来春水发为害甚巨。前经檄委候补知府李寿榛，会同绍兴府高贡龄，及在籍绅士、江西候补道沈元泰等，博采周咨，筹议办理。复委按察司王凯泰前往该处，周历查勘。兹据该司等先后详称，闸江故道，乾隆年间至道光十五年以前，系由宣港入海。咸丰年间改由丁家堰。近年始改由大林、夹灶迤西，海口去闸太远，潮汐之来，易于壅滞。且曹江之水绕闸西行，每逢盛涨，亦复挟沙而至。欲为闸筹出路，当先为江筹去路。现拟开通宣港故道，北接海口，南接曹江，相距约五里有余，一片荒沙，并无人烟，南北两口皆有冲刷河形，因势利导，施工尚易。开通之后，俟来春水发，察看宣港去路，两江合流是否疏畅，如曹江之水仍有阻滞，查有后倪地方，可以就近开通，俾曹江径行入海。惟该处民田庐舍，必须妥为安置，勿使所失，亦不准借词阻挠。至闸内外淤沙，急须竭力挑挖，庶闸流得以畅行。惟是江海之沙，坍涨靡定。万一水盛之时，港口复有淤塞，正闸仍恐阻滞。议将山阴旧有之山西闸、会稽旧有之黄草沥闸，赶紧修整。再于山阴之姚家埠、会稽之楝树下，另建新闸，以便相机起放，补救万一。至各项工程需费甚巨，民捐力有未逮，且恐缓不济急，应筹款借拨，以济要工等情，具详前来。臣查三江闸为山、会、萧三县泄水要口，今闸外涨沙日高，以致内河之水不能畅流。一遇水发，泛溢堪虞。该处为财赋之区，所关非细，亟应未雨绸缪，以利农田。两年以来，随时疏浚，皆出民资。今工大费巨，急切难筹。现拟援照修筑西江塘之案，先借拨钱一万串，以应工需，仍于亩捐项下征还归款，如有不敷，再行设法筹拨，断不敢顾惜小费，致贻大患。除饬府县，会同绅董，多集人夫，尽力疏浚，并修建各旁闸，务于年内一律完竣。臣仍随时派员前往查察，勿任草率从事外，所有勘办绍兴闸港情形，及借拨经费缘由，理合缮折具奏，并绘图说，恭呈御览。伏乞皇太后、皇上圣鉴。谨奏。

《民国绍兴县志资料第一辑·塘闸汇记》

委办绍郡山会萧塘工总局沈元泰周以均余恩照章嗣衡孙道乾莫元遂禀浙抚开掘宣港文

（清同治五年）

窃职道等，日前叩谒铃辕，亲聆钧诲，钦佩同深。禀请先开后倪，以疏曹江，并掘宣港，以通闸河一事，蒙委李守复勘督办，如禀照行，业于前月二十四日开掘后倪，现已次第将竣。宣港亦已接续兴工，限冬至前藏事。闸港即须疏浚，李守又议于姚家埠、楝树下两处，添建旁闸，以备不虞。大工并举，需款甚繁。山、会两县亩捐，除前欠业经高守、李守勒限饬缴外，其现征者，虽已按旬缴解，然缓不济急，且年内为日无几，趁此冬日久晴，冰雪未至之时，急宜克期赶办，以防春汛。而局中收数所入，不敷所出，势难停工以待。职道等再四思维，前请拨借厘金二万串，原为济急起见，如蒙俯允，议将年内所收山、会、萧三县亩捐，先行归款，断不敢稍事延缓，昨王臬司来越，已将此情恳为代陈。兹复公同吁恳大人，俯念要公，准予如数暂为拨借，札行厘局，陆续给领；并饬山、会两县，赶催亩捐，尽征尽解，以便归款，不胜感激屏营之至。奉浙抚马批：绍郡开沙经费，已据王臬司勘覆，禀内批准拨借厘钱一万串，交由高守分给领用在案。仰绍兴府即便查照另札办理。仍严饬山、会二县，赶征亩捐，以还借款，毋违。缴禀抄发。

《民国绍兴县志资料第一辑·塘闸汇记》

绍兴府高札会稽县金山场曹娥场
上虞县东江场疏掘吕家埠等淤沙文

（清同治五年）

照得三江闸外沙淤不通，以致内河水涨，无从宣泄，有碍山、会、萧三县水利民田，关系甚重，昨奉抚宪札委，枭宪王莅绍查勘情形，租机疏浚，并委前署府李妥筹督办。查闸外之沙淤，由于江流之改道。江流之改道，由于上游之迂回，又由于各处沙嘴之梗阻。现在与闸相近之宣港沙涂，业经开通，以冀江流就近入海，或不致绕至闸前。惟上游宣泄不畅，则下流水缓，近闸淤沙，非惟不能泻刷入海，且恐山沙停积，不久复淤。是上游沙嘴必须一体开掘，以顺江道，而垂久远。前经委员查得，该县境内有吕家埠、小西团、小金团，即扇头地沙嘴一处，于江流大有阻碍，自应赶紧挑挖深通。至现在疏江修闸以及修筑各塘，山、会、萧各县居民，均系按亩捐输，以充经费，而于沙民、灶户并不派及分文。今开掘沙涂，自当就地助工，俾昭公允。除饬董事查办外，合亟札饬。札到该县场，立即遵照，会同县场暨绅董，迅将该处沙嘴，谕令灶户、沙民，于江流阻碍处所，开掘深沟一道，避出熟田庐舍。其沟面宽三丈，底阔一丈五尺，深一丈。该沙民、灶户应令通力合作，公同赶挖，勒限年内竣事，俾春水得以畅流。如敢推诿不遵，或借端阻挠，即行按名严拏，解辕听候究办。此系水利要事，该县场毋得任听延宕，致滋迟误，有干未便。切速火速。

《民国绍兴县志资料第一辑·塘闸汇记》

绍兴府知府李寿榛撰重浚三江闸港碑记

（清同治七年）

易曰：无平不陂，无往不复。天地之道，穷则变，变则通，通则久。故夫物之极者，未有不反者也，而水利为尤甚，或百年而一变，或数十年而一变，天时之消息盈虚，每与人事相会，其理甚微，其形甚著，使不举其兴废之迹、勤劳之故，纪而载之，以诏后世，则于利害源流，或知之不详，为之不审，甚且倒行逆施，成败利钝，相去远矣。绍兴之三江闸，创自前明汤公，越百余年迄于国朝康熙，水道皆由后倪出海，潮汐来去，径直易达。乾隆年间，徙道宣港，则由东北而迤西矣。道光初则徙道丁家堰，咸丰时再徙直河头，则又递迤而西矣。沙日涨于东，而水日趋于西，迂曲数十百里。宣泄愈难，淤塞愈易。丙寅岁，闸前沙壅益高，一望平衍，原流故道几不可识。内河水溢，民用昏垫，皇皇然奔走相告。有掘闸内之沙以为冲刷计者，有决丁堰沙涂以为疏通计者，病亟求治，无方不投，而迄无效，中丞马公忧之。七月，寿榛以它事至郡，谕与郡人沈墨庄观察，偕往相度。十月奉檄办理三江闸工。方伯杨公，谆谆以无克期，无靳费，必求通畅为务。廉访王公复来督视。始议开宣港，继以后倪为最初故道，规复之。但历年已久，期间田亩庐墓甚夥，虑啡民，又恐宣港之未能遽通也，于是先掘后倪，中通而留其两端堤岸，旋开通宣港，乃罢后倪之工。并掘开闸前淤沙三千丈，舟通而水不流。再竭，水益浚深，闸内蓄水益盛，始外决。中夜有声如雷，沙尽汰。或见神灯照耀，民欢呼动天地。时丁卯三月初十日也。自闸流改道，曹娥江亦弯环曲折如重钩。叠带掘去吕家埠扇头地沙嘴数处，道乃复。又念不增修旁闸，无以分杀其势，爰修复山西、黄草沥两闸，添设姚家埠、栋树下两闸，以备盛涨，并虑宣港、直河头水分两路而出，潮亦分两路而入。潮退沙留，愈积愈多，日久势将复塞。乃于丁家堰筑大坝，以拦潮之西来者，屹立江心。既成旋圮，遂增工掊料，不惜人力以争之。今年春仲一律告竣。民间旧传，三江闸壅，必太守亲祷。寿榛先于乙丑二月权郡事，循故事，祷之而验。次夏复壅，中丞遣观察林公祷之，又验。丁卯岁二月，再权郡事，适逢其会，闸乃豁然，不复再壅。目击夫形势变迁，利害兴衰之故，与在事诸君子栉风沐雨、手足胼胝之劳，匪独敬志神庥，为越之民庆也，盖将俾后之人知是闸水道由后倪递徙而西，愈日迁远，为害滋大。今虽开通宣港，更数十年安知不再西徙？苟后倪不可猝复，毋宁从事宣港，尚可就一日之功，而免沦胥之患。若丁家堰以上，则比之郑桧无讥耳矣。又俾知天幸不可恃，人事不可不尽，而勤其事者之不容泯没于世也。寿榛虽不敏，其能已于世言哉？是役也，督修闸前工，署南塘通判汪君又彭劳为最。郡之绅董佐其事，而始终要厥成者，沈君墨庄也。襄其事者，周君一斋，余君辉庭，鲁君晴轩，章君梓梁，孙君瘦梅，莫君意楼，何君冶锋也。承修旁闸暨分段督工者，鲁君毓麟，章君知福、宗瀚、予龄，周君以增。职员王奎光、鹤龄，邵煜，陈灿，阮光烦、世稚、元贵、祖勋。耆民吴在淇，沈凤冈。而熟谙沙地情形、勤劳最久者，职员何凤鸣也。至闸之缘起，事之始末，与夫圣天子之所以答神贶，而加封号者，中丞马公、廉访王公，纪之已详，兹不复赘述云。

《民国绍兴县志资料第一辑·塘闸汇记》

山阴县知县王示谕掘丁家堰至夹灶湾清水沟以通闸流文

（清光绪十一年五月）

为出示谕禁事。本月二十一日，奉府宪熊札开：本年四月十七日准塘闸局绅董徐碬兰、张嘉谋呈称，窃三江应宿闸为山、会、萧三邑出水尾间，近年以来，每遇秋汛，闸江淤塞，田稻被淹。去年两次被淤有二十里之遥，集夫扒挖。幸雨水调匀，内河水旺，积沙逐渐冲卸，故未成灾。现应先事预防，为未雨绸缪之计。查闸江对面旧有清水沟，水接大夏山山西闸，土名白阳川，为山、萧两邑沙地出水归海之路。同治初年水灾,经在籍侍郎杜绅联,商同前宪,按该沟旧址,自丁家堰起,开浚十余里,蓄水刷沙,每逢涨沙借沟水冲洗,三邑诸水下注,众水汇源,即有涨沙,集夫挖沙,用力易而疏通速,以故无水患者七八年,此明证也。光绪二十二年,水淹为灾,闸港不通,前宪霍谂知该沟为刷水关键,勘掘至姚家埠。旋因出缺中止。今数沟淤成陆,绅等相度形势,步武成规,博访周咨,询谋佥同,舍此别无方法,惟清水沟至山西闸计程三四十里,同时并举,厥工既巨,筹款亦难。当奉面谕,择要勘估。遵即督带司事勘明,除沟口至丁家堰三里,经雨冲深,毋庸开掘外,今勘得丁家堰起至夹灶湾止,计工长一千三百六十丈,深阔牵算,估挑土一万零数十方,核钱二千八十千有奇,照章加办工经费一百六十六千文零。坝工在外。此系择要开工,先其所急,至出土处所有本护塘官地,并不扰及民产。现在官地被民占种,应请札饬山邑分传丘地各保,先行谕禁种作,以备将来出土之需。开捐绘图,呈请察核勘办等情前来,除由本府定期邀绅诣勘,拨款兴办外,合行札县,立即遵照饬令,传谕沙民,不得种作,以备出土,毋违。等因。下县奉此,除饬传沙地户首丘保,到县谕话,并俟奉府宪定期邀绅诣勘,拨款兴办外,合行出示谕禁。为此示仰该处地户,诸色人等知悉。尔等须知三江闸外开掘水沟,俾沟水冲刷闸外淤沙,原为保护附近沙地花息,捍卫内河居民田庐起见,水利之要,莫急于此。自示之后,务将应掘水沟,近处护塘官地一带,遵照一律停种,以备出土之需,如敢违抗,一经访闻,或被指告,定即严提讯办,决不姑宽,其各凛遵毋违。特示。

《民国绍兴县志资料第一辑·塘闸汇记》

三江闸淤塞良久

(浙省官场述要)绍兴府属三江闸淤塞良久,积水横流,损坏田禾,无从设法,以致山、会、萧三属,灾歉频仍。聂方伯怒焉,忧之。委候补同知朱司马敏文前往查看。

1896 年 11 月 30 日《申报》

安昌沙民擅掘三江闸外新涨沙记事

（清宣统三年闰六月）

三江闸为山、会、萧三邑下流泄水要地，前曾屡至涨塞，为害田禾。后因闸外西首乾、坤字号沙地坍没，得复最初出海故道，水患遂弭。此固三邑人民天假之幸也。西首之沙既坍，遂涨归东首。此为沙性之常。不料六月十一、十三等日，突来安昌等处沙民千余人，将新涨之地，擅行开掘，树有大小旗帜数十方，俨同大敌。当有姚家埭沙地户首杨如焕、宋德安等向之理阻。若辈不依，于是姚家埭与毗连之直落施村民，亦鸣锣聚众，将与抵敌。幸经杨、宋二人竭力劝阻，得不酿祸。后经杨等赴府呈报，溥守檄县查办。一面批杨如焕呈，云据呈，乾、坤两号地方沙民，于本月十一、十三等日，聚众千余人，在直落施对岸南汇新沙强行开掘等情，是否属实，仰会稽县会同山阴县迅即前往查勘明确，禀复核夺，一面严谕该地户等，毋得恃蛮滋事，致干重咎。勿延。绘图均发，仍缴。又批，沙团灶各户云，前据会邑户首杨焕堂等，以该沙民聚众多人，将南新沙恃强开掘等情来府具呈，即经批饬会勘，复夺在案。据呈，前情仰会稽县会同山阴县迅即遵照前今控情批示，一并查勘明确，克日据实禀覆核夺。呈抄发云云。后又有杨炳棠等，以该沙民复于闰六月初三、四等日，纠众持械，复往开掘等情，向府署禀控。即经溥守批云，三江大闸为山、会、萧三县出水要道，关系至重。所有闸外沙地，不准擅改形势，致生阻碍。曾经霍前府明晰出示，严行禁止。嗣据该户首等，以本年六月十一、十三等日，有乾、坤两号地户，聚众千余，在直落施对岸南汇新沙强行开掘，希图涨复等情，联名具呈到府。据经本府饬县勘明属实。立即查案示禁，各在案。兹据乾、坤两号地户，胆敢纠众持械，于本月初三、四等日，复往开掘，并于初九日早晨，将告示揭毁等语。如果非虚，不法已极。仰山阴县会同会稽县迅即亲诣该处，妥为弹压。一面勘拿为首滋事之人，从严惩办，以儆其余。

绍兴县议会咨绍兴县知事请移知
上虞县会议疏浚东塘西汇嘴沙角涨沙文

（民国元年）

为咨请转移订期会议事。本会议员任元炳等提出，东塘险要，应先测绘，建议案。据称，东塘西北濒海，东接新、嵊两邑之山水，顺流而下，由曹娥经三江对过之西汇嘴而入海。海外来潮，复达西汇嘴，而至曹娥江。山水潮流之所经，东塘均当其冲，最易出险，全赖涨沙为之防护。沙之涨滩，塘之安危系也。查大吉庵、桑盆、车家浦、徐家堰、啸唫、东关、西湖底等处，塘外护沙自前清光绪三十年以来，逐渐坍没。塘身日形险象，揆厥原因，实由对岸沙角淤涨，水势折流，使曹娥江下注之水，悉冲激于塘身。一旦出险，恐全邑之生命财产尽遭淹没，而于国课上亦大受损失。是不得不急图疏浚。疏浚之法，宜先从测绘入手，此本议案所以提出之理由也。（办法）（要求行政官速即聘请测绘生测绘准图，须可辨明险要之区）（经费）由国家行政上应俟测绘完竣，估工兴办等由，当将原案印刷分配各议员公同讨论。新、嵊山水由曹娥江经西汇嘴而入海，海外来潮由西汇嘴而至曹娥江，东塘适当其冲。自曹娥江对岸上虞境辖之西汇嘴沙角淤涨，水流转折，冲激塘身，以致塘外护沙逐渐坍没，危险情形奚堪设想。自宜速筹疏浚，以卫民生。惟区域画分，两县如何办法，必须两县协商，应请贵知事移知上虞县，转达县议会订期开会。知照本会，派令代表前赴会商办法，再请行政官聘请测绘生测绘准图，筹费兴工，俾期妥洽。合将议决情由，咨请贵知事查照，希即转移上虞县速办施行。此咨。绍兴县知事俞。

《民国绍兴县志资料第一辑·塘闸汇记》

绍萧两县水利联合研究会议决
沈一鹏陈请修埂保塘并浚复宣港闸道案

（中华民国八年五月）

按：是案由马鞍乡自治委员沈一鹏条陈，由县交议，经本会第二十次常会、第二十一次常会先后议决如左：

一、议马鞍乡自治委员沈一鹏条陈疏浚宣港一案。查宣港形势若何，自应派员勘明，方有把握。当经公推会员何丙藻、林国桢、何兆棠、陈玉前往实地履勘。俟报告后再行妥议。

一、议疏掘宣港一案。据会勘会员何丙藻、林国桢、何兆棠、陈玉四君报告：至丁家堰一带察看，该处塘身外面沙地尽行坍没，逼近石塘。内面泥塘复临深河，渗洞不一而足，且忠、则、尽、命四字号，面现裂纹，尤形危险，势成岌岌。是以沈一鹏等建议开掘宣港，以杀潮势。但到西汇嘴察看，现掘宣港情形，旧港故址已难寻觅。据本地奕家昌等声称，谓是港一开，虽与丁家堰一带沙地可以逐涨，而娥江下游水势被宣港一分，激力薄弱，将来应宿闸闸港外面淤沙，易涨难刷，恐于闸江有碍宣泄等语。是开通宣港有妨三江出水，亦属非计。兹事关系出入重大，非实地测量，不足以明真相。金谓此事应属两县公署转呈省长，令饬全浙水利委员会遴派熟悉水利人员，会同就地正绅，悉心测量，究竟疏掘宣港于三江刷沙有无窒碍，再定从违。

附录：公牍六件

迳启者：本年五月二十三日，据西汇嘴公民章维椿、奕光奎、金鹤高、范成玉、王文栋、任光辉、杨国安、马成金、章维秀、杨永宝、宋大福、沈金福、杨志卿、施长生、张连生、许秀峰、杨志坤、单家全、张荣富、张耀春、沈增贵、王文贵、王新法、傅天成、杨志水、谢张宝、沈福全、陈连生、姚兰生、马成耀、傅秀钊、宋奎奕、金浩、俞增元、奕金和、马金水、傅天洪、奕光烈、张小宝、杨永泉、奕嘉德、马宝堂、奕嘉槼、钱相、奕嘉义、奕金德、施增泰、奕五九、宣兆灿、马荣棠、周金生、沈锦泰、奕光珠、章春雷、马永山、马春棠等五十六人联名禀称，窃公民居宣港口内西汇嘴，是地三面滨海，惟东接壤旧会邑粮田及上虞民地，形势甚危。历年得以安居乐业者，全赖宣港口外涨沙为藩篱，查清同治初年，有为马鞍沿海保全沙地者，创开掘宣港之议，以致天然江流，陡起变迁，彼涨此坍，三江闸外涨复十余里。闸道迁远，绍、萧河水宣泄为难，田禾时遭湮没，虽屡浚闸道，以修水利，而旋疏旋塞，销耗经费，累至巨万。嗣光绪十六年间，宣港新沙稍稍重涨，乾、坤两号居民恐其东涨西坍，有损于己，将该处涨复新沙，擅行开掘。当经前绍兴府霍知府勘明，以为历年闸港淤塞，推厥原因，由于宣港开掘之后，上游山水向西而流，浮沙日形冲积，为害闸道，莫此为甚。示禁开掘在案。又查宣统三年，乾、坤两号刁民，以宣港涨沙禁掘有案，纠众千余人，在宣港附近，直乐施后岸，强行开掘新沙，由西汇嘴户首杨焕棠等禀报，蒙前绍兴府溥知府出示重禁，不得在闸外擅改形势，以保绍、萧内河出水要道。可见官厅对于闸外沙地，审慎周详，三令五申，早成铁案矣。讵意本年旧历三月初十、十一两日，突有乾、坤等号居民，纠集千余人，将前项禁沙非法开掘。公民等以若辈恃众逞蛮，未便理论。旋阅绍报，载有马鞍乡自治委员沈一鹏条陈疏掘宣港一案，呈请会长察核。当经开会议决，公推会员实地履勘。公民等静候会员前来勘明，能否疏掘，自有公论。岂料该乡乾、坤等号居民，又于四月初十、十一两日，鸣锣树帜，蜂拥二千余人，如临大敌。复将前掘未竣之禁沙，大肆开掘，忽成河渠。潮汐暴涨，愈激愈巨。且其开掘地点，逼近西汇嘴花地，秋潮汛滥，坍陷堪虞。窃思自治委员为一乡人民代表，谋本乡利害，固其天职，既经陈请贵会研究施行，何以复令乡民纠众擅掘，致干法令。前文明而后野蛮，究不知其是何居心也。至于援《三江闸浚沙记》，谓开通宣港闸道，可保全绍、萧塘闸水利，尤为大谬不然。盖《浚沙记》撰自同治六年，当时沈绅墨庄以理想之观测，施行疏掘宣港，以通闸道，曾几何时，而江流形势忽然大变，前涨于东者，一转而涨于西，以致闸外浮沙日高，河水无从外泄。每逢霪雨，时患水灾。绍、萧人民恒苦之。就东港塘而论，宣港疏掘以后，塘外余沙坍陷尽净，闸水东流，娥江上游山水折而向西，两相冲激，塘脚不时坍毁。北港塘虽可无虞，而东塘实受其损。再就西汇嘴沙地论之，自开疏宣港以来，后海潮势澎湃，迳入宣港口内，北面成熟老沙竟坍至一万二千余百亩，迄今未能涨复。由是以观沈绅疏掘宣港，殊乏经验。今日父老目睹其事，身受其害者，犹痛诋之。前清知府霍、溥两太守，洞见此中流弊，所以不惮谆谆告诫，先后严禁在案。因知《浚沙记》已早在废弃之列。沈委员何得以此为符护也？为此沥陈疏掘宣港历次禁止缘由，并抄呈前绍兴府知府告示二道，西汇嘴草图一纸，伏乞水利会长鉴核，恩速付会查案讨论，派员履勘。一面颁给晓谕，重示严禁，并请惩戒擅掘，以保塘闸而便水利，不胜迫切待命之至。等情。到县。据此，查前据马鞍乡自治委员沈一鹏条陈疏掘宣港一案，即经贵会议决，公推会员何丙藻、林国桢、何兆棠、陈玉前往实地履勘，俟勘明报告后再行妥议核办。在案。据禀前情，除批示外，相应函致贵会，希即转致何会员等，一并查勘，妥议复县核办。并传知沈委员一鹏，约束东乡人，以后毋再擅掘，致滋事端。幸勿稍延，足佩公谊。此致绍、萧两县水利研究联合会。知事王嘉曾。中华民国八年五月二十七日。

为报告事。据马鞍乡自治委员沈一鹏条陈疏掘宣港一案，前经本会公推丙藻等前往会勘，俟勘明报告后再行妥议核办，并准绍兴县公署公函，以西汇嘴公民章维椿等禀报本年旧历三四月间，突有乾、坤等居民，纠集千余人，擅掘宣港等情，函请本会一并查勘等因。丙藻等即于旧历五月十六日，会集往勘。舟至三江闸停泊。先至丁家堰一带察看，见该处塘身外面，沙地尽行坍没，逼近石塘，内面泥塘，复临深河，穿洞渗漏，不一而足，且忠、则、尽、命四字号，面现裂纹，尤形危险，势成岌岌。是以沈一鹏等建议开掘宣港，以杀潮势，视为保障之计。复于次日再诣西汇嘴，察看现掘宣港情形。旧港故址，现时已难寻觅。据本地奕家昌等报告，谓是港一开，可以分杀潮水，虽与丁家堰等处塘堤有益，而娥江下游水势，被宣港一分，激力薄弱，恐于应宿闸外两面浮沙，易涨难刷，将来闸江有碍宣泄。丙藻等实地察看，证之两方节略图说，所述意见，各有理由，应如何解决之处，请由会众妥议公决。须至报告者。会员何丙藻、林国桢、何兆棠、陈玉。中华民国八年六月十四日。

迳启者：本年七月十一日，奉省长齐指令，据章维椿等呈为疏掘宣港，有碍闸流，请委勘饬禁缘由，奉令呈件均悉。疏掘宣港，果系有碍闸流，朱鞠堂等何得违禁开挖，妨害水利，仰绍兴县知事迅速查明核办，并将江流水势暨港闸关系情形，勘查明确，绘图贴说，呈复核夺。呈件并发，仍缴此令等因，到县奉此。查此案前据章维椿等来县具禀，业经函请贵会查复，并由本署会同萧邑，呈请省长委员来绍测量。发申后，迄尚未奉指令。兹奉前因，相应备函知会贵会，希即将查照指令各节，克日派员勘明江流水势，绘具详细图说，送县以便转呈察核。事关省令，幸勿迟延。足佩公谊。此致绍萧水利联合研究会，计送抄呈一纸。知事王嘉曾。中华民国八年七月十五日。

　　具呈公民章维椿等,住绍兴县孙端乡西汇嘴,为疏掘宣港,有碍闸流,环请鉴核,会派委员勘明,饬警重禁严办,以保水利事。窃维三江应宿闸为绍、萧泄水之要道,而泄水之缓急,视乎闸前淤沙之有无。淤沙虽随江流变迁,靡有一定,而又视乎宣港之通塞为转移。盖宣港淤沙积于东而水趋于西,则闸水畅流无阻。否则,闸道淤塞,宣泄困难,历征往事,固丝毫不爽者也。公民等世居宣港口内西汇嘴,三面濒海,地势甚危。得以安居乐业者,赖有宣港沙涂为屏藩。溯自前清同治初年,创开宣港之举,原冀疏通闸道,以利泄水,曾不数载,西汇嘴熟地坍圮一万二千余百亩。浮沙日涨于西,以致闸外淤塞。绍、萧田禾自遭湮没,所谓变本加厉而又害之。后虽屡浚闸口淤沙,而旋疏旋塞。公费耗至巨万,时官绅方知曩昔疏掘宣港之举为非计。迨光绪十六年,宣港浮沙稍稍重涨,马鞍乡乾、坤等号居民,恐将此坍彼涨,不利于己,擅行开掘宣港。当经前绍兴府知府霍勘明,有碍闸道排水,严禁,拘办。宣统三年,该处居民复在宣港附近直乐施后岸,强行开掘,又蒙前绍兴府知府溥出示重禁,不得在闸外擅改形势,以保绍、萧河水之通路。并饬拘严办。各在案。是于宣港附近沙涂,叠禁开掘,即所以保闸流,保闸流即所以保绍萧之田庐。训示谆谆,不啻铸成铁案矣。本年旧历三、四月间,该处居民受朱鞠堂等主唆,胆敢藐视禁令,蜂拥二千数百人,鸣锣树帜,如临大敌,将前项禁沙一再开掘,距西汇嘴熟地止四五十丈。潮流出没无常,后患何堪设想。业经呈请县知事王,蒙指令该乡自治委员沈一鹏即行止掘,一面令饬绍萧水利会会员实地勘明核议。顷奉疏掘宣港议案,内开:据会勘委员何丙藻、林国桢、何兆棠、陈玉四君报告:至丁家堰一带察看,该处塘身外面沙地尽行坍没,逼近石塘,内面泥塘复临深河,渗漏不一而足,且忠、则、尽、命四字号,面现裂纹,尤形危险,势成岌岌,是以沈一鹏等建议,开掘宣港以杀潮势。但到西汇嘴察看,开掘宣港等旧港故址,已难寻觅。据本地奕家昌等声称,谓是港一开,虽与丁家堰一带沙地可以逐涨,而娥江下游水势被宣港一分,激力薄弱,将来应宿闸闸港外面淤沙易涨难刷,恐于闸港有碍宣泄等语。是开通宣港,有碍三江出水,亦属非计。兹事关系出入重大,非实地测量不足以明真相。金谓此事应复两县公署转呈省长,令饬全浙水利委员会遴派水利人员,会同就地正绅悉心测绘,究竟疏掘宣港,于三江刷沙有无窒碍,再定从违,等因。是知疏掘宣港一案,关系绍、萧水利至为重大,固非公民等一偏之见也。查宣港居娥江之下游,当山水暴发之时,即闸水畅泄之候。山水下经宣港以达三江,与闸水同流入海,则非特淤沙不致厚积,抑且能助闸流之速力,水利之便,莫过于此。即近今江流之形势是也。设或宣港开通，闸道向东，水流迁曲，复与娥江水势互相冲激，折而逆流，其宣港滞缓势所当然，且海潮经入宣港，日受冲刷，则浮沙日徙于西，丁家堰等处沙地虽可复涨，而闸外之沙愈积愈高，壅塞之患，可立而至，尤与绍萧水利为害滋大。公民等以案经绍萧水利会议决，由两县知事呈请钧长，令饬水利人员实地测量查勘，自能水落石出，明定是非。讵意朱鞠堂等复敢违抗议案，一味恃众逞蛮，纠集二千四五百人，业于六月二十一、二十二等日，在宣港附近直乐施后岸，重来开掘，其有碍于西汇嘴地方，姑置勿论，而若辈只自保护少数之沙地，不顾念两邑人民之命脉，妨害水利，破坏大局，其罪实无可逭。总之，天然江流，如欲以人力改变形势，必须兼筹并顾，使各方面无所得失，始能举行。今乃利仅及于一方，害将遍夫两邑，不待官厅之许可、众议之赞成，动辄以聚众为事，强制执行，视禁令如弁髦，等议案于草芥，其不法妄为，一至于斯。若再曲予宽容，凡我西汇嘴人尚有宁日乎！情急事危，万难坐视，理合抄呈前清绍兴府告示两道，西汇嘴草图一纸，备文陈请，环乞钧长鉴核俯赐，令派水利人员实地勘明，并饬绍兴县知事重申禁令，科朱鞠堂等以妨害水利罪，以儆不法。绍、萧幸甚，西汇嘴幸甚。谨呈浙江省长。

迳启者：准贵绍县公署函开：奉省长齐指令，据绍兴章维春等呈疏掘宣港，有碍闸流，请委勘饬禁缘由令，仰绍兴县知事迅速查明核办，并将江流水势暨闸港关系情形，查勘明确，绘图贴说，呈复核夺，函致本会派员勘绘详细图说，送县转呈等因。适逢本会第二十二次常会，临时宣付共同讨论。查疏掘宣港前，据马鞍乡自治委员沈一鹏条陈到会，经本会开会集议，金谓宣港形势自应派员勘明，方有把握。公推会员履勘。嗣据公民章维春等联名禀请，禁止开掘。准贵绍县公署函交一并查勘，妥议等因，并据会员查勘报告，又经开会公同妥议，以两方所述各有理由，但有妨三江闸水关系重大，非实地测量，不足以明真相。函请两县公署，转呈省长，令饬全省水利委员会选派熟悉水利人员，会同该处就地正绅，悉心测量在案。兹奉前因，查会员中于测量一道，均未谙练。若就两造所呈图说，草率绘奉，于江流形势均未准确，仍不足以资考核。公同议决，仍应函请两县公署转呈省长，查照前案，迅饬水利委员会派员到地，会同就地士绅，详细测量绘图呈复，以昭慎重。除函致萧山、绍兴县公署查照外，相应函请贵知事，请烦察照施行。此致。绍兴、萧山县知事王、徐。绍萧两县水利联合会会长王嘉曾、徐元绶。中华民国八年七月。

迳启者：案奉省长第五八二九号指令，本公署会同萧邑，呈请令水利委员会派员测量疏掘宣港利害缘由，奉令："此案前据章维椿等来呈，经批令该知事查明核办，并将疏浚水势暨宣港关系情形勘查绘图，复夺在案。据呈各情，仰即会同迅速勘复，俟复到再行核夺。并转萧山县知照，此令。"等因到县。奉此，查此案前奉省长指令到县，业经本公署函请绘送在案。兹奉前因，相应函催。为此函致贵会希即查照，克日查勘情形，绘图送县，以便转呈，而免争执。是为至盼。此致绍萧水利联合研究会知事王嘉曾。中华民国八年七月二十四日。

浙江水利委员会公函第九四三号

迳启者：案奉省长公署训令案："'据绍兴、萧山两县知事会呈，准绍萧水利联合研究会函，据自治委员沈一鹏条陈疏掘宣港，公民章维椿等禀请禁止。两方各具理由，非经实地测勘，不足以昭慎重，而息纷争。'等情前来。查疏掘宣港，关系塘闸利害，该县等请令会派员会同测勘研究，系为慎重起见，应即照准。除指令外，合亟函知该会，仰即遴派妥员前往，会同两县知事等，详细测绘，调查研究，妥议会复，以凭核夺。并先将遴派人员、衔名报查。此令。"等因奉此。现派本会孙技士量，于本月十九日先行会同两县知事到地踏勘。届时即希贵会派员偕往，以资浃洽。一面另委测绘员郑泽垲、徐骙良，率同测役，于二十二日到地详细实测，再行核夺。除分行外，相应函达贵会查照施行。此致绍萧水利联合研究会。中华民国八年九月十七日。

《民国绍兴县志资料第一辑·塘闸汇记》

绍萧两县水利联合研究会 议决疏浚三江闸淤沙案

（中华民国十年八月）

一、议闸外淤沙涨至二十余里之遥，非人力所能疏掘，惟有责成闸务员随时雇工开溜，以资救济，庶所费有限，而功效甚巨。此议。

附录：公函二件

迳启者：本年八月十九日，准绍萧塘闸工程局咨开案，准贵知事咨开案。据潞富乡自治委员王璋玉呈称：窃维吾邑三江乡应宿闸，为绍、萧水利锁钥，视内河水之涨落为启闭之准则，故当秋令，霉雨连绵，农家又无需灌溉，内河水涨，闸洞常开，注流入海，无水患之虞。绍、萧人民实利赖之。兹者，该闸沙泥淤涨，闸洞拥塞，启闭不灵，即难作水源屏障。倘秋水涨发，注流无门，为害民间，实非浅鲜。素仰知事兴利除弊，关心民瘼，倘该闸长此淤塞，秋水为患堪虞，理合备文呈请仰祈俯准，咨请塘闸局督掘，以疏注流，而杜水患，实感德便，等情前来。据此，除指令外，相应备文咨请贵局长查照办理，等由准此。正拟办理间，复据东区办事处呈称：窃据三江闸务员俞焕堂函称，应宿闸江前因江流变迁，涨沙日积，迭经开溜冲刷，借资疏泄。现在望汛以来，潮水夹沙，愈涨愈塞，又值天气亢晴，内河需水，车戽日干，未便再行开溜，应请勘明核办，等因到处。据此，当经委员亲往该闸，详加履勘。看得该处闸港形势大变，从前潮水西来，港流直顺，本无淤塞之患。近因逆而东流，以致港势迁折，港流迁缓，则潮水挟沙，势必沉淀日多，沙泥愈积，层层关锁，宣泄为难。若不赶早补救，贻害实非浅鲜。查前清闸港淤塞，即在巫山头直出之天、地、庆涨沙之处，曾有开掘港流之举。现在情形相同，应否在彼开掘，事关两县水利，且有摊款问题，委员未便擅专，应请县公署提交两县水利研究会，即在三江汤公祠开会，俾便就近察勘形势，公同讨论，妥议办法，实为裨益。是否有当，理合备文，仰祈局长察核，等情前来。查开掘港流，事关两县水利，应准如该呈所拟办法，以昭郑重。兹准前因，除指令外，相应备文，咨请查照，希即提交水利研究会公同讨论,妥议办法,望速施行。等由准此。相应函请贵会查照,希即定期知照两县会员,并函约塘闸局钟局长,如其同赴三江场汤公祠开会,集议办法,是所切盼。此致绍萧两县水利联合研究会知事余大钧。中华民国十年八月二十二日。

迳启者:案准贵会函开,准绍兴县议会函开,准绍萧塘闸工程局长钟函开:查三江应宿闸为绍、萧水道之门户,内河水大则启闸以宣泄之,内河水浅则闭闸以关蓄之,殊与两邑农田大有关系。按该闸港流,向系直线入海,距不过二三里,宣泄尚畅,启闭亦灵。不意去冬豆腐畈复涨淤沙,逼近闸口,以致水流方向改变,由义桥闸绕道直落施对出,方始入海,迤逦约二十余里之遥。港流迁折,形成曲线。今春三月间,雨水连绵,内河泛溢。闸外港沙涨塞,宣泄不尽。当经敝局长督饬闸务员,雇工多人,尽力开掘,幸得疏通,导水入海。惟水大,开闸刷沙尚易,设遇内河水浅,则涓涓者既不畅流,而旧有淤沙必致日益阻滞。加以日夜两潮之后,挟沙尤多,壅塞堪虞,欲为未雨绸缪之计,自非早自疏浚不为功。惟此项开掘经费,所费不资。此次开掘费用,除由局先行支垫,暂济急需外,此后设有开掘事宜,所需经费殊难筹措。敝局长查三江大闸港流,实与绍、萧两县农田大有密切之关系,万难视为缓图。现在每值潮汐期,来潮挟沙,愈积愈厚,时虑壅塞,若不先事预防,后患噬脐无及。即应先筹疏浚专款,以备不虞。兹特绘具港流形势图略一纸,函请查照,等由到会。查三江闸为绍、萧两县出水尾闾,闭塞关系农田,实资重要。现准塘闸局函报,大闸港流沙愈积愈厚,时虞壅塞,深资忧虑。究竟贵会有无接洽绍萧水利研究会,有无从事研究,经大会讨论,多数主张函会绍萧水利研究会,切实查勘,应如何筹划疏浚之处,复有贵会交案核议,以重要政。同日,又准绍兴县公署函,以准塘闸工程局函开前情,专函敝会,筹备专款,用事疏浚,等由,各准此。查三江大闸淤沙壅塞,自应设法疏浚,惟事关农田水利,应由会切实查勘。应如何筹划之处,拟具办法,函复过会,再行提交县会核议,以重要政。相应函请查照办理等由,并准绍萧塘闸工程局函知到会。准此。查三江应宿闸为绍、萧两县泄水尾闾,关系至为重要。当经敝会开会集议。佥以闸外淤沙涨至二十余里之遥,非人力所能疏掘。为今惟有责成闸务员,随时雇工,开溜疏通,以资救济,庶所费有限,而功效甚巨。其应需款项,尤须核实开支。全体表决应由敝会函复贵会,转函绍、萧两县公署,函请绍萧塘闸工程局长查照办理。相应函请贵会,希即查照施行。此致绍兴县参事会、绍萧两县水利联合研究会会长顾尹圻。中华民国十二年六月九日发。

浙江省绍萧塘闸工程处呈挖掘 三江闸港完工日期报祈鉴核备查由

呈十八年十一月四日自绍萧塘闸工程处发塘字第 283 号

案查，挖掘三江闸港开工日期电请核备在案。兹查该项工程，自开工以来，督饬赶掘，经旬日之进行，完全掘通，已于十月廿九日完工，业已畅流矣。所有竣工日期，理合备文呈报，仰祈鉴核备查。

谨呈。

浙江省档案馆档案 L098-002-0519

省发巨款开掘三江闸外涨沙

绍、萧泄水要道之三江闸外，近来沙泥涨塞，达十五里之长，以致内河蓄水，无从宣泄。曾有省水利局长来绍前往视察，决定雇工开掘。由县府呈省核示办法。现闻省府以该闸关系绍、萧两县水利，决定在工赈款项下发洋一万六千元，由水利局负责雇工疏浚。

1935 年 3 月 6 日《申报》

浙江第三区行政督察专员公署
示禁开掘三江闸港涨沙文

（中华民国二十五年）

据绍兴县皋埠区南汇乡乡长王广川、孙端镇镇长孙水占呈称：窃三江闸关于绍、萧两县农田水利，至重且巨。而闸港之通塞，尤与南汇、宣港及马鞍乾、坤两圩新沙有密切关系。如宣港涨，乾、坤两墟坍，则闸港通。反之则塞。证诸往事，丝毫不爽。是以前清绍兴府霍知府出示，严禁乾、坤两圩佃户人等，开掘宣港，以使闸流通畅，保全绍、萧水利。两县民众称颂至今。讵料本年六月十四日，突有绍县马鞍东南镇，马鞍西北乡，陶里乡，暨萧十二埭地方住民，为图增涨乾、坤两圩沙地，纠合一千余百人，擅自开掘宣港，以邻为壑，而谋私利。似此非法行为，破坏南汇乡民田庐安宁为害犹小，而三江闸港立时淤塞，妨害绍、萧农田水利，贻祸将无底止。幸蒙钧署，洞明事实，饬派工务料主任赵家豫，会同绍萧段塘闸工程处董工程师，及关系乡镇长，前往查勘，以开掘宣港，确于南汇乡沙田暨三江闸港均有妨碍，即分令萧山县，及绍属安昌、皋埠两区区长，查禁在案。惟该马鞍乡等住民，不顾公益，专图私利，难免日久玩生，再有非法开掘行动。除呈浙江省建设厅外，理合照抄旧布告示，具文呈请钧署鉴核，准予布告严禁，俾便泐石而垂永久，等情。专署据呈后，以查三江闸关系绍、萧两县内地农田水利，工作至巨。此次马鞍等乡民擅掘宣港，危及该闸，以邻为壑，殊属非是，曾经本署示禁在案。兹据前情，除指令外，昨特重申示禁。嗣后无论何人，凡未呈经政府许可，擅掘宣港者，定即拿案严惩，决不姑宽。其各知照云。（绍兴社）

《民国绍兴县志资料第一辑·塘闸汇记》

钱江绍萧段塘闸工程处报告
闸港涨塞情形并建设厅批令救济办法

（民国二十五年八月）

　　钱江绍萧段塘闸工程处，以入秋以来天气亢旱，曹娥江流量微小，水位低落。现干至 9.63 公尺，而外港秋潮汹涌，泥沙随潮拥涨达 6.05 公尺，超过内河水位 0.42 公尺。江流离三江闸日远，致闸港长达十余里之遥。经废历八月望汛大潮，闸港完全涨塞。如短期内无充分大雨，内河无水可资冲刷，续淤数汛，闸港必再增涨。将来非人工挖掘，恐难奏效。特将所有港闸淤塞情形，报请建设厅鉴核。建厅据呈，以查三江闸内曹娥江形势变化，江流向北迁移，致闸港淤塞，根本改进，须俟整理江口计划就绪，江岸线确定以后，方能着手。兹为目前救济起见，应采下列办法：（一）暂时雇工挖掘。俟挖至内河水面以下，再行放水冲刷。（二）经此次整理，每逢潮汛过后，应派员随时测量。如淤沙增至内河水面以下五公寸时，应即开放一、二洞冲刷。上列两项办法，经令饬该工程处主任兼工程师董开章考察实地情形，酌量应用。如有其他妥善方法，应随时呈候采纳。并饬克速测具淤沙纵断面图，拟具估计呈核。

《民国绍兴县志资料第一辑·塘闸汇记》

三江闸淤塞整理

　　钱江绍萧段塘闸工程处以自入秋以来，天气亢旱，曹娥江流量微小，水位低落，现干至 5.63 公尺，而外港秋潮汹涌，泥沙随潮拥涨，达 6.05 公尺，超过内河水位 0.42 公尺。江流离三江闸日远，致闸港长达十余里，经废历八月望汛大潮，闸港完全涨塞。特呈报建厅，省方当以根本改进，须俟整理江口计划就绪，江岸线确定后着手。目前救济办法，应暂时雇工挖掘，再放水刷冲，并潮过后淤沙增至内河水面五公寸时，应即开放一、二洞冲刷。已饬该段工程处考察实地情形，酌量应用。

1936 年 10 月 22 日《申报》

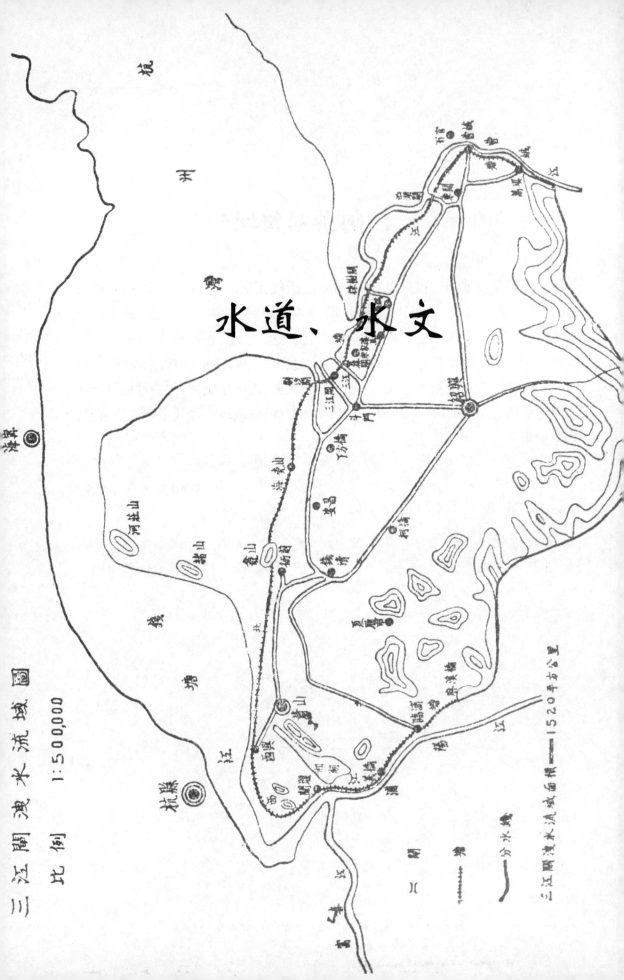

水道、水文

绍兴府

　　重，繁，难。隶宁绍台道。副将，卫守备驻。西北距省治百四十里。广三百二十里，袤二百九十里。北极高三十度五分。京师偏东四度四分。领县八。山阴。西北：兴龙山，南麓本卧龙山，康熙二十七年驻跸，改。南：龟山、阳台、兰渚山、秦望山。西北：涂山、梅山。东北：戢山。海。自萧山入，经三江口，为杭州湾南岸水口，对岸为海宁。南大亹、中小亹扼其中。潮昔趋南，暴岸冲击，其后海塘东接会稽，西亘萧山。浦阳江西南自诸暨入。运河西北自萧山入，合鉴湖枝津北注瓜渚湖。湖分青电湖水入西水门，复合入铜盘鉴湖港，抵港口与西小江会。江分为二，自萧山古万安桥入，缘北界，西溪出鸡头山注之。经钱清镇，错出复入，抵三江闸。湘湖自萧山贯运河来会，又东入海。鉴湖，古镜湖，周三百五十里，今只存西溪及会稽，若耶溪为其别源，湘湖为其正源，仅十五里矣。三江城，通判驻，有盐场司，与钱清为二。有柯桥巡司，蓬莱驿。会稽。重，繁，倚。南：会稽山，有禹陵，县以此名。其宛委、秦望、天柱，并为支阜。海，东北自山阴入，经沥海城，南接蛏浦。西曰西会渚，北与澉浦遥对，为险汛，有防海塘，会攒宫河，宋六陵在焉。出五云门西，有若耶溪出化山注之，入山阴运河。有三江、东江、曹娥盐场、曹娥巡司。东关驿、纂风镇。平水关、宣港、临山、碛台。

《清史稿》志四十《地理十二》

钱塘江在杭州、萧山一带之变迁（节录）

1. 北岸（略）

2. 南岸

萧绍方面情形，与杭州附近亦相似，沙岸之坍涨无常，宋光宗绍熙五年，会稽、山阴、萧山、余姚、上虞五县，曾有大风驾海涛坏堤之事。宁宗嘉定四年，山阴县有海水败堤，漂民田数十里，斥地十万亩之事。然萧山西兴一段，在理宗宝庆年间，其沙路犹直抵江岸，长一千一百四十丈。至清乾隆五十六年起，潮水冲啮，逐渐坍陷，元明时必有多次涨坍，然无可考。至六十年，江水已直抵塘下，江船停泊官埠矣。嘉庆二年十月，塘外复涨沙二里许，十五六年又复坍尽。道光时，时坍时涨，咸丰时又渐涨，同治初已涨至五六里，光绪二十五年，又渐坍，至宣统三年，江水距塘不过数武，后又遂渐复涨，此皆其变迁之无定也。又萧山县治西三十里，有半爿山，清乾嘉之际，其外尚多灶地，合则大江东徙，地尽剥削，半爿山已迫临江岸矣。

3. 三疆之变迁

三疆者，南大疆、中小疆、北大疆之合称。欲明其变迁之情形，应先叙南沙。南沙在钱唐江南岸，东起绍兴之三江口，西迄萧山之西兴，其间本有石海塘为防江之用，名曰北海塘，塘北沙地浩浩，皆所谓南沙也。其名称之由来，或谓地本属于海宁，而在其南，故曰南沙；或谓在钱唐江以南，故曰南沙。在民国三年以前，东西有五十余里，南北亦四十余里，略成方形，其中有山八，赭山位最南，距萧山县治三十余里，东北至海宁四十五里，以其土石皆赤，故名曰赭。或谓赭山原名折山，古时该山正居江中，潮水投山下折而曲，故名。后以"折"音近"赭"，遂作"赭"，其南与龛山之间，有平原十三里，清以前为钱唐江故道，即所谓南大蜜也。赭山西北一里，曰禅机山，亦名城隍山。赭山西半里曰文堂山，以西麓有白马庙，故亦曰白马山。禅机、文堂之间，赭山市在焉。禅机之北约四里，曰葛岙山，曰河庄山，其间平原，旧亦为钱唐江故道，所谓中小疆也。赭山东北十里，曰岩门山。《海宁志》载其高九十九丈，周五里，称为主山。岩门东北十里，曰蜀山，东北距海宁县治二十七里,其间为今之钱唐江水道,即所谓北大亹也。蜀山之南十四里,当赭山之东十里,又有雷山,一曰鼓山。南沙之情形大致如此。故所谓三亹者,即南沙中之南、北、中三水道也。清以前尚无三亹之名,言钱唐江水道者,仅谓江口有凫、赭二山,对峙如门,称为海门而已。凫山之旁有小山,其形如鳖,名鳖子山,适当海门之中,故以鳖子亹名之。其后中水道、北水道既开,改称南大亹,而北中二水道,亦均以盛名之。清以后南大亹久塞,近世舆图,乃虚指海宁小尖山以南之地,谓之鳖子亹。若以为南、北、中三亹之总汇,然与事实殊不符,所以然者,鳖子亹旧为钱唐江口门险恶之地,而小尖山以南,水底有山根如门限,怒潮因之以起(参阅《潮汐篇》),势亦极险。昔之鳖子亹既久已无迹可寻,故以此地代之也。

　　南沙未涌现以前,南沙之地当为大海,故历史记载浦阳、曹娥等江,皆曰入海,不曰入钱唐江也。南沙既涌现以后,钱唐江由其南凫、赭二山之间而入海,此为历史之可考者。南大亹之淤沙,开始于宋宁宗嘉定十二年。宋代南沙属盐官、仁和二县,赭山实为二县接界处。宋孝宗尝射猎于赭山,其为北联大陆,而中间绝无水道盖可知。自嘉定十二年,江涛直扑盐官,近县之地,沦于海者四十余里,蜀山亦沦于海中,北坍则南涨,此为江水自来之定例,故其时凫、赭之间,亦以淤浅闻。其后盐官之地筑塘力御,强纳江水,使复故道,而其端已开,不可复止。元成宗大德三年,仁宗延祐六年及七年,泰定帝泰定四年、三十年之间,盐官一州,受怒潮之害者四次,至文宗天历元年,填塞沟港,设置石囤,始告平息。盐官之改名海宁,即此时也。

　　然北大亹既力阻使不得辟,而南大亹则渐淤,江海吐纳,不能无一口,中小亹之开,当在此时。明成祖永乐十八年,左通政岳福言:"浙江仁和、海宁两县,霖雨风潮,坏长安等坝沦于海者千五百余丈,东岸赭山、岩门、蜀山,故有海道,近皆淤塞。其赭山、蜀山间之海道,即所谓中小亹水道也。永乐时淤塞,则永乐前必早已开通可知。永乐以后终明代,北大亹一带之变迁,有宪宗成化十年、孝宗弘治五年、世宗嘉靖七年、神宗万历三年暨思宗崇祯元年,凡五次江海北趋,益以此时为最烈,而当时计惟以力塞北大亹,遏使仍归南大亹为主。南大亹壹似淤似开,卒不可复,则主通中小亹。清雍正十三年,海望李卫奏疏谓:"江海水道,惟中小亹适当南北两岸之中,江水海潮若由此出入,则两岸无虞,但其地面不及南北两大亹之半,且山根余气似若联绵,潮过沙淤,偶通旋塞,盖亦知其不可恃也。"南大亹淤塞于清雍正初年,中小亹淤塞于乾隆二十四年。当时庄有恭奏疏,曾有"江海坍涨,倏忽靡常,安流十余年之中小亹,可以数月而全淤,平陆数千百丈之北大亹,可以数月而遽开。"观此则其变迁之情形可见矣。乾隆以后,江海出入于北大亹者,垂二百年。至民国三十五年春,北大亹中流又渐淤有沙洲,引起北大亹南岸之蜀山头蓬新湾底一带发生坍沙十余里之事,此又最近之变迁矣。

4. 杭州湾之变迁(略)

2010 年版《重修浙江通志稿·地理》(方志出版社)

曹娥江　附钱清江

　　曹娥江自小江口而北,至狮子山东南,又全入上虞县境,北流十四里,至嵩坝渡西,分一支至绍兴县,与运河通,水深一丈二尺,阔六十三丈。折东流转北西,九里余至梁湖坝,《方舆纪要》:六朝时,置税官于此。坝之西,即曹娥江东岸,为往来必由之道,风潮冲啮,移置不常。元至元中,以溃圮重建。明嘉靖间,江潮西徙,涨沙约七里,令郑芸浚为河,移滩江边,仍旧名。坝西对江为绍兴县曹娥镇,江之所以得名也。自梁湖坝东,分一支为四十里河。

　　四十里河自梁湖坝分出,次第纳洪山湖,面积二里,周五里。皂李湖,在孝闻岭之西。嘉泰《会稽志》:昔有包全居之,以孝闻。湖周十六里,面积十二里。西溪湖,面积三里五分,周八里。及诸山溪之水,东南流十三里余,至西黄浦桥,水深八尺,阔四丈。分支东南流,穿县治而至老通明闸,与姚江合,正干又东流,四里余,至落马桥,分支东南流,会城河而至老通明闸,与姚江合,正干再东北流五里余,至新堰坝,以下称十八里河,再东北流十二里,过界桥入余姚县境,水深九尺,阔三丈六尺。注于姚江。别详《甬江篇》。

　　曹娥江正干又东北流,其下皆为上虞、绍兴两县之界河,四里至百官镇,东分一支为马渚横河,见《甬江》。折西北流,东岸悉为沙地,西岸至黄草闸港口,水深一丈四尺,阔七十二丈。有黄草闸水,自西南来注之;又西北折西南凡二十一里,至楝树下村,水深二丈,阔一百有八丈。有楝树闸水,自南来注之;又西北四里余,过南岸之黄公浦,而至宣港村,北岸上虞县界,于此终止,南岸又西十余里,与闸港会。闸港上源，即西小江也。

西小江一名钱清江，源出萧山县临浦镇之峙山，东北流迤东南，分一支至历溪坝，与浦阳江接，又曲曲小二里至古万安桥西南，水深六尺五寸，阔十一丈。自此以下，又曲曲东北流折东，随处东受南大港之水，凡三十二里至临浦大桥，水深一丈三尺，阔四十六丈。均为萧、绍两县之界河，折西南流，迤东南约十里余，至宏济桥，有西溪自南少西来注之。

西溪源出绍兴县之鸡头山，曲折北流二十一里，至巧溪口，东受巧溪之水，又曲折北流十八里余，至兴福桥，水深八尺，阔三丈。西北受西小江分支之江塘河，更东北流，曲曲五里，至广陵桥，分支东南流，注于鉴湖，见《运河篇》。正干更东北流十一里，入西小江。

西小江又东南流，入萧山县境，混运河之水，约二里至钱清镇之钱清桥，东汉延熹中，太守刘宠以清廉得民，及去，父老各赍百钱送之，宠各受一钱，出境仍投之江，江由是得名，镇又以江名也。考《方舆纪要》云：钱清江，即浦阳江下流，自浦江县流入诸暨县界，谓之浣江，又汇流至府西南百里之纪家汇，绕府境谓之钱清江，又西北至萧山县境，复折而东北，经钱清镇入于海，其后潮沙壅塞，舟不得行，雨潦则大为民田患。明天顺初，建白马山闸以遏三江口之潮，闸东尽为民田，自是江水不通于海，而钱清江之故道渐至堙废，今谓之西小江。东流折南，转东折北至永安桥，凡十八里，仍为两县之界河，分支再北流，仍为界河，入萧山县境，正干折东流，过白马山北，白马闸在焉。再东五里至安昌镇，水深五尺，阔二丈五尺。再东曲折二十九里至港口，有铜盘湖港，自南来注之。

铜盘湖港自县治探花桥，分运河之水东北流，出昌安门，凡十二里余，至黄庄溇桥，其西南有上滩港，纵三里、横四分、深九尺，又北流九里，至斗门市东，水深七尺，阔三丈三寸。有狭獡湖湖水，自西南来注之，湖周十五里，面积二十五里。又北流入西小江。

西小江又东流，三里余至三江闸，闸为明嘉靖时知府汤绍恩所筑。又为备闸三，以保大闸之溃。外又筑石堤四百余丈，以扼潮势。刻《水则》于石，相时启闭。于是绍、萧二邑无旱涝，闸旁有庙视之。闸外为闸港，东与曹娥江会为宣港而入海，地名三江口，三江者，钱塘、钱清、曹娥也。今以宣港口沙涂堆积，曹娥江与西小江又各自分流而入海矣。

浙东主要河流测量步骤及完成期限

浙江省水利局

浙东巨川不一，而支流尤多，各河都实施整治，事实上殊难做到。故测量工作之计划，亦只择主要河道之最要部分，加以测量，其他较次及情形较善河道，如永宁江、运河、姚江及其他支流，均未列入。兹将应测各河，述之如下：

测量之范围及种类

曹娥江　自江口至新昌城及嵊县南城门，长一三五公里。

（甲）水准测量　浙东多山，地势高下不一，且高层极大，故水准测量之精度，亦较平原稍异，浙东队所用方法，系用斯垣克茂拉。普通水准仪而废行精密水准之方法，其精度与浙西第二级精密水准所规定者相当。除沿六大干河进行外，并须将各河高度、连贯成系，俾可通盘筹划。六河之连贯线，拟分下列五线：

第一线　浦阳江、曹娥江间沿运河至三江闸，长四五公里。

第二线　曹娥江、鄞江间沿姚江进行，长八八公里。

第三线　鄞江、灵江间由奉化至临海，长一二〇公里。

第四线　灵江、瓯江间自海门至馆头镇，长一一五公里。

第五线　瓯江、飞云江间自永嘉至瑞安，约长四十公里。

［民国］浙江省建设厅《浙江建设月刊》第五卷第三期（1931），

2009 年版《民国浙江史料辑刊》第 2 辑（国家图书馆出版社）

民国十八年水标站水位统计表

曹娥江	曹娥江	曹娥江	曹娥江	曹娥江	曹娥江	曹娥江	曹娥江	流域	
曹娥江	运河	曹娥江	运河	运河	曹娥江	曹娥江	曹娥江	河系	
三江闸	钱清镇	桑盆殿	曹娥镇	绍兴	百官	章家埠	嵊县	测站	
18	20	18	21	20	18	18	18	年	设立日期
3	4	3	3	1	5	5	5	月	
1	9	1	18	25	7	23	24	日	
7.72		7.25			8.42	12.39	20.71	WHZ	最高水位
								假定	
9		9			8	8	8	月	
8		8			15	15	14	日	
4.23		3.79			4.16	6.25	14.09	WHZ	最低水位
								假定	
3		3			6	11	10	月	
8		4			3	5	29	日	
								备考	

民国十八年水标站水位统计表

民国十九年水标站水位统计表

曹娥江	曹娥江	曹娥江	曹娥江	曹娥江	曹娥江	曹娥江	曹娥江	流域	
曹娥江	运河	曹娥江	运河	运河	曹娥江	曹娥江	曹娥江	河系	
三江闸	钱清镇	桑盆殿	曹娥镇	绍兴	百官	章家埠	嵊县	测站	
18	20	18	21	20	18	18	18	年	设立日期
3	4	3	3	1	5	5	5	月	
1	9	1	18	25	7	23	24	日	
7.90		7.67			8.50	11.68	19.47	WHZ 假定	最高水位
9		9			7	7	7	月	
23		23			30	30	29	日	
3.60		2.71			4.07	6.37	14.92	WHZ 假定	最低水位
12		11			3	5	8	月	
26		28			27	20	28	日	
								备考	

民国十九年水标站水位统计表

《民国绍兴县志资料第二辑·地理》

民国二十年水标站水位统计表

曹娥江	曹娥江	曹娥江	曹娥江	曹娥江	曹娥江	曹娥江	曹娥江	流域	
曹娥江	运河	曹娥江	运河	运河	曹娥江	曹娥江	曹娥江	河系	
三江闸	钱清镇	桑盆殿	曹娥镇	绍兴	百官	章家埠	嵊县	测站	
18	20	18	21	20	18	18	18	年	设立日期
3	4	3	3	1	5	5	5	月	
1	9	1	18	25	7	23	24	日	
8.11	6.59	7.84		6.37	9.65	12.99	20.51	WHZ	最高水位
								假定	
10	9	10		9	8	8	8	月	
12	7	12		7	26	26	26	日	
3.12	5.59	2.59		5.65	4.11	6.12	14.84	WHZ	最低水位
								假定	
6	8	1		8	3	8	4	月	
7	24	2		24	27	10	18	日	
								备考	

民
国
二
十
年
水
标
站
水
位
统
计
表

民国二十一年水标站水位统计表

曹娥江	曹娥江	曹娥江	曹娥江	曹娥江	曹娥江	曹娥江	曹娥江	流域	
曹娥江	运河	曹娥江	运河	运河	曹娥江	曹娥江	曹娥江	河系	
三江闸	钱清镇	桑盆殿	曹娥镇	绍兴	百官	章家埠	嵊县	测站	
18	20	18	21	20	18	18	18	年	设立日期
3	4	3	3	1	5	5	5	月	
1	9	1	18	25	7	23	24	日	
7.76	6.51		6.54	6.27	8.15	11.82	20.75	WHZ	最高水位
								假定	
10	7		5	5	5	6	5	月	
3	1		21	23	22	27	21	日	
3.55	5.40		5.40	5.41	4.03	6.26	14.57	WHZ	最低水位
								假定	
11	8		8	8	7	2	8	月	
21	16		18	15	30	1	10	日	
								备考	

民国二十一年水标站水位统计表

《民国绍兴县志资料第二辑·地理》

民国二十二年水标站水位统计表

曹娥江	曹娥江	曹娥江	曹娥江	曹娥江	曹娥江	曹娥江	曹娥江	流域	
曹娥江	运河	曹娥江	运河	运河	曹娥江	曹娥江	曹娥江	河系	
三江闸	钱清镇	桑盆殿	曹娥镇	绍兴	百官	章家埠	嵊县	测站	
18	20	18	21	20	18	18	18	年	设立日期
3	4	3	3	1	5	5	5	月	
1	9	1	18	25	7	23	24	日	
					8.82		20.39	WHZ	最高水位
								假定	
					9		9	月	
					19		19	日	
					4.23		14.29	WHZ	最低水位
								假定	
					10		8	月	
					16		2	日	
								备考	

民国二十三年水标站水位统计表

曹娥江	曹娥江	曹娥江	曹娥江	曹娥江	曹娥江	曹娥江	曹娥江	流域	
曹娥江	运河	曹娥江	运河	运河	曹娥江	曹娥江	曹娥江	河系	
三江闸	钱清镇	桑盆殿	曹娥镇	绍兴	百官	章家埠	嵊县	测站	
18	20	18	21	20	18	18	18	年	设立日期
3	4	3	3	1	5	5	5	月	
1	9	1	18	25	7	23	24	日	
					7.71		20.15	WHZ	最高水位
								假定	
					3		3	月	
					29		29	日	
					4.09		14.30	WHZ	最低水位
								假定	
					8		8	月	
					7		23	日	
								备考	

民国二十三年水标站水位统计表

民国二十六年秋间闸内外水位

民国二十六年月，霪雨连绵，山洪暴发，地势较低之农村，水已濒岸。北部一带，致船只多不能通过桥梁。据三江闸务处消息，外江潮汛颇大，水位达七点五四公尺。内河水位为六点三九公尺。形势颇觉严重。应宿二十八洞全部开放，水流湍急。斗门以下已绝对不能行舟。幸闸外涨沙，经前次水涨时刷尽，水尚畅流无阻云。

《民国绍兴县志资料第一辑·塘闸汇记》

机构

三江场

　　三江场在山阴县斗门镇地方。南至鹿山运盐河一十里,北至大海十里。镇旧建闸以蓄泄鉴湖之水。明郡守汤绍恩,建闸于三江,以时启闭。陡门闸遂废,因呼为老闸云。闸口有三江城,城西北隅为海口,西连浙江,通漱浦。旧十二圃,灶舍散漫,今聚为八煎,灶二百五十有一。厫房四所,又后续建四仓。乾隆五年分设东江场。将姚宋、新安、新宁、俹浦四圃分属新场管辖,计灶舍九十七条。其新风、陈顾、宝盆、童家四圃,计灶舍一百五十三条,仍归三江场管辖。

《敕修两浙海塘通志》

三江汛

　　三江城守备衙署二十二间,把总住房六间,兵丁营房九十六间。童家塔外委住房三间,兵丁营房一十五间。宋家溇外委住房三间,兵丁营房一十五间。夾棚、东寺、直河、回龙殿、西丁、家堰巡司领三江城。西塘、湾桥、真武殿八处,每处堡房三间,共堡房二十四间。

《敕修两浙海塘通志》

塘闸研究会简章

（清宣统元年十月）

宣统元年九月，绍兴知府包发鸾以西江、北海两塘亟应修葺，于二十日选举绅董四人经理其事。该绅等以胸少把握，事无预备，俱仓卒未敢承认。惟公议先设塘闸研究所，并拟定简章禀府，兹将其简章录下：

第一条　宗旨

本会以考查塘闸之关系，及修治之方法为宗旨，故定名为塘闸研究会。

第二条　职任

本会正会长一人，请行政长官郡尊任之。副会长二人，两邑尊任之。定会董六员，以士绅公举任之，主持会中一切事务。定调查员若干员，专任分乡分段项调查，报告本会共同研究。如有热心塘闸，能常时到会报告陈设者，为协议会员，无定员。

第三条　会期

本会以每月二十五日前为调查时间，二十九日为会期。如有险要工程，由本会会董随时邀集全体会员，或遍邀城乡士绅，开临时会公议。

第四条　权限

承修塘闸工程，应由本会邀集士绅公举经董，第本会会员既任调查，应有监理协助之责。

第五条　经费

本会经费应禀请会长，由塘闸局经费项下随时提拨。或凡附属塘闸有可生植利用之处，清理拨用。

第六条　会所

本会会所暂设郡城汤公祠。

第七条　附则

本会内部细则以及未尽事宜，随时公定增入，俟大致完全，呈请通详立案。

《民国绍兴县志资料第一辑·塘闸汇记》

山会萧塘闸水利会规则

（清宣统二年）

第一章 总纲

第一条 本会遵照本省咨议局议决，奉抚宪公布施行之农田水利会规则设立。

第二条 凡关于山阴、会稽、萧山三县有共同关系之塘闸，其防护、疏浚、兴修事宜，均由本会议决行之，

第三条 三县共同关系之塘闸列举如左：

一、西江塘。

二、北海塘。

三、应宿闸。

四、其他与三县有直接间接之利害关系者。

第二章 编制

第四条 本会以三县之选民即为水利关系人，照章选举职员。其编制如左：

一、议员。

二、会长及会董。

第五条 本会之选举，依府厅州县地方自治章程行之，其分区选举方法别以细则定之。

第三章 议员

第一节 员额及任期

第六条 本会额定议员一百名，以山、会、萧三县户口人数，依现在之调查，共计一百五十五万二千余人，应每一万五千五百人中选出议员一名。

第七条 由议员中互选议长一人，副议长一人，特任议员二十人。

第八条 议员、议长、副议长，以三年为一任。特任议员一年为一任，均连

举得连任,惟以一次为限。

第二节　职任

第九条　议员应行议决之事件如左:

一、本区域内塘闸应行兴修之办法。

二、本区域内塘闸应行疏浚之办法。

三、本区域内塘闸应行防护之办法。

四、经费之筹集及征收管理方法。

五、经费之预算及决算。

六、规定工作之费用及雇募夫役方法。

七、增删修改本会规则。

八、议决各地方人民陈请建议关于塘闸水利事件。

九、其他关于水利应行兴革整理事宜。

第十条　议员议决之事件由议长、副议长呈报地方官核定后移交会长、会董执行之。

第十一条　议长主持会议事件,如议员决议权数相等,则由议长决定之。

第十二条　议长有事故不能到会时,副议长代理之。议长、副议长同有事故不能到会时,由特任议员中公推年长者为临时议长。

第十三条　凡临时发生事件,有会董、会长所不能决者,由特任议员决定之。但须开常年会或临时会时报告于议员。

第十四条　议员不支薪水,但得给相当之旅费。

第三节　会期

第十五条　常会每年一次,于三月行之,由地方监督于会期前二十日知会召集。

第十六条　遇塘闸事变之发生,得开临时会,由会长呈请地方监督召集之,亦得由议员三分之一之请求,经议长许可后呈请地方监督召集开临时会。

第十七条　开会之期日以议事完竣为限。

第四节　会议

第十八条　每届会议应由会长将本届应议事件于会期前十日通知各议员。但临时会不在此限。

第十九条　会议事件非有议员到会半数以上不得议决。

第二十条　会议细则由议员定之。

第四章　会长及会董

第一节　员额及任期

第二十一条　本会额设会长一人,由议员于三县选民中选出之。会董三人,由各该县议员于各该县选民中选出之,山、会、萧各一人。其选举细则由议员议定之。

第二十二条　会长、会董均设候补员,如其额数。

第二十三条　会长、会董不得同时为本会议员。如由议员中选出者,应辞去议员职。

第二十四条　会长以三年为一任,任满改选,连举得连任,以一次为限。

第二十五条　会董每年改选一人,依山阴、会稽、萧山次序。第二年先由山阴议员改选山阴会董一人,以次轮选,连举者得连任。

第二节　职务

第二十六条　会长之职务列举如左:

一、管理本会一切事务。

二、监察本会办事员之勤惰功过。

三、准备本会应议事项及执行议决事项。

四、保护本会之权利,管理财产及款项。

五、调制本会岁出入之预算并监视收支款项。

六、对于外部有代表本会之责任。

七、收受各地方人民陈请,建议关于塘闸水利事项。

第二十七条　会董襄助会长办理一切事务,与会长负联带之责任。

第二十八条　会长、会董须常川驻会办事。

第二十九条　会长得经由议员之决议,设文牍、庶务及办事员役、塘闸巡警。

第三十条　会长、会董及各职员办事细则,由会长拟定,交议员议决后执行之。

第三十一条　议员议决之事件,会长、会董认为越权违法、妨害公益者,得交令覆议。若议员坚执不改,则申请三县参事会协议决定之。

第三十二条　会长、会董均酌支薪水,其数目由议员议定。各员役之辛金,由会长拟定交议员议决,照章开支。

第三节　调查

第三十三条关于三县之塘闸,会长应不时派员调查或亲往察勘。其项目如左：

一、塘内外之形势及沙地亩分。

二、塘外沙地涨坍情形。

三、闸外流沙之情形。

四、闸流高下之情形。

五、内河水势涨落之情形。

六、塘身闸身之情形。

七、各处盘头坦水之形势。

八、旁塘闸官有地、民有地之区别及其多寡。

九、土塘、石塘、柴塘工程之比较。

十、旁塘内外居民之户口及财产。

第五章　工作

第三十四条　凡重大之工作，非经议员议决，不得兴举。其通常工作，可由特任议员议决兴举之。

第三十五条　凡塘闸有兴举工作时，会长或会董必须一人驻居工作所在地，其工作时所应注意者如左：

一、工作合宜与否。

二、材料坚实与否。

三、夫役勤惰与否。

第三十六条　凡塘堤抢险之工作，会长或会董当立时兴办，并通知议员开临时会。

第三十七条　凡兴修或疏浚事宜，当分别工程最要、次要，妥慎办理，计日程功。

第三十八条　凡承办工程，必须订明保固年限呈案。如有危险，责令赔修。

第六章　经费

第三十九条　本会经费以左列各款充之：

一、原有关于塘闸之公款公产。

二、塘闸亩捐。亩捐向章由地方官带征，当仍旧办理，汇交本会。

三、富家乐捐。富家特捐至千元以上者，由本会呈请地方官详请奖励。

四、因重要之工作临时募集之债务。

第四十条　本会经费，经议员议定管理方法，交由会长管理之。

第四十一条　会长于每届常会期前编成预算表,交由议员议决。其常年之决算,亦即当众公布,一面榜示通衢。

第四十二条　凡预算表于正额外,得列入预备费,为临时必要之支出。

第四十三条　凡决算外,如有赢余时,得为本会公积金。其保管生息之方法,另有议员议决行之。

第四十四条　本会因天灾事变,有不得已之支出,或为本会永久利益之事业,得增加通常岁入。

第四十五条　会员对于前项之增加不堪负担时,得酌募公债,但须定借入及偿还之方法、期限及利息之定率,并呈请监督官厅核准后方可举办。

第四十六条　凡短期之借债,以本年度内能收入偿还者,不适用前条之规定,但须经议员议决后即可举办。

第四十七条　会长每年将上年经费督同会计员编成决算表,连同收支细目,交议员审查决定后方可公布。

第四十八条　本会会计年度以国家会计年度为准,在国家会计年度未定以前,照旧章办理。

第七章　监督

第四十九条　本会以绍兴府宪及山阴、会稽、萧山三邑尊,以次监督之。

第五十条　监督官厅有申请抚宪解散本会及撤消会内职员之权。但解散后三个月内须令更选。

第五十一条　监督官厅视察塘闸,将有危险时,得发防护上必要之命令。

第五十二条　监督官厅得视会务之当否,收支之适否,并得令本会报告办事情形,及预算决算表册按年申报抚藩、劝业道宪备案。

第五十三条　本会议决增删修改规则及变更水利区域,或买卖交换、让与让受、抵押不动产时,均应呈由监督官厅核准。

第五十四条　议员若不议决其应决之事项,致妨误公益者,监督官厅得令三县参事会协议代为决定。参事会未成立以前,由监督官厅代为决定。

第五十五条　议员否决必要之费用,或虽议决而缺乏必要之费用时,会长得呈由监督官厅核办。

第五十六条　本会会员有不服会长、会董之处分者,得申诉于监督官厅。有不服监督官厅之裁决者,得申诉于抚藩、劝业道宪。

第五十七条　本会职员有应行惩戒处分者,由监督官厅惩戒之。其惩戒细则另行规定。

<h2 style="text-align:center">第八章　附则</h2>

第五十八条　本规则经公同议决,呈请监督官厅核准后为施行之期。

第五十九条　本会成立后,旧设之塘闸局应即撤销。

第六十条　本规则经核准施行后,如有未尽事宜,当于常会或临时会时公议删修改之。

《民国绍兴县志资料第一辑·塘闸汇记》

浙抚札绍兴府知府改正塘闸水利会规则文

（清宣统三年五月）

为札知事:前据该府禀呈塘闸水利会规则草案六十条,现经本抚院提交会议厅审查科审查,金以是项塘闸关系三县人民之生命、田庐,亟应组织团体,力筹保障。惟查第一条声明本会之设立,根据于本省公布施行之农田水利会规则,则凡关于选举事宜,应遵照该规则第九条之规定。现在山、会、萧三县城镇乡自治会业已成立,又应适用该规则第十六条之规定。今观草案第四条编制议员会长及会董,其名目与农田水利会相符,而第五条又谓本会之选举依府厅州县自治章程行之,其意盖以塘闸水利为山、会、萧三县全体公益,不知筹办水利属于城镇乡自治范围,如谓兹事体大,非一乡所能担任,亦应遵照城镇乡自治章程第十三条,凡二乡以上,有彼此相关之事,得以各该乡之协议,设联合会办理之。今本案于山、会、萧三县自治会未成立以前,按三县户口总数选举议员,其议长名目则本之自治章程,其会长名义则本之农田水利规则,其会议及职务之规定,分议决、执行两机关,又似参照城镇乡议事会、董事会之设置,盖合两种自治章程与本省单行规则互相杂糅,条理殊欠分明。总之,是项水利固为当务之急,但既认为农田水利范围之内,则当由城镇董事会乡董及水利关系人拟订细则行之。其地理上为三县公共关系,当县自治未成立以前,亦应由三县城镇乡联合会协议定之。即须设特种之机关,亦应由联合会议定,呈由该府札饬山、会、萧三县,定期召集城镇董事会乡董联合协议,组织水利会拟订细则,呈候该县会核施行。前项草案其中不无可采之处,可由该府发供参考。该水利会未成立以前所有紧要工程,仍由该府督饬原办塘董赶速办理。再原禀所称,请参议参事员等名目,并即取消。合行札饬札到该府,即便查照办理,克期议定详复,勿延切切。此札。

《民国绍兴县志资料第一辑·塘闸汇记》

修正设立塘闸局案

（甲）组织及选任

一、绍兴县城内于旧有汤公祠地址设绍兴塘闸局一所（各塘有险工随时在工次设立工程处）。

二、局内设正理事一人,副理事一人,由县议会议员过半数投票选举。以得票最多数者为正理事,次多数者为副理事。当选后,咨请县知事核准,给予委任状,并呈报民政司。其任期以三年为限。任满,连举得连任。（选举正、副理事须于工程素有经验,众望允孚者为及格）

三、正理事因事出缺,以副理事补之。副理事遗缺,应即补选。

四、如有险要工程,由正、副理事得协商聘任技师。

五、文牍（兼书记）、会计、庶务各一人,由正、副理事协商遴选聘任之（如有险要工程时,得于工程处设临时各职员）。

六、由县议会每届常会期,于议员中互选常期监察员二人,临时工程监察员二人。

（乙）职员及权限

一、正理事负本局范围内随时稽察塘身闸务，对内有统率之权，对外有代表全局之权。

二、副理事负协助正理事全局之责任。

三、文牍兼书记承正、副理事之命，办理文牍兼记录缮写，并掌管塘闸图籍案卷。

四、会计员承正、副理事之命，管理银钱收支及报销事项。

五、庶务员承正、副理事之命，处理局内职务及工料收发事项。

六、监察员受县议会之委托，担任监察各职员并查勘工程、稽核账目各事项。

七、局内各职员办事细则，由正、副理事会同各职员公同议决，咨由县知事核准施行。

（丙）经费

一、岁修经费由县议会议决各项塘闸捐项下支出之。不足由县税项下拨充之。

二、遇有险工，依据临时省议会议决案办理。

三、所有塘闸经费，由管理公款公产之自治委员掌管之。塘闸局得以随时支用。

（丁）薪水及公费

一、正副理事、文牍、会计、庶务等员，均为有给职，其薪水由县知事提出于县议会议决之。

二、监察员为名誉职，不支薪水，但给相当之公费。

《民国绍兴县志资料第一辑·塘闸汇记》

民国元年省委塘工局长

民国元年十一月,绍兴县知事陆钟灵、萧山县知事卢观球以西江塘危险情形会呈朱都督,请为派员拨款赶修。奉朱都督瑞批云:呈悉。查此案昨据该二县知事会呈,抢修西江塘工程收支清册,并另拨的款,兴办大工等情到府。即经批司迅派熟谙工程人员,前往会县查勘,赶速兴修在案。据呈,前情仰民政司迅即查照前批办理,并将财政司已拨定之三万元,除已由司拨付该二县领用一万元外,尚有二万元,应即分别咨领拨用。其不敷之款,仍遵前批,应由地方负担,并即转饬遵照,并将办理情形随时具报。即经屈民政司映光,派邵文镕为局长,兼理技师事务,筹画一切。并以塘工局钤记,应请都督颁发转给,以昭信守。至修筑塘工款项,并请都督转饬财政司先拨二万元,以使开工应用云。(见民国元年十一月十二日《越铎日报》)

《民国绍兴县志资料第一辑·塘闸汇记》

绍萧两县水利联合研究会设立公牍

(中华民国五年)

绍、萧两县知事会详浙江巡按使、会稽道尹文。

详为拟设两县水利联合研究会酌订简章,附具预算表,会衔详祈察核批示备案事。窃查绍、萧两县,地势低洼,向称泽国,赖有沿江沿海塘闸堰坝,节节设置,以为宣潴蓄泄之预备。每值海潮汹涌,山洪暴发,以及旱涝不时之际,藉资抵御操纵,民命、田庐得以保障,所关特重。改革以前,两县设有塘工董事,专司水利。民国以后,议会建议特置机关,各设塘闸局,公举理事专任其事,诚重视之也。比年江海各塘,迭次出险,如绍辖之东江塘,萧辖之西江塘,绍、萧兼辖之北海塘,屡被风潮冲决坍陷,损失人民生命财产,警告频闻。虽经两县官厅督率塘闸理事,随时设法抢堵,分段筹修,未成大患,而办工之竭蹶,集费之艰难,与夫居民之十室九惧,塘堤之百孔千疮,官民俱困,公私交迫,诚有笔墨难以形容,智愚为之束手者。知事等推原其故,江防之设,历数百年或百数十年。或系石塘,或为土塘,当时择要设置,几费经营。迨历年久远,江流改变,沙石走卸,塘根失据,海潮深啮,已非复昔日坚固不拔之旧观。加以递年日炙雨淋,塘面固受挫削,而沧桑屡易,沙角坍涨靡常,塘身为怒潮吞蚀,坍损尤多。虽近岁西塘"归、王、鸣、凤"及"平、章、爱"等字号,叠办大工,藉以拯救目前。无如其他险工,仍层出不已。限于财力,仅得补苴罅漏。民力既殚,后患无已。此外,闸坝等项并为水利重要之枢纽,非竭集思广益之图,曷收一劳永逸之效?兹经会同商酌,拟设两县联合水利研究会,草定章程,选任会员,举两县塘闸水利之应兴应革事件,如何而可消弭目前与防止将来种种险患,一一付之研究,随时随事,筹定办法,详报施行。总期策地方之安全,奠苞桑于永固,以仰副钧台振兴水利、保护人民之意。是否有当,所有拟订简章并预算表,理合分别缮就备文详送。仰祈钧使尹鉴核,俯赐批示备案,实为公便。再,此系绍署主稿,合并声明。除详巡按使外,谨呈浙江巡按使屈,浙江会稽道尹梁。

计送简章一份,预算表一份。

绍兴县知事宋承家
萧山县知事彭延庆
洪宪元年三月七日

《民国绍兴县志资料第一辑·塘闸汇记》

绍萧塘闸工程局简章

（十五年七月）

第一条　本局专管绍、萧两县塘闸工程,设总局于绍兴,由总司令、省长会派局长一人督率局员、主持局内外一应事宜。

第二条　本局设总稽核一人,总核各股应办事宜。

第三条　本局设工程师一人,副工程师二人,办理各项工程事宜。

各股事务与工程上有关联者,工程师并负监察之责。

第四条　本局分总务、工务、材料、会计四股,每股设主任一人,助理及办事员若干人,视事务之繁简定之。

第五条　总务股之职掌如左:

一、关于撰拟文牍、典守关防事项。

二、关于收发文件、保管卷宗事项。

三、关于调查统计及公告投标事项。

四、不属于其他各股事宜。

第六条　工务股之职掌如左:

一、关于工程之计划及设施事项。

二、关于工程之测绘及计算事项。

三、关于工料之估计及稽查事项。

四、关于工作之监督及管理事项。

第七条　材料股之职掌如左:

一、关于材料之采办及承揽事项。

二、关于材料之收发及保管事项。

三、关于材料之数量册报及其他有关事项。

第八条　会计股之职掌如左:

一、关于款项之出纳登记报告事项。

二、关于编制预决算及报销表册事项。

三、关于使用物品及一应庶务事项。

第九条 本局为缮写文件、调查工程,得酌用书记、调查等员。

第十条 绍、萧两县原有塘闸局改为东西区管理处,直隶于本局。就两县原有岁修经费移充,不敷之数,由本局补助之。

前项东西区管理处章制另定之。

第十一条 本局实施查勘修筑期内,得函请两县知事,派警协助。遇必要时,并得邀集两县官绅公同讨论。

第十二条 本局所需各项经费,由总司令、省长指定塘工券奖余拨充,并分别造具表册呈送核销。

第十三条 本局各项办事细则,由主管员分别议拟,送经局长核定之。

第十四条 本简章自呈奉核准日施行。如有未尽事宜,随时呈请增改。

《民国绍兴县志资料第一辑·塘闸汇记》

绍萧塘闸工程局员役名额俸给职务编制表

职 别	名 额	月 薪	职 务	备 考
局长	1	200元	综理局务	月支公费一百二十元,历照海宁塘工例,在工程杂用项下开支。
总稽核	1	80元	总核各股应办事宜	
工程师	1	90元	主持工务	
副工程师	2	120元	助理工程事宜	每员月各支六十元。
测绘员	2	60元	办理丈量测绘事宜	每员月各支三十元。
总务主任	1	50元	主持文牍收发、统计等事	
总务助理	4	120元	辅助主任分办各事	二员月各支三十六元,二员月各支二十四元。

续 表

职 别	名 额	月 薪	职 务	备 考
书记	6	96元	缮校文件	每员月各支十六元。
工务主任	1	工程师兼不支薪	主持工程事宜	
工务助理	5	144元	辅助主任分段监视工作	三员月各支三十二元,二员月各支二十四元。
材料主任	1	50元	主持材料事宜	
材料助理	4	132元	分任采办、验收、保管等事	一员月支三十六元,三员月各支三十二元。
会计主任	1	50元	主持会计事宜	
会计助理	3	104元	分任庶务、出纳、监印等事	二员月各支三十六元,一员月支三十二元。
办事员	6	104元	酌量事务缓急分别办理	二员月各支二十元,四员月各支十六元。
调查员	4	48元	派遣各处调查事宜	每员月各支十二元。
顾问、咨询		120元		拟延聘熟习河海工程人员为本局顾问、咨询,以资研究。每月假定致送夫马费洋一百二十元。照原案已减半,其员额俟设局后再定。
管工	6	66元	分派各段管理工程	每名月各支十一元。
测地夫	2	20元	随同丈量服务琐事	每名月各支十元。
看守夫	4	36元	分派各处看守材料	每名月各支九元。
公役	8	72元	服役	每名月各支九元。

说明:以上职员俸薪总额月支洋一千五百六十八元,夫役工食月支银一百九十四元,合共支银一千七百六十二元。

《民国绍兴县志资料第一辑·塘闸汇记》

绍萧塘闸工程局办事规则 （节录）

第三章 工务

第十五条 各项工程,先由工程师、副工程师会同工务主任分别测勘,详细估计需用材料若干、工价若干,绘具图表送经总稽核覆核后,再送局长察夺,一面并知照材料股从事采办。

前项,工务主任得依事实上之便利,由工程师或副工程师兼任。

第十六 条前条估计图表经局长核定后,交由总务股拟稿,呈省。俟奉核准后招工承揽。

工作承揽式样另定之。

第十七条 开工后,应由工程师、副工程师随时在场指挥监督,依照原估计划图样及承揽内载明条款实施工作。

第十八条 需用各项材料,应由监工员出具领料单,载明材料种类、数量,经工程师核准后,向材料股领取,并在领料单内盖章证明负责。

第十九条 各料领到时,由监工员发给各工头应用。如有偷漏缺少,立时根究追赔。

第二十条 每日工作情形及工作人数、气候晴雨,应由管工随时报告监工员,填具日报送请工程师查核。

第二十一条 工程师接到前条报告时,应编制旬表,转报局长察核。

第二十二条 材料收量时,副工程师应在场监视审定。如有货身低劣、尺寸不符,以及不合工用之料,随时商请材料股剔退。

第二十三条 工头于本段工程未经完竣时,只准预支已做工程十分之八。由工程师分次核明,填给预支单,送交会计股照发。

预支单式样另定之。

第二十四条 本段工程完竣,应由各工头按照承揽数目开具正式收据。经工程师核准,送交会计股照发。一面由工程师督同本股职员造具决算表,送交总务股拟稿,呈省请即派员验收。

《民国绍兴县志资料第一辑·塘闸汇记》

绍萧塘闸工程局呈总司令、省长
呈订东西区管理处章程文

(十五年九月,附章程)

　　呈为拟订绍、萧塘闸管理处章程,请予核准分行事。窃维绍、萧塘闸局,在民国初元系由两县议会选举正、副理事负责办理。只以经费有限,员额无多,遇有险工,无从措手。经地方士绅来省呼吁,始蒙特设工程专局,大举兴修。而以原有之塘闸局改组为管理员办事处,专司管理。定章之始,本极周密。惜当时限于预算,未能将办事处员额、经费量予扩充,致徒有管理之名,而无管理之实。及至专局工竣裁撤,办事处亦连带取消,斯为事实上所无可如何者也。此次奉令复设专局,责在举办大工。其寻常小修,以及平时管理、防护事宜,仍须另设专员,以资臂助。惟是两县三塘,绵亘二百余里,较海宁塘路几长一倍。风潮汹涌之时,处处皆虞出险,亟应参照清季防汛专章,及海宁分区先例,回复旧日塘夫,给予工食,并将全塘分为若干段,每段设管理员一人,择近塘居住、朴实耐劳之士民,分别委任,仍就塘闸局旧址组织管理处,以董其成。庶于兼筹并顾之中,不失覈实循名之意。兹根据职局简章第十条之规定,拟订绍、萧塘闸管理处章程十二条,理合呈请总司令、省长鉴核备案。再,管理处系常设机关,与塘闸工程有密切关系,将来职局停办后,应分隶县公署管辖,俾专责成。如蒙照准,并请令行绍兴、萧山两县知事查照。合并声明,除分呈外,谨呈。

绍萧塘闸管理处章程

　　第一条　本管理处根据绍、萧塘闸工程局简章第十条之规定,就原有塘闸局改组,在绍兴县者,定名为绍、萧东区塘闸管理处;在萧山县者,定名为绍、萧西区塘闸管理处。均直隶于塘闸工程局,专司辖境内各塘闸寻常岁修,及管理防护事宜。其经费就两县塘闸捐拨充,不敷之款,暂由塘闸工程局补助之。

第二条　本处以左列人员组织之:

一、主任一人;

二、工务员一人;

三、巡塘员一人;

四、文牍兼缮校员一人;

五、会计兼庶务一人。

主任由塘闸工程局长就工程熟悉、众望允孚之士绅遴选委任,报明总司令、省长备案。其余各员由主任委任之。

第三条　各塘就形势便利,分为若千段,每段分为若干岗。段设管理员一人,岗设塘夫一人。

管理员由主任就近塘居住、朴实耐劳之士民遴选委任,报明塘闸工程局备案。塘夫由主任管理员督同派充。

第四条　三江应宿闸设管理员一人,由东区管理处主任报明塘闸工程局,并知照西区管理处备案。

三江闸夫由主任督同管理员派充,其他各闸夫由主任派充。

第五条　主任每月至少巡塘两次,巡闸一次。巡塘时,各巡塘员、管理员均届期集合。第一次在第一段,第二次在第二段,挨次巡视,周而复始。

第六条　巡塘员每星期分班轮流巡视塘闸一次。管理员每三日巡视本段一次,并与邻段之管理员互相联络。

第七条　塘夫每日分上下午巡视本岗一次。塘上每隔若干步,应逐日挑积土方以备不虞。

第八条　主任、巡塘员、管理员、塘夫,均应备具巡塘报告,于每月终,由主任汇报塘闸工程局备查。报告方式由主任定之。

第九条　三江闸内河水势之大小、外港沙碛之坍涨,应由管理员按旬直接报告塘闸工程局,并分报东、西区管理处备查。

第十条　塘身单薄地点,以及逼近水溜处所,每值潮大风烈,管理员应不问晴雨昼夜,督同塘夫预备抢险工具,随时巡视。遇时机急迫时,并应飞报管理处,调集各段管理员、塘夫迅速抢护。

第十一条　岁修工程不满百元者,由管理处造具估计图表,呈经塘闸工程局核准修补。其寻常零星小工,由管理员督饬塘夫随时整理,并报明管理处备案。

第十二条　本章程自呈奉核准日施行,如有未尽事宜,得随时呈请修正。

绍萧塘闸东区管理处三江应宿闸管理员之职务

一、管理员应常川住居三江闸之闸务公所;

二、每月自朔至晦应将潮汛大小列表详记;

每日潮汛报告(每月一纸)							
月	日	潮涨				潮退		备考
		时刻	高度	风势	晴雨	时刻	低度	

三、应宿闸旁近之闸,在三里内者悉归其管理;

四、督率塘闸夫谨司启闭;

五、巡视各闸港,每汛至少三次,随时函告于管理处,并陈述疏爬意见,遇有少许淤塞,应督率塘闸夫疏掘之;

六、查照从前禁例严禁捕鱼;

七、检查闸夫有无不规则行动;

八、每日闸洞启闭,均须列表详记,每月报告一次。表式如左:

闸洞启闭表(此表一日一纸,洞别栏内将各洞字号均行列入)									
年	月	日	时	洞别	启板若干块	下板若干块	闸内河水高度	闸外水高度	天时晴雨	备考

《民国绍兴县志资料第一辑·塘闸汇记》

绍萧塘闸工程局局长曹豫谦
函告设处就职文

（中华民国十五年九月）

迳启者：案奉总司令、省长会委办理绍、萧塘闸工程事宜，敝局长遵先在省设处筹备，一面亲诣各塘闸视察险要工程，照章在绍设总局，并就北塘地势适中之新发王村设立工程行局，即于九月十六日在工次就职。除呈报分行外，相应函达查照。

《民国绍兴县志资料第一辑·塘闸汇记》

绍萧塘闸工程局局长曹豫谦
呈（总司令部、省长公署）设处开办文

（十五年八月）

呈为呈报设立筹备处，并启用关防日期，仰祈备案事。本年七月二十八日，奉总司令、省长会令：“以此次绍、萧两县塘堤决口，险工林立，自宜规复旧制，设局专职办理。所有绍、萧塘闸工程局局长一职，查有该员堪以委充。饬即克日设局开办，并将局内编制暨应需局用，拟具清折，呈送核夺。”等因奉此。豫谦猥以菲材，谬蒙知遇，自当矢勤矢慎，服务梓乡，以仰副钧座保卫民生之至意。

惟是绍、萧东、西、北各塘,绵亘二百余里,渗漏矬陷,在在皆是,自宜分别缓急,次第兴修。现值着手伊始,举凡延聘人员,采办材料,均须在省接洽。遂于本月一日暂赁许衙巷就养堂房屋,先设筹备处,借利进行。一俟布置就绪,即行正式成立。正具报间,续奉省、钧署颁发关防一颗,遵于本月七日谨敬启用。除将编制章程暨局用预算另文呈核并分呈外,所有在省设立筹备处暨启用关防日期,理合具文呈请总司令、省长鉴核备案,谨呈。

《民国绍兴县志资料第一辑·塘闸汇记》

塘闸管理机关沿革

案:塘闸管理机关,清季由绍兴府聘绅耆一人为塘闸董事,下雇司事数人,督率塘闸夫役,管理巡视。遇有险工,设临时工程处,名称不一,办工人员或由省委,或由董事邀集就地绅衿,公同主持。其详一时无从查考。民国以来之沿革,具述如后:

民国元年,县议会议决,组织绍兴塘闸局,公举正、副理事各一人,任期三年。

民国七年,省令改组绍、萧塘闸工程局,委派局长。

民国十三年,复理事制,仍由县议会公推理事一人。

民国十五年秋,省令设立绍、萧塘闸工程局,委派局长。是年秋,取消理事,划分东西两区,各设主任一人,隶属于局。

民国十六年秋,省令塘闸事宜直隶属省水利局,设绍、萧塘闸工程处,委工程师一人。

历任理事局长主任姓名表

名　　称	姓　名	备　　考
第一任塘闸局正理事	王树槐(植三)	本县曹娥人。任期自民国元年至民国二年去职。

续　表

名　称	姓　名	备　考
副理事	何绍棠（子肯）	本县峡山人。任期与王同。
第二任塘闸局正理事	何绍棠	任期自民国二年至七年。
副理事	李培初（幼香）	本县漓渚人。任期与何同。
第一任绍、萧塘闸工程局局长	钟寿康（文叔）	本县吴融人。民国七年到任，九年去职。
第二任绍、萧塘闸工程局局长	丁紫芳	□□□□□□人。民国九年到任，十年交卸。
第三任绍、萧塘闸工程局局长	钟寿康	民国十年回任，至十三年复理事制，去职。
绍兴塘闸局理事	李培初	十三年复理事制，县议会仍推李培初任理事，十五年改组，去职。
绍、萧塘闸工程局局长	曹豫谦（吉甫）	本县漓渚人。民国和五年夏，省令委充局长，绍、萧两县理事仍存在。是年秋始取消理事，改为东西两区，至十六年秋改组，去职。
绍、萧塘闸局东区主任	任元炳（葆泉）	本县东关人。十五年秋，塘闸局设东西两区，各设主任一人，凡本县境内为东区，萧山为西区。其时，西区主任为虞琴轩，萧山闻家堰人，均由局长委任。十六年秋改组，去职。
绍、萧段塘闸工程处工程师	戚孔怀（怡轩）	上虞人。十六年秋任事，□□年去职。
绍、萧段塘闸工程处工程师	董开章	嵊县人，继戚孔怀之后。

《民国绍兴县志资料第二辑·地理》

浙江省政府令知将局务结束逐项移交钱塘江工程局接收并委萧山县监盘文

（十六年七月）

　　案查钱塘江为本省最大之江流，上接富春江，下达杭州湾，潮汛之势甚盛，沿江各塘工局修筑塘岸计划，既不统一，江身又未浚治。兹值革新伊始，励图建设之时，本政府为兼筹并顾，统一事权计，议决将海宁海塘工程局、盐平海塘工程局、绍萧塘闸工程局、海塘测量处等四机关一律裁撤，另行设立钱塘江工程局，办理两岸塘工，及浚治塘身等项工程。所有裁撤原有机关，筹设钱塘江工程局等办法，业经本省政府呈请政治会议浙江分会议决照准，并任命林大同暂署钱塘江工程局局长。各在案。除令饬钱塘江工程局局长前往各该裁撤机关接收，并令委萧山县县长就近前赴该局监盘、交代外，合即令仰该局长，遵即将局务结束，并将所有文卷、器具、物品、材料、工程用具以及收支款项结算清楚，逐项移交，毋得延缓。切切此令。

《民国绍兴县志资料第一辑·塘闸汇记》

绍萧塘闸工程局局长电呈
各段工程次第办竣遵电结束局务文

（十六年七月）

　　杭州省政府钧鉴：建字第六七四八号令奉悉，查职局呈奉核准，兴办各工，计车盘头石塘三十六丈二尺，郭家埠石塘十八丈五尺，湾头徐半石塘二十五丈，现已先后完工。又，培补凫、茬山间土塘已完工者，凫山至楼下陈一段，计二千二百二十丈；茬山头"遐"至"宾"字一段，计一百四十丈，正在办理决算，容即另文呈请，分别验收。其未经完工者，为楼下陈石塘三十三丈。又，自楼下陈至茬山腰土塘一千一百丈，所有土石各塘自应暂停工作。惟现值伏汛期内，三塘各段管理员、各岗塘夫，以及三江应宿闸闸务员、各闸闸夫，有防护塘闸之责，诚虑新旧交接期间，稍涉诿卸，除饬照常供职，并将局务遵令结束外，拟请令行钱塘江工程局，克日接收，俾便交代。绍、萧塘闸工程局局长曹豫谦叩。个印。

《民国绍兴县志资料第一辑·塘闸汇记》

浙江水利局令绍萧塘闸工程处
以霉汛阴雨注意防范文

（中华民国二十六年七月）

现届霉汛,阴雨连绵,河流陡涨,各处塘闸堤岸,险象堪虞。兹经本局照历年办理成案,将塘堤险状地点列表呈报建设厅,转饬各该管县市政府,查照前颁抢险暂行规则及历年办理成案,会同办理。迅即会同该管县市政府妥商协助,注意防范,毋稍玩忽。

附录:派定防护人姓名及地点

（一）塘闸工程处防护人员,第一区为闻家堰,负责者工务员谢海。防护地点自麻溪山至西兴镇。第二区三江闸,负责者练习工务员赵璧斋。防护地点自西兴镇至宋家溇。第二区新埠头,负责者工务员李松龄。防护地点自小潭至蒿坝。（二）县政府派定协助人员:柯桥区区长阮性之,临浦镇镇长汤登鉴,天乐乡乡长孙顺焕,天乐临江乡乡长朱文礼,皋埠区区长赵昱,双盆海塘乡乡长王恕常,安昌区区长颜承源,斗门镇镇长高剑秋,姚江西乡长宋锡庆,马鞍西北乡长韩子椿,马鞍东南镇长陈康孙,东关区区长严澄生,硝金乡乡长阮光乙,道墟镇镇长章天威,曹娥乡乡长陈祖修。

《民国绍兴县志资料第一辑·塘闸汇记》

拟请恢复绍萧水利委员会
加强管理沿塘设施以策万全案

绍兴县参议会第一届第二次大会决议案　提字第八号

理由：绍萧南沙,北濒钱江,广袤八十里,沧海桑田,历经变迁。其在平时潮汛有倒灌之患,雨季有淤塞之虞。一遇风潮,激荡冲坍,漫无止境,庐舍田亩,尽付东流,农民荡折离居,盐民刮晒无地,生计日蹙,课税无收,关系国计民生,至重且巨,历由绍、萧两县人士组织南沙水利会,专司流浚湾道,开掘淤沙,以导水势,修筑堤闸,随时启闭,以资泄蓄。自经变乱,会议一度停顿。迨三十二年游击时代,(绍兴)塘北、(萧山)萧东两行府邀集地方熟悉水利、热心公益人士,重组南沙水利会,拟订章则、预算,复兴水利工程,颇著成绩,苞桑安固,两县军政依为根据,得以展开攻势。乃重兴以后,绍、萧各自为政,漠不注视,两地方人士亦失去联络,以致水利失修。近闻萧山境内头蓬等地,冲坍甚烈,呼援待救,而绍县境地唇齿相依,有岌岌可危之虞。今之计宜由两县政府迅即合谋,健全水利机构,复兴水利工程,群策群力以策万全。

办法：一、绍萧水利委员会过去历史悠久,成绩甚著,应请县政府,会同萧山县政府迅即恢复,延揽就地热心水利人士担任委员。

二、绍萧水利委员会下分设分会三四处。所有本县境内,东自东关、道墟、称山,西至萧山之坎山,所有水利事宜均由该会办理。

三、沿海一带之水闸,如栋树下水闸等闸板均已霉烂不堪,应速更换以防不测。

四、汤公祠公产中有一部分专为设置水闸管理员经费之用者,应由县政府查明,迅归管理水闸之用。

五、所有经费如不足,由受益地亩募收乐捐办理之。

六、沦陷时，有不良分子仗敌伪势力，在塘上建造房屋、偷葬坟墓及垦种者，应限令拆毁，恢复原状并永禁不得再有是项不法举动。

七、避塘官地（俗称护塘地），有被人私事垦种情事，应予彻查。所有离塘二十公尺以内之地，一律收回，以保塘身，但以外塘为限。

八、绍萧南沙水利沿革□份送县府参考。所有章程及详细办法，由县府及该委员会另行议订。

［民国］绍兴县参议会《绍兴县参议会第一届第二次大会会刊》，2016 年版《民国时期浙江省地方议会史料汇编》（国家图书馆出版社）

经费

前浙江巡抚马奏援案借款
修筑山会萧三县南塘要工片

（同治四年七月二十三日）

再查：绍兴府属萧山县所辖之西江塘，为山、会、萧三县田庐保障。本年五月下旬，霪雨为灾，江河盛涨，自麻溪至长河一带，共坍缺塘坝三十余处，共计长七百数十丈，以致江水内灌，高阜水深数尺，田畴庐舍半入洪波。当经臣饬委前任臬司段光清暨藩司委员前往，会同该处地方官，分投雇工抢堵，设法宣泄，以救目前。而此次水势之大而且骤，实从来所未有，若不将被坍各塘赶修完固，转瞬秋潮大汛，其患更不可言。惟工程浩大，需费繁多，约略估计，非二十余万串不可。当此库藏空虚，间阎凋敝，又无殷富可捐，且事在紧急，断难延挨，即经段光清督同该府县及地方绅士勘明实在情形，援照从前办法，拟请借项发给绅士兴修，俟大工告竣，查明实用数目，于得沾水利民田项下分作两年按亩摊捐还款。又，山阴所辖之童家塔、宜桥、王家埭闸侧等处，会稽所属之塘角、贺盘、蚂蝗湄、楝树下等处，塘身同时被水冲倒。此为山、会两县田庐之捍卫，与西江塘无分缓急，所需经费，约计钱四万余串，亦经该司等议请，一律借项兴修，工竣由该两县按亩加捐归款等情。臣查三县塘堤为刻不可缓之工，民间既无可捐，所请援案借项兴修摊捐归还，亦属万不得已之举。惟库项空虚，实难筹此巨款。当饬藩司尽力设措，拟共借给钱十万串，以八万串为西江塘修费，二万串为童家塔等处修费。陆续发交绍兴府，转给该绅士等承领，择其最要之工，赶紧修筑，以御秋汛。余俟亩捐收起，即可接续兴办。兹据藩司蒋益澧具详前来，除仍饬该司暨宁绍台道，照例饬取工段丈尺字号，以及应用工料实数，并查明每亩摊捐数目、起捐年分，妥议章程，另行会详具奏外，谨将借款修筑南塘要工缘由，附片具奏，伏乞圣鉴。敕部查照施行。谨奏。

《民国绍兴县志资料第二辑·地理》

徐树兰呈缴塘闸经费文

（清光绪二十三年九月）

为呈复缴请事。本年九月十三日，接准九月初九日照会内开：案查山、会、萧三县得沾水利田亩项下随粮带收捐钱，存典生息，作为塘闸岁修经费。于光绪十三年九月间，经霍前府禀奉卫抚宪奏准办理。又查山、会、萧三县原议章程，内开三县捐存发典生息，宜选公正殷实绅士一人，总理其事，以专责成等情，亦经霍前府开折通禀。一面照请贵绅董总理其事，并分山、会、萧三县邀绅会办，在案。复查亩捐生息、收支各款，头绪繁纷，幸赖贵绅董运以精心，策以实力，始终不倦，筹画周详。如此公正廉明，实为近时所难得。霍前府之不允告退者，由于信服最深，本府德薄才庸，亦望贵绅董相助为理。拟合将前缴各典凭折，并萧邑解到亩捐钱文，一并备文照送，为此照会贵绅董，请烦查收，照旧经理，幸勿固辞。计照送各典凭折六十二扣，又萧山县第十四次解到亩捐钱五十三千一百十三文。等由，准此。伏查是项经费，绅早于本年三月间截清数目，检折开单，缴请遴绅接管。经霍前府尊核收，准其缴辞在案。兹准照会前因，过辱奖许，岂所敢承。查塘闸岁修一项，本为从前所无，自光绪十年间钟常卿以前董沈绅办理塘工，动用亩捐，报销不尽不实，奏奉谕旨，饬下浙江巡抚查办。于是人人视塘闸为畏途，不肯与闻。绅独忧之，毅然以补救自任，遂创为塘闸岁修之议，禀请奏明立案，就山、会、萧三县随粮带收亩捐银三万两发典生息，作为东西两塘及三江闸岁修经费。自办捐生息以来，皆绅一手经理。历今十年，除还藩库借款及支付历届修费外，积成足钱七万串。绅之苦志经营，务求有备无患者，诚以三县之田庐民命皆悬于塘闸也。故苟可勉力，断不肯稍自偷安。况士为知己者用，叠承奖谕，谆挚复何忍轻言倭谢。无如蒲柳衰荼，百病丛生，偶一操劳，辄痰火上升，喘痛交作，从前尚有贱息分劳，今皆饥驱出门。遇事更无旁贷，而且绅新创中西学堂，一切规模，尚待擘画。府县志书为二百年文献所关，亟宜修举。崦嵫将暮，能不悚皇！况亩捐、仓谷两款，并计不下十万。照顾稍或不周,即敝坏生于不觉,迨至因循误事,指摘交加,而后求替无人,尚复有何面目?故唯有恳鉴愚忱,撤销前命,或改归官办,或另举贤绅。拟请邀集城乡各绅,示以此呈,嘱令会议,谅各绅关心桑梓,必有良谋。所有前发各典、凭折,并萧邑解到亩捐钱文,合行送缴,以俟接替之员。为此,呈请大公祖大人察存,希即照请裁核施行,实为公便。再,六十二典本年分应缴息钱,绅并不经收,听候新董管理。又,山邑同福典业已闭歇,其所领本钱一千串,已于本年七月初一日为始归山邑济德典照数接存,并无空息。其凭折业经转换发还,合并声明。须至呈者,计缴各典凭折六十二扣,又萧山县第十四次解到亩捐钱十千一百十三文足串。右呈署理绍兴府知府傅。(见《绍郡义仓征信录》)

《民国绍兴县志资料第一辑·塘闸汇记》

绍兴县议事会民国元年议决案小塘曹蒿等捐仍照旧章收取规定捐率咨县执行文

绍兴县议会为咨复事五月二二、二四号准。

　　知事照会。小塘捐、曹蒿捐,向于完纳地丁时同时征收。又会稽小塘捐自荒字号起至汤字号止,计三十四号,共田十五万三千五百二十九亩七分二厘,每亩征钱四文。曹蒿田果、珍、荣、殷、汤五号,共田一万四千九百三十七亩七分七厘,每亩征钱五文。山阴塘捐编、征、效、信等号江田,载在庄册,纂入版串或以亩主或以两计,均不知所中起,惟按江田原额九万二千九百九十三亩计之,每亩得四文三毫七丝八忽有奇。原为两县塘堤岁修,并支给三江闸边洞及尖山浮桥岁修,曹蒿捐给曹娥塘夫工食等项用款。按年解府支给自应提交议决,复县严办等由。准此,当将来文两件印刷配布公同会议应付审查。兹经审查股逐一查明报告,互相讨论。查小塘捐、曹蒿捐前时府县征解支给,含糊弊混,莫可究问。现既档案不完,则其中不实不尽之处,已可概见。惟塘堤,保障农田,攸关水利,是项捐款名目既为塘工岁修而设,人民理应负担。认为本年应捐之款第,前时收支不明,任意中饱,际此征收开始,应请知事切实调查。(一)东塘岁修动用是项捐款,向归何人经手?每年有无额定?一年岁修几处?用款若干是否确当?(二)曹娥塘夫几人?工工食岁支若干始自何时?是项塘夫于事实上有何关系?(三)三江闸边洞、尖山浮桥是否年年应修?有无额定数目?向归何人领修?(四)余字号江田因何不在派捐之列?(五)效信等二十号江田何以来文与册不符?(六)小塘捐为人民负担,今后收支应如何取缔以免从前弊混?前列各条均请查明妥定答复至田亩科,则既有不同收捐亦当区别所有。山阴册列之效、才、良、知、过、必、旼、的、得、能、莫、忘、冈、谈、彼、乱、短、靡、恃、已、长、信等二十号江田,每亩向征四厘三毫七丝八忽有奇,今改收捐五厘,辰、宿二号下田照旧,每亩收捐二厘。会稽田荒、汤二号照旧,每亩收捐四厘,曹蒿田、果、珍、汤、荣五号照旧,每亩收捐五厘。以上均经表决,多数赞成,相应咨复知事,查照施行。此咨。

绍兴县知事俞。

[民国]绍兴县参议会《绍兴县参议会第一届第二次大会会刊》,2016年版《民国时期浙江省地方议会史料汇编》(国家图书馆出版社)

内务部拟订绍萧江塘施工计划并由中央地方分担工程经费办法提交国务会议文

(中华民国七年)

查浙省绍、萧两县江塘危急,请拨款兴修一案,前经本部将该省送到估工图表,详加复核,当以此项工程关系重要,惟原估一百三十余万元之巨,一时由中央筹集,万难办到。拟由部派员查勘,酌量缓急,商明该省另拟分年施治办法。经提出国务会议议决照准,由部遴派佥事李升培、技士万树芳等前往详加察勘,并将原估工款,切实核减。一面会商承办工程人员,另拟分年施治计划。至将来工程兴办时,所有受益田亩亦应援照濮阳成案,加征附捐,以资挹注。仍拟具详细办法一并报部核办,复由部电知浙省长查照,派员接洽。等因各在案。嗣迭据该佥事等先后电称,周历绍、萧三塘,应以西江塘为最重要,尤以该塘闻家堰为最吃紧。北海、东江二塘次之。盖西塘塘身不固,坍坏时形。绍、萧地处釜底,除人民财产生命不可胜计外,即国家损失收入,如地丁、酒捐、杂税等项已在二百万元以上。现该塘"皇"字号又陷土穴,人字盘头已露裂绽,转瞬秋潮大汛,危险实在堪虑。绍、萧人民鉴于同治四年塘决巨灾,水灭屋顶,每遇风雨,一夕数惊,接晤各方父老士绅,亦复同声呼吁。余如北海、东江塘身,多形损坏。三江闸为绍、萧储泄湖水、障御海潮最要工程。现查各洞均有渗漏,失修已八九十年。此次浙省所拟施工计划,经逐段察勘,尚属切实;分别缓急,亦属的当。惟西江塘上游水势冲决处所,经迭次考察水势,参酌舆论,拟参加计划,添筑木笼水坝,俾改水向,以避险冲。惟如此巨工,自非同时所能商办,拟分施治时期为五年。第一年为西江塘闻家堰。第二年为西江塘全部。第三年为北海塘。第四年为东江塘。第五年为三江闸。如遇特别情形,则可变通办理。至原估工款,迭经会同承办人员切实核减,计将原估次险各工,核减十万零八千余元。综计五年用款共需一百二十二万三千余元各等情。嗣后迭准浙江齐省长电,称李、万两部员请于西江上游再添木笼水坝,以改水向。洵于塘身大有裨益,自应照办。所议分年办法,先其所急,尤为的当。至原估工款,复由李部员等将原估次险各工核减十万零五千余元。综计五年用款共需一百二十二万三千余元。第一年自本年八月起至明年年底止,为西江塘最险之工,需四十一万六千余元。第二年为东、北塘最险之工,需二十八万七千余元。第三年为西江塘次险之工,需十七万六千余元。第四年为东、北塘次险之工,需二十万二千余元。第五年为三江闸工,需十四万元。除将变更工程分年计划暨核减工价并施工草图另行咨送外,瞬届秋汛,工程万急,应恳迅即提决阁议,电示筹办。至此项经费,本省分文无着,即议就绍、萧两县加征附税,为数亦属有限,务求中央筹拨七成,余由地方筹措。并恳指拨有着的款,以便克日开工,无任盼祷。再,原估经费,各购置及设局等项费用等均未在内,合并声明。各等因,前来。正核办间,又据浙省财政厅长张厚璟来部声称,已在财政部条陈拟办有奖捐券,即以所得款项为修治塘工之用,当以原条陈所拟计划,闻已由财政部核准。该省原拟由中央筹拟七成一节,似可毋庸置议。经部电复该省,去后。兹复准该省长冬电,内开张厅长条陈原稿，核与事实不符。请俯念工程万急，先拨的款十万元，俾便克日兴工，一面仍照原议，决定分年补助数目，以慰众望。等因。本部查绍、萧两塘工程经费，前准浙省咨报，合计三塘及应宿闸修治经费暨添购器具等项，共需银一百三十四万九千五百二十六元。此次经本部派员切实核减，综计工程用款共需一百二十二万三千余元。比较原估数目，实已减少十余万元。且原估工之外，尚添出木笼拦水坝一项，不另请款。工繁费省，裨补实多。至所需工款，原拟同时并举。今则视工程之缓急，分为五年，加以该省前拟筹款办法，有全由中央拨付，或由省自行借款之议，今则只须中央补助七成，余由本省筹借。倘再由部酌予议减，亦未始不易办到。惟是伏秋汛届，自本年八月起至明年年底止，第一年内应行筹办之闻家堰最要工程，迭准电称，岌岌可危，情形异常急迫。该省财政厅长条陈开办有奖券办法，辗转需时，亦属缓不济急。本部职掌宣防，明知中央财政竭蹶万分，一时实难兼顾，无如该项工程，所关至大，万一听其溃坍，漫溢成灾，匪惟议工议赈，需费不赀，即该处每年所征之地丁、酒捐、杂税等项，亦将尽付沧胥。而国家岁收，恐亦受其影响。再四筹维，拟请准照本部与该省议定分年施治计划，及工程经费数目，由中央、地方分担一半之数，以重要工。至本年八月起，迄明年年底为第一年工程，共需四十一万六千余元，如以五成分担，本年及明年中央应担二十万零八千余元。原电所请先拨十万元一层，应由财政部从速指拨的款，以便克期兴办，俾奠民生。相应提出国务会议公决施行。

《民国绍兴县志资料第一辑·塘闸汇记》

闸夫闸板经费

款别	项别	十一年度预算数（元）	十二年度预算数（元）	十三年度预算数（元）	说明
闸夫、闸板经费	工食	148	140	140	由塘闸经费支出。应宿闸散夫十名，每名每年支银三元六角，夫头一名，每年支银六元。西湖闸夫一名，每月贴工银二元。栋树下闸夫一名，每月贴工银二元。宜桥闸夫一名，每月贴工银三元。刷沙闸夫一名，每月贴工银二元。春秋两季大汛，开关各闸，尽夜防御，人工不敷，添雇帮工，工食每汛二十元。
	添换闸板	400	400	400	闸板每块工料银二元，大闸每年添换一百五十块，计洋三百元。萧山应派十之三四，洋一百元二角。小闸四处，添换一百块，计洋二百元。

《民国绍兴县志资料第二辑·财政》

水利研究会经费

款别	项别	十一年度预算数(元)	十二年度预算数(元)	十三年度预算数(元)	说明
水利研究会经费	川资杂用	300	300	300	由塘闸经费支出

《民国绍兴县志资料第二辑·财政》

汤公祠经费

款别	项别	目别	十一年度预算数(元)	十二年度预算数(元)	十三年度预算数(元)	说明
汤公祠经费	固有田租	绍兴租谷	451	424	438	
		绍兴租禾	406	431	431	
		绍兴板租米			68	
		绍兴租钱			94	
		萧山租钱			12	
		上虞租米	86	68		
		上虞租谷	106	106		
	固有地租		66	65	65	

续　表

款别	项别	目别	十一年度 预算数(元)	十二年度 预算数(元)	十三年度 预算数(元)	说明
汤公祠经费	固有房租		121	121	197	
	固有款息		578	679	846	
	杂收入	仓费	13	12		
		小租船钱	10	10		

《民国绍兴县志资料第二辑·财政》

绍萧塘闸工程局呈省长为委员
疏掘三江闸港取具支付册据请核销文

（民国十五年十二月）

　　呈为委员疏浚三江闸港,取具支付册据,专案请予核销事。窃本年九月十一、十二等日,狂风骤雨,内河水势陡涨,已平堤岸。东区三江应宿闸为泄水尾闾,原有港流被海沙淤塞,积水无从宣泄。迭准绍兴县知事、塘闸局理事,纷请派员疏掘前来。维时职局尚在筹备期间,东区管理处亦未成立。深虑大汛将至,负责无人,即经遴委任元炳为东区塘闸管理处主任,并加派职局会计助理张履颐,会同驰往察看情形,雇夫疏掘。一面代电呈报在案。兹据该主任等呈称,遵于九月十六日驰往三江,当查闸外一片平沙。春季所开原港,已无痕迹可寻。又值望汛将届,时迫工急,不得已自闸口量至宜桥闸,共计七百九十丈有奇。当晚招集夫役,翌晨开掘,面阔二丈,深五尺。十九日掘到宜桥闸,引水接出该闸港,迂回屈曲至南汇嘴方入大江。讵二十日望汛潮猛,堆土卷入,新港屡被阻塞。元炳等督率夫役,日事疏掘。至十月五日,始得渐渐流畅。现已工竣。所有工用款项，前奉钧局发交洋一千五百元，除支用洋一千三百八十七元四角二厘，收支相抵，计余剩洋一百十二元五角九分八厘。理合造册具文，呈请核销，等情。据此。查三江闸港自前清同、光以来，屡掘屡塞，此次该主任等奉委，漏夜督率夫役，仅三日内，开掘八十余仓之多，不为不力。无如工事甫葳，秋潮已至，不特内水无从宣泄，抑且已掘之土复被卷入，新港有通而复塞之患。幸该主任等添招夫役于潮退后督同疏掘，卒使内河积水畅流无阻，其办事手段敏捷，洵属难能。复核册报各项费用，计洋一千三百八十七元四角二厘，极为核实。内有津贴、食品、赏犒三项，约合洋八十元，系为奖励夜工起见，亦属必须之款。自可并予核销，以资结束。理合检同册据专案，呈请省长鉴核准销，实为公便。再，前项掘港经费系在借款项下照数拨给，合并声明。谨呈。

《民国绍兴县志资料第一辑·塘闸汇记》

塘闸经费沿革

　　案：绍、萧塘闸经费，旧山、会两县向有小塘捐、曹蒿捐，计山阴"效、才、良、知、过、必、改、得、能、莫、忘、罔、谈、彼、短、靡、恃、己、长、信"二十号，合计田九万二千二百三亩，每亩海塘捐四厘三毫七丝八忽（民国元年，县议会议定每亩五厘）。又"辰、宿"二号，下田，共一万六千三百二十七亩，每亩小塘捐二文。两共每年额征钱四百九十三千六百六十九文。会稽"荒"字至"汤"字三十四号，合计田十五万三千五百二十九亩七分二厘，每亩小塘捐四文，计钱六百十四千一百十九文。又"果、珍、汤、菜、殷"五号，合计田一万四千九百三十七亩七分七厘，每亩曹蒿捐钱五文，计钱七十四千六百八十九文。统计三项捐钱额数仅千串有奇，创自何年，殊难详考。检查清代档案，知此类塘捐，专为东江、北海两塘岁修之用。

　　嘉、道以后，每遇出险，例由山、会、萧三县临时就受益田亩摊派，民捐民办。同治四年，东、西两塘同时决口，倒坍八九百丈，浙抚马端慜（名新贻）公拨借厘金十二万串兴工修筑,奏明由三县于得沾水利田内按亩摊捐,分年归款。至光绪五年,亩捐截止计山、会两县除归还厘金及添办工程外,尚有盈余。萧邑则因中间停办两年,遂无余款。厥后,西塘屡出险工,萧邑应派工费无出,陆续借支山、会亩捐一万八千余串。光绪八年,萧山杨家浜决口,堵筑无费,藩司德某又将山、会两县库存沙租等项尽数提归工用。于是山、会工款为之一空。此清季塘工临时亩捐之大略也(摘录《县塘工旧案》内,光绪十年沈维善等请筹岁修专款说帖)。

民国元年,县议会议决:每地丁银一两附收塘闸费七分。是项附捐系光绪三十三年征起,经县议会议决续收。

民国七年,张财政厅长呈准:举办绍、萧塘工有奖义券,每月一期,每期售出券款,除给中签奖金外,指定作为绍、萧塘工专款。自□年□月起至□年□月止,统计拨给工款银□元。

民国十三年,奖券停办。至十五年,经省议会议决,改办塘工有奖债券。以是年夏,北海塘萧属楼下陈、湾头徐、车盘头、郭家埠等处决口,先以债券向中国银行抵借,绍、萧两县各借银五万元,以应急需。嗣后债券办至十六年夏停止,统计拨到工费银□元。

《民国绍兴县志资料第二辑·地理》

绍萧塘闸工程局收支总报告

收入项下:

收筹备费洋三千元。

收筹备费息洋八元三角一分。

收借款洋十万元。

收借款息洋四千九百五十五元七角四分。

收前局移交洋二十四元五角九分。

收三江闸田租洋三百十五元。

收现水洋九元八角一分。

绍兴办料，有时订定划洋进出，计陆续升现水洋十四元四分，由绍中行登账。本年四月二十九日，托绍中行划交同茂木行划洋五百二十八元九角。适逢现洋去水，由绍中行支出去水洋四元二角三分。已列入四月份收支四柱清册支出项下，此款应在升水项下扣除。计如上数。

收杉脑、杉梢变价洋一百六十七元八角六分。

收东区杉脑、杉梢变价洋十五元九角六分。

收差数洋一角四分，

本局收付款项，以分为断，计差如上数。

以上统共收洋十万七千四百九十七元四角一分。

支出项下：

支本局筹备费洋一千三百六十二元四角五分。

本局筹备费前报一千四百八十三元四角五分，有电灯押柜洋二十一元，房屋押租洋一百元在内，已于一月份收回押柜洋二十一元。六月份收回押租洋一百元。计实支如上数。

支本局十五年九月十六成立之日起至十六年八月六日裁撤前一日止，计十个月二十日局用经费洋一万四千六百九十一元二角二分。按本局预算规定，每月一千九百九十八元，共应领洋二万一千三百元，比较节减洋六千六百八元七角八分。

支本局十个月二十日工程杂费洋五千六百九十八元三角六分。

支东区开办费洋四十五元二角九分。

支东区经费洋三千六百八十九元四角。

支东区闸务经费洋一千三百八元九分。

支西区经费洋四千二百九十三元八角。

支三江掘闸费洋一千三百八十七元四角。

支三江装置电话费洋二百三十元。

支三江应宿闸换闸板、闸环，临时费洋六百七十九元三角。

此款预算数六百八十元六角。前已发交东区具领。旋据交还洋一元三角，复经转入七月份收支清册收入项下，计实支如上数。

支补助西塘半爿山下曹家里乱石盘头洋二千元。

支建筑车盘头石塘洋一万七百七十二元二角一分。

支建筑郭家埠石塘洋四千一百四十四元三角六分。

支建筑湾头徐半石塘洋二千五百三十八元七角二分。

支楼下陈新塘起土洋二百二十元五角五分。

支培修宪、荏山土塘洋五千二百二十三元二角二分。

支东区抢修北塘三江"仕"至"存"字土塘洋二千二十四元四角六分。内有余存桩木,折合洋十元八角四分。

支东区翻修北塘三江"宜"字号土塘洋七元五角。

支西区(翻修西塘镶底池土塘整理"男效"字号块石塘)洋六十六元三角九分。

支存条石坦水石洋八百八十七元二分(抬力在内)。

支存桩木洋八百七十四元二角二分。

支存洋松板桩洋六百八十元八角四分(运费在内)。

支存洋灰洋一千五百十二元(抬力在内)。

支存石灰洋七元六角。

支存块石洋三百八十二元七角八分。

支黄沙洋四十七元四角七分。

上列材料七项,共合洋四千三百九十一元九角三分,系本局实存之料,其发交土石各塘,应用各料,并入工程项下造册支销,不再开列,以免重复。

以上统共支洋六万四千七百七十四元六角五分。

收支两抵,计实存洋四万二千七百二十二元七角六分。

《民国绍兴县志资料第一辑·塘闸汇记》

又呈送东区闸务经费预算文

呈为编送东区闸务经费预算表，仰祈鉴核令遵事。窃查职局所属东、西区管理处经费，前经编订预算表呈请钧署核示，并声明东区所属之三江应宿闸闸务员、各闸闸夫以及逐年添换闸板、铁环各种经临费用，应俟该主任查明向章，并将应宿闸夫原有田租清理就绪，再行编送在案。兹据东区管理处主任任元炳呈称，职区所属之三江应宿大闸，以及沿江各闸，为绍、萧两邑水利蓄泄之枢纽，全在切实管理，庶得随时应付。从前虽设有闸务员，薪给太薄，半属义务性质。各闸闸夫仅酌给贴工。惟应宿闸闸夫，并令承种闸田，不缴租花。若循此办法，不但界限不清，抑且难期得力，自应参酌现状，从新编制。兹拟定应宿闸管理员一人，兼管附近之宜桥、刷沙两闸。应宿闸闸夫总头一人，散夫十人，宜桥、刷沙、西湖、楝树四闸，各设闸夫一人。所有俸给、工食、川旅、杂费，均规定月支数目，列为经常费。至于添换闸板、大汛帮工，另内有闸夫承种不缴租花，现定每年按亩应缴租洋六元，俟秋收后，责成管理员于各该闸夫工食项下扣除。届时专呈报明。以上经、临两费，除租花扣抵工食外，统共年支银一千九百五十六元六角。似此酌量改编，虽经费稍巨，而各有专责，借可切实办理。所有拟定闸务经、临各费，是否有当，理合造具预算表呈请鉴核，等情。据此。查该主任此次拟定管理闸务员役名额，及原有闸田仍分令承种，缴租办法尚称得体。规定经、临各费，除以租洋抵扣外，统共年支一千九百五十六元六角，为数亦尚核实，自可并予照准，借资办公。据呈前情，除分呈并指令外，理合检同闸务预算表具文呈请总司令、省长鉴核俯准，并入前呈。处用经常费归国家预算支出，用垂久远，实为德便。谨呈。

《民国绍兴县志资料第一辑·塘闸汇记》

绍萧塘闸工程局东西区
塘闸管理处经费预算表

经常预算门共银一万五百八十四元。

	科 目	每月预算数（元）	每年预算数（元）	备 考
第一款	东区管理处经费	456	5472	
第一项	俸给	246	2952	
第一目	主任俸给	50	600	主任一人，月支如上数。
第二目	工务员俸给	24	288	工务员一人，月支如上数。
第三目	巡塘员俸给	48	576	巡塘员二人，月各支二十四元，合支如上数。
第四目	文牍兼缮校俸给	20	240	文牍兼缮校一人，月支如上数。
第五目	会计兼庶务俸给	20	240	会计兼庶务一人，月支如上数。
第六目	各段管理员俸给	84	1008	管理员七人，月各支十二元，合支如上数。
第二项	工食	160	1920	
第一目	塘夫工食	144	1728	塘夫二十四名，月各支六元，合支如上数。
第二目	公役工食	16	192	公役二名，月各支八元，合支如上数。
第三项	川旅	20	240	
第一目	旅费	20	240	主任及工务巡塘各员因公巡视所需旅费合支如上数。
第四项	公费	30	360	
第一目	办公费	30	360	纸张笔墨、灯油茶炭、邮电报纸等费合支如上数。
第二款	西区管理处经费	426	5112	
第一项	俸给	234	2808	
第一目	主任俸给	50	600	主任一人，月支如上数。

续表

	科 目	每月预算数（元）	每年预算数（元）	备 考
第二目	工务员俸给	24	288	工务员一人,月支如上数。
第三目	巡塘员俸给	48	576	巡塘员二人,月各支二十四元,支如上数。
第四目	文牍兼缮校俸给	20	240	文牍兼缮校一人,月支如上数。
第五目	会计兼庶务俸给	20	240	会计兼庶务一人,月支如上数。
第六目	各段管理员俸给	72	864	管理员六人,月各支十二元,合支如上数。
第二项	工食	142	1704	
第一目	塘夫工食	126	1512	塘夫二十一名,月六元,合支如上数。
第二目	公役工食	16	192	公役二名,月各支八元,合支如上数。
第三项	川旅	20	240	
第一目	旅费	20	240	主任及工务巡塘各员因公巡视所旅费合支如上数。
第四项	公费	30	360	
第一目	办公费	30	360	纸张笔墨、灯油茶炭、邮电报纸等费合支如上数。
	合计	882	10584	

说明：东区附属之闸务经临各费应俟该主任覆到再行造册送核。

《民国绍兴县志资料第一辑·塘闸汇记》

绍萧东区塘闸管理处闸务经费预算表

支出经常门一千六百五十六元。

支出临时门八百四十元六角。

支出两共二千四百九十六元六角。

	科 目	每月预算数（元）	每年预算数（元）	备 考
第三款	东区闸务经费		2496.6	每年闸务经费除以闸田租五百四十元抵充外,实需一千九百五十六元六角登明。
第一项	闸务经常费	138	1656	
第一目	应宿闸管理员俸给	24	288	管理员一人,月支二十四元,计如上数。
第二目	公役工食	8	96	公役一人,月支如上数。
第三目	闸夫工食	88	1056	查应宿闸原设闸夫计总头一人、散夫十人。因有闸田九十亩零,给总头种十亩,散夫各种八亩,均不缴租,仍由公家另加贴费共年支四十二元。兹已改组力求整顿,拟定总头一人,月支八元,散夫十人,月各支六元,共月支六十八元。仍将此项闸田分令承种,每年须缴租洋每亩六元,计共五百四十元,即于应支工食项下扣抵。故年计实支工食二百七十六元。又栋树闸、西湖闸、宜桥闸闸夫各一人,月各支六元。刷沙闸闸夫一人,月支二元。照预算额定数共年支如上算。

续　表

	科　目	每月预算数（元）	每年预算数（元）	备　考
第四目	管理员川旅费	6	72	管理员兼管宜桥、刷沙二闸，东西相距各三里，而沿江一带闸江道路迂曲，均须随时巡视，往返辄二十余里，故拟月支旅费六元如上数。
第五目	闸务公所杂支	6	72	油烛、茶炭、纸张、笔墨、邮报各项月支六元如上数。
第六目	电话	6	72	三江距城三十里，公务接洽，往返需时，不得不装置电话，藉灵消息，并节川旅费。月支六元如上数。
第二项	闸务临时费		840.6	
第一目	添换闸板		680.6	各闸共三十八眼，其闸板须两面装置。兹参酌前办情形，每年添换盖板二十块，每块估洋二元五角，闸板三百块，每块估洋二元，铁环三百副，每副估洋一角二厘。合年支如上数。
第二目	各闸大汛帮工		60	每逢大汛时节，各闸闸夫不敷应用，须随时添雇帮工。兹照旧案估计，开列年支如上数。
第三目	筑闸费		100	如遇天旱，各闸须随时封筑，以免潮水内灌。兹参照旧案，约计年支如上数。

《民国绍兴县志资料第一辑·塘闸汇记》

东区管理处呈复遵令彻查应宿闸闸田户名字号亩分并陈管见请核示文

（十六年五月）

呈为应宿闸闸田户名、字号、亩分，查无要领，具陈管见，请予察核令遵事。案奉钧长第二十号训令，内开：案查三江应宿大闸原有闸田，向由闸夫承种。前经该处拟议，饬令每年每亩缴租六元作为扣抵工食之需，但仅令承种，无人承粮，办法尚欠周密。究竟该项闸田，共有若干亩分？何人承粮？上年有否完纳清楚？亟应从事彻查。令仰遵照，克日查明，呈覆核夺。等因奉此。当查：是项闸田，系旧山阴四十四都二图汤公祠闸夫户，每年应完粮银十一两八钱六分六厘。又查《闸务全书》，内载闸内沙田一百二亩三分三厘九毫，坐落山阴四十四都二图才字号，除给汤祠主持十亩，并给塘河新填成田八亩，余九十二亩零，俱给闸夫佃种各等语。核计除给闸夫之九十二亩零，与现存之数约九十亩零，尚属相差无几。其余十亩，并所谓塘河新填成田八亩，现在亦仍由汤祠主持种收。惟是项闸田总数一百二亩三分三厘九毫，并塘河新填成田之八亩，其中细字号亩分若何，分晰钱粮户名，除汤公祠闸夫户外，有无别种户名，年征粮银总分各数究为若干，自民国以来历年有否完清，系由何人承完，自非彻底清查，不足以杜隐射而有真相，遂即函致绍兴县推收所，按照上述各节，逐一详查。去后。兹准该所主任王起志以准查是项闸田，向系另串征收，并不报县入册，在地丁款内并征。敝所无从稽查，等由函覆前来。窃查旧山阴四十四都二图汤公祠闸夫年征粮银十一两八钱六分六厘，曾觅得前清山阴县知县所发是项串票。民国仍前清之旧，并无更改。今该所竟称并不报县入册，其中不无疑窦。且既称向系另串征收，是必另有串簿可稽。若谓另串征收，并不报县入册，系指由其他征收机关经征而言，则是田非比沙地，舍县署直接征收外，他种机关当然不能越俎。且该所何以知系另串征收？所谓另串者，究属何说？殊无从索解。惟有请予咨县，将是项旧山阴四十四都二图才字号沙田一百二亩三分三厘九毫，每年应完粮银十一两八钱六分六厘,仍立汤公祠闸夫户入册承粮。其余尚有所谓塘河新填成田之八亩,亦应由县核明应征粮额,另立汤公祠主持户承粮经管。是否有当,理合具文呈请钧长鉴核令遵,实为公便。谨呈。

《民国绍兴县志资料第一辑·塘闸汇记》

绍兴县公函查复应宿闸田一案情形文

（十六年五月）

迳启者:本年五月十日准贵局第二四号公函内开,以旧山邑四十四都二图汤公祠闸夫户才字号沙田一百二亩三分三厘九毫,每年应纳银十一两八钱六分六厘,并塘河新填成之八亩,其中细号亩分若何?分晰钱粮户名除汤公祠闸夫户外,有无别种户名?年征粮银总分若干?民国以来有无完清?自非彻底清查,不足以杜影射而明真相。即经函准推收所王主任查复,向系另串征收并不报县入册,函请查核办理等由,过县。准此:查才字号沙田一百二亩三分三厘九毫前清年间并不编入地丁册内,向系额外另行串征收,是以县署庄册,并无该田户名,亦无细号亩分可稽。该所王主任所复情形,尚属核实。惟该田有关塘闸局公产,若不立户,补号入册输粮,殊于公产课赋两有妨碍。兹敝县长核定,既经该闸夫历年管种,列入预算有案,应将才字号沙田一百二亩三分三厘九毫编入旧山阴四十四都二图册内,改为新字第一号。汤公祠闸夫户归入民国七年为始承粮。又塘河新填成之八亩,作为新字第二号,编入同都同图汤公祠住持户,归七年份起输粮,以重粮产。除令推收所编号列户,填给户折,并令粮赋处补造各该年银米串,分别征收外,相应函达贵局查照。希将应完七年份起至十五年份银米,照数缴纳。一面派员,赴所领取户折。以资执守,至纫公谊。此致。

《民国绍兴县志资料第一辑·塘闸汇记》

绍萧塘闸工程局函绍兴县请查覆应宿闸闸田户名粮额等项文

迳启者：查三江应宿大闸，原有闸田向由闸夫承种。前经东区管理处拟定，每亩缴租六元，扣抵工食，列入预算。但此项闸田，究系何户承粮？历年曾否完纳？经令行彻查去后。兹据该区主任任元炳覆称，查是项闸田，系旧山阴四十四都二图汤公祠闸夫户，每年应完粮银十一两八钱六分六厘。又，查《闸务全书》，内载闸内沙田一百二亩三分三厘九毫，坐落山阴四十四都二图才字号，除给汤祠主持十亩，并给塘河新填成田八亩，余九十二亩零，俱给闸夫佃种。各等语。核计除给闸夫之九十二亩零，与现存之数约九十亩零，尚属相差无几。其余十亩，并所谓塘河新填成田八亩，现在亦仍由汤祠主持种收。惟是项闸田总数一百二亩三分三厘九毫，并塘河新填成田之八亩，其中细字号亩分若何，分晰钱粮户名，除汤公祠闸夫户外，有无别种户名？年征粮银总分各数，究为若干？自民国以来，历年有否完清？系由何人承完？自非彻底清查，不足以杜隐射而明真相。遂即函致绍兴县推收所，按照上述各节，逐一详查。去后。兹准该所主任王起志以准查是项闸田，向系另串征收，并不报县入册，在地丁款内并征。敝所无从稽查。等由函复前来。窃查旧山阴四十四都二图汤公祠闸夫户，年征粮银十一两八钱六分六厘，曾觅得前清山阴县知县所发是项串票。民国仍前清之旧，并无更改。今该所竟称并不报县入册，其中不无疑窦。且既称向系另串征收，是必另有串簿可稽。若谓另串征收，并不报县入册，系指由其他征收机关经征而言，则是田非比沙地，舍县署直接征收外，他种机关当然不能越俎。且该所何以知系另串征收？所谓另串者，究属何说？殊无从索解。惟有请予咨县，将是项旧山阴四十四都二图才字号沙田一百二亩三分三厘九毫每年应完粮银十一两八钱六分六厘，仍立汤公祠闸夫户入册承粮。其余尚有所谓塘河新填成田之八亩，亦应由县核明应征粮额，另立汤祠主持户承粮经管。等情前来。查该闸田亩，既有前清所发汤祠闸夫串票，载明年缴银十一两八钱六分六厘。贵署必有册籍可稽,除指令将串票迳行面交贵县长察阅外,事关清理闸田,相应函请贵县长查核办理。并望见覆,至纫公谊。此致。

《民国绍兴县志资料第一辑·塘闸汇记》

民国十六年度至廿五年度
绍兴塘闸各项工程费统计表

工程类别	工程数量	金额(元)	备　考
新建斜坡块石塘	514公尺	8240.72	
修理石塘(机器灌浆)	1533公尺	28170.83	
修理坦水	2344公尺	41811.18	
修理土塘	21219公尺	21699.36	
建筑潜水坝	2座	4706.38	
建筑挑水坝	4座	10831.91	
修理三江闸	1座	48349.94	民国廿一年修闸费计31376.5元,连廿年修闸被捣毁之损失费计如上数。
建筑埠头	5座	1934.01	
修理涵洞	1个	355.40	
挖掘闸港	6次	18940.84	
修楝树闸	1座	211.70	
钻探闸基	73公尺	547.02	在新埠头拟建新闸一座,在闸基钻二穴,共深73公尺。
封筑旱闸	11座	2467.15	
抢修		3056.48	
总计		191322.92	

《民国绍兴县志资料第二辑·地理》

民国十六年度至廿五年度
绍兴塘闸工程岁修统计表

年度	区别	地点及字号	工程类别	工程数量	金额(元)	日期 开工年月日	日期 完工年月日
一六	二	三江"鸣"至"在"字号	新建斜坡块石	192 公尺	3681.73		
一六	二	三江"摄"至"政"字号	新建斜坡块石	257.92 公尺	2195.16		
一六	二	三江"存"字号	新建斜坡块石	64 公尺	2363.83		
一六	二	姚家埭"庆"字号	修理土塘	8.32 公尺	337.42		
一六	二三	二区"鸣、凤"字号,三区"衣"至"伏"、"羔"至"归","效"至"政"、"能"至"五"、"退"至"一"字号	修理土塘	1088 公尺	177.27		
合计					8755.41		
一七	二	三江"学"至"仕"字号	修理土塘	212.8 公尺	283.12	一八.二.一五	一八.二.一五
一七	二	夹灶"女"字号	修理土塘	46.71 公尺	148.45	一八.三.四	一八.三.一七
一七	三	镇塘殿"火"至"人"字号	修理坦水	258.12 公尺	9628.12	一八.二.一五	一八.五.
合计					10059.69		
一八	三	大吉庵"衣"字号	修理坦水	68.60 公尺			

续　表

年度	区别	地点及字号	工程类别	工程数量	金额(元)	日期 开工年月日	完工年月日
		合计			2620.07		
一九	二	三江闸	修闸	1座	16496.55	一九.一二.二七	二〇.二.二二
一九	二	三江闸	修闸	1座	476.89	二〇.三.二五	二〇.五.四
一九	二	刷沙闸	挖掘闸港		49.50		
		合计			17022.94		
二〇	一	临浦"官"字十七号	修理涵洞	1个	355.40	二一.三.二三	二一.四.一
二〇	一	临浦第二号、第四号	建筑潜水坝	2座	4706.38	二一.三.二一	二一.二.二一
二〇	一	临浦"官"字三至十号	修理七塘	45.76公尺	6695.55	二一.四.八	二一.六.一
二〇	三	贺盘	建筑挑水坝	2座	6735.91	二一.一.一九	二一.五.一九
二〇	三	贺盘"如"至"终"字号	修理土塘	1623.5公尺	4189.94	二一.三.一一	二一.五.一九
二〇	三	新埠头"周"至"汤"字号	修理坦水	285公尺	2778.81	二〇.一〇.一八	二〇.一二.一九
		合计			25461.99		
二一	一	临浦"官"字七号至十号	修理坩水	512公尺	12233.03	二二.三.二一	二二.六.一五
二一	二	三江闸	修闸		31376.50	二一.八.二五	二一.一二.一一
二一	二	三江闸西首石塘	石塘机器灌浆	50.2公尺	668.38	二二.一.一	二二.一.二三
二一	三	车家浦	建筑挑水坝	2座	4096.00	二一.八.二五	二一.一二.一一
二一	三	大吉庵"人"至"服"字号	修理坦水	465公尺	6073.10	二二.三.一五	二二.六.二〇
		合计			54447.01		
二二	三	镇塘殿"师"至"人"字号	修理坦水	276公尺	1962.28	二二.一.一八	二二.一二.二三

续 表

年度	区别	地点及字号	工程类别	工程数量	金额(元)	日期	
						开工年月日	完工年月日
二二	三	镇塘殿"师"至"火"字号	修理坦水，石塘机器灌浆	118.2公尺 66.2公尺	4472.18	二三.四.一四	二三.五.一〇
二二	三	新埠头"周"至"汤"字号	石塘机器灌浆	232.5公尺	2593.33	二三.六.二一	二三.七.二一
二二	三	大吉庵"人"至"服"字号	石塘机器灌浆	387.3公尺	4676.27	二三.五.一一	二三.六.二一
合计					13704.06		
二三	二	三江闸	挖掘闸港		15109.31	二四.三.八	二四.三.一七
二三	三	镇塘殿"师"至"火"字号	石塘机器灌浆		1096.32	二四.四.一一〇	二四.五.一〇
二三	三	大吉庵"人"至"服"字号	石塘机器灌浆		3486.96	二四.四.一一	二四.六.八
合计					19692.59		
二四	三	车家浦杨家塘	修理土塘	7775公尺	926.17	二四.一二.一	二五.四.一〇
合计					926.17		
二五	三	曹娥"转"至"星"字号	修理坦水	112公尺	3493.41	二五.一二.二三	二六.三.一七
二五	三	蛏浦"木"至"大"字号	石塘机器灌浆	704公尺	11187.39	二六.六.一二	二六.九.二一
二五	三	曹娥"席，陛、达"字号	建筑埠头	3座	1934.01	二六.六.一九	二六.七.三一
合计					16614.81		
总计					169304.74		

绍兴县参议会第一届第三次大会决议案

提议：本县水利工程多待举办，尤以汤浦、曹娥两江为急要，拟请征收水利费以利进行案。秘字第八号检字第412号

理由：查本县东北两面濒曹娥江，自曹娥乡上虞界起西至宋家溇，长约百里，沿岸尽属浮沙。每逢山洪潮浪之冲激，塘岸辄易崩溃为患，久矣。明嘉靖十二年，会稽知县王教议以沿江潮患，居民时受损害，乃计算丁田备款待用，一有崩溃，随缺随补，相承不废，民利赖之。民国以来，本县田赋亦按亩附征塘闸捐款，作为修理塘闸经费，垂为定例。直至民国三十年绍城沦陷时，始告中断。乃六七年来，以曹娥江河流变迁，水患愈演愈烈。在本县东南则有娥江中游之支流，德政乡彭公闸巷屡次泛滥为灾，在娥江下游则道墟、啸唫之沙岸，于去岁夏秋两季坍去千余亩之多，而较之西，则有沿浦阳之临江乡亦因塘岸年久失修，迭遭水害。最近，省府鉴于事态之繁重，饬行三区专员公署分别组织曹娥、浦阳两江水利参事会，筹议根本管理之策，并经择要测量，拟定防洪工程与治标治本计划，以便分期举办。然费大工巨，款无所出，徒托空言，实行非易。查道墟、啸唫第一期防洪护岸工程经费预算计达七亿余元，连同临江乡修筑塘岸工程预算估计约共十余亿元。闻中央发补曹娥江治理经费共念三万万元，行总浙江分署允发面粉一千五百七十吨，均须分配曹娥沿江各县。实际本县所得之补助粉款，尚不足娥江每一期防洪工程全部经费十分之四，相差仍约在六亿元以外。以如此区款，若仅赖征收局部之沙地受益费来相抵补，实属杯水车薪，无济于事。现在春汛已届，光乙等就绍言绍认为两江之整理与道墟、啸金护岸工程之举办已属刻本容缓，水利经费必须扩大筹征，以应实际之需要。目前，关于塘闸之整理，已由钱塘江塘工局负责修理，所有本县以前塘闸附捐似宜仍按前例恢复征收，作为此后整理曹娥、浦阳两江之防洪工程水利经费,以防水灾而策永久。

办法:(一)全县普遍按田赋征收水利费,专设机关保管所有大小水利工程费,悉向是项经费动支以为治本之计;

(二)曹娥、浦阳两江紧急工程费用按受益田亩征收,以作治标之计。(第二次会议)

[民国]绍兴县参议会《绍兴县参议会第一届第三次大会会刊》,2016 年版《民国时期浙江省地方议会史料汇编》(国家图书馆出版社)

人　文

昌安門
　門即北

幹路

東浦大川橋　自霞川橋北少西行至此七里一分強

後瀧橋　自東浦大川橋曲曲北行至此六里五分

陽川橋　自後瀧橋東北行折而西北至此四里六分強

茶亭橋　自陽川橋北少西行至此六里三分強

安昌市　橋金家　自茶亭橋西北行至此六里五分強

鎮龍橋　自金家橋少北行至此三里八分以下為水道

陸山橋　自昌安門外北行至此十一里八分強

斗門市　自陸山橋北行至此八里二分強

三江閘　自斗門市曲曲東行折而北至此七里一分強

湯灣新閘　自三江閘東北行至此一里七分　閘高一丈八尺廣五十丈上……

丁家堰村　自湯灣新閘東北行折而西北至此五里四分強

姚家埠　自丁家堰村西北行至此一里一分

分強閘橋高……丈一伏一尺廣二十……尺廣……為海

塊八

三江应宿闸

在三江城西门外。嘉靖十六年，知府汤绍恩建，凡二十八洞，亘堤百余丈，蓄山、会、萧三县之水。三县岁共额征银若干两，为启闭费。其上有张侯祠，祠后为汤侯生祠。岁久闸稍坏，万历十二年，知府萧良干增石修之，改其近岸傍四洞为常平闸，用泄涨水。又置沙田九十二亩、草荡一区，征其租银于府，备异日修治。

陶谐《建闸记》：绍兴属邑，惟山阴、会稽、萧山土田最下，霖雨浸霪，则陆地成渊，民苦之。昔之明守置玉山、扁拖二闸，以泄其水。水潦盛昌，又权宜设策，决捍海塘岸数道以疏其流，其为水虑悉矣。然二闸之口，石碛如疂，水却行自潴出浸数百里，而田卒污莱，决岸则激湍漂驶，决啮流移，而田亦沦没，其功未全也。乃嘉靖丙申，蜀笃斋汤公绍恩由德安更守兹土，下询民隐，实惟水患，于是相厥地形，直走三江。江之浒山嘴突然，下有石巉然，其西北山之址，亦有石隐然起者。公图其状以归，议诸寮属，皆往相视之，掘地取验，下及数尺余，果有石如甬道，横亘数十丈。公曰："两山对峙，石脉中联，则闸可基矣。"遂毅然排众论，而身任之。白于巡按御史周公汝员暨诸藩臬长贰，金曰：俞如议。公于是祭告海渎诸神，又书土方属赋役，规堰潴授之吏，而访诸同寅孙君同、周君表、朱君侃、陈君让，而周董事实严。复命三邑尹方廷玺牛斗暨丞尉等虑财用，简大数，属功义民百余十人，量事期，切厚薄，陈畚捐，分任效劳。命石工伐石于山，辇重如役，且授以方略，使用巨石，牡牝相衔，煮秫和灰固之，其石激水，则剡其首，使不与水争。其下有槛，其上有梁，中受障水之板，板横侧掩之石，刻水平之准，使启闭维时。堤筑以土，其淖莫测，先投以铁，继用箇络，发北山石投之。两旁甃石弥缝，峭格周施，堤厚且坚，水不得复循故道，其近闸磬折参伍之，使水循涯以行。其财用出于田亩，每亩科四厘许，计三邑得赀六千余两。其丁夫起于编氓，更番事事部序。既定乃即工，工方始月，夕向晦，有神灯数十往来于堤，若为指示区画之状。既役工，堤再溃决，复有豚鱼百余，比次上浮，众疑且惧，奔告于公。适拾遗钱，公焕在坐，曰："是易之，中孚豚鱼，吉利，涉大川之义也。闸其殆成矣乎！"闸经始于丙申秋七月，六易朔而告成。洞凡二十有八，以应天之宿。塘始于丁酉春三月，五易朔而告成，以丈计，长四百丈有奇，广四十丈有奇。仍立庙以祀玄冥。计其费数千余两，其赢羡，又于塘闸之内置数小闸，曰经溇、曰撞塘、曰平水，以节水流，以备旱干。呜呼，伟哉！继是水无复却行之患，民无复决塘筑堤之苦矣。闸之内去海渐远，潮汐为闸所遏，不得止渐，可得良田万余亩。堤之外复有山翼之淤为浮壤，可稽田数百顷。其沮洳可蒲苇，其泻卤可盐，其泽可渔，其疆可桑，其途可通商旅。噫！公之举，匪直水患是除，而利之遗民者溥矣。

张文渊《汤公治水利民碑》：稽阴萧山，地势卑，积霖不用旬，雨只一夕，百万膏腴须臾没溺，举月望洋，徒兴叹息。白屋啼饥，朱门告籴。郡伯汤公睹此隐恻，坐建远谋，立画长策，凿山开云，载土辇石，作闸三江，廿有八隙。旱则畜储，潦则放逸，耕始有秋，饥始得食，行始贴舟，眠始贴席。此劳此功，承自开辟；此德此恩，垂于罔极。季本诗八首：水防用尽几年心，只为生民陷溺深。二十八门倾复起，几多怨谤一身任。又，苗田水涨势汹汹，开闸须筹闭闸佣。三邑验粮先备直，不劳百姓自奋春。又，雇役无钱力尚劳，重科谁念竭脂膏。东巡若肯求民隐，先把佣钱问水曹。又，闸上佣金十百余，自行收贮自开除。年年借力多干役，文案分明总是虚。又，三江水发昔尝排，启闭惟看则水牌。今日闸成翻久闭，污莱已及莫婴怀。又，桥下开关任水流，水流一去势难收。渔人日欲张鱼网，不到干时不使休。又，戒石膏脂旧有名，欲令当面一留情。岁支俸米非常白，忍见农功岁不成。又，只道逢梅春事新，如何梅谢竟无春。共看今日无生意，应恨当时始种人。

知府萧良干《三江闸见行事宜》：一、闸之启闭，以中田为准，定立水则于三江平澜处，以金木水火土为则。如水至金字脚各洞尽开，至木字脚开十六洞，至水字脚开八洞。夏至火字头筑，冬至土字头筑。闸夫照则，启闭不许稽延时刻。仍建水则于府治东佑圣观，并老则水牌上下相同，以防欺蔽。一、闸务俱属三江巡检带管。遇水消长即验则，督令闸夫以期启闭。一、闸两旁二洞向求设不开，盖二十四洞自足泄水，近岸善坏故也，今筑为常平闸，两边各二洞，以水当蓄处为准，水过则任其流，庶有雨而水不涨。一、闸夫，山阴八名，会稽三名，每名工食三两，遇闰加银二钱五分。水泄后闭闸，用土筑塞，每筑一洞，工食银八钱。凡放闸务到底，不许留板；凡筑闸务坚密，不许渗漏，违者扣其工食，仍究治。一、渔户往时率通同闸夫暗起闸板，致泄水利及争执，洞口致有磕损，今定渔户籍名在官，止许于大闸里河扳罾，不许近闸口磕损及暗开作弊，违者渔户闸夫并治罪，仍责令修理。渔户定有名籍，每名输银一钱五分，贮司以备整修盖板之用。

一、附闸沙田一百二亩二分三厘九毫，坐落山阴四十四都二图才字号，除拨十亩与汤祠僧种收食用外，余俱与闸夫佃种，每年纳租二十五两三钱七分五厘三毫，于内纳粮差八两外，净银一十七两三钱七分五厘三毫。又草荡一所，每年纳租五两，共银二十二两三钱七分五厘三毫，征收府库，另贮一匣以备异日修闸之费。积有多余，止代塘闸水利取用，不得别支。

张元忭《修闸记》：前太守富顺汤侯绍恩之闸三江也，盖举三邑之水而节宣之。其为利甚大，语具陶庄敏《记》中。至于今几五十年，无以苦潦告者。胶石以灰秫，久而剥；水日夜震荡，石渐泐；水益走罅中，势炎炎，且就圮，民始岁岁以苦旱告矣。万历癸未，同年宛陵萧侯良干以户部郎来守越，凡诸兴革，先所大后所小，故忭得以闸告。侯亟往观，悉得所当举状，白两台，报可。遂以通判杨君庄董其事，而佐以县丞郑日辉、千户陶邦，发银千三百两有奇，役夫若干人，始筑堰以障水。乃视旧齧所罅泐沃以锡，令固其内。已又发巨石，凹凸其两颠，凸以当上流，令杀水怒，凹以衔旧齧，令水不得内攻。石每方丈自下而上以次衺之，又窍石及其底，悉为牝牡相钩连，令水不得外撼。又覆石其上，令平衍可驰，盖视汤侯所建，如车益辅，如齿益唇，倍壮且久。总其费，费于筑堰者十之六，于石若工者十之四。侯时时桨小艇往督劳，凡予直毫发必躬，吏不得有所侵牟。众说而劝，时值久不雨，工旦夕起，凡三阅月而事成，成而记，谒忭者山阴令张君鹤鸣、会稽令曹君继孝也。余固愿有说也。盖闻父老言，曩汤侯时以民苦潦甚，故役三江。及役，而民又争以病告。此犹可诿曰：初不知其利若此也，而今则知之矣。最可诿又不过曰：汤费则课亩，役则概发丁民，未睹其利，先尝其害也。而今萧侯费则括帑羡，役则民日予直三分，役兵，兵已受直则予二，不课一亩发一丁矣，而尚有以不急议萧侯者，然则居室者，栋已挠矣，必待其尽赪而后葺之，其可乎？甚哉下之难调也。如麑裘，继袞衣，始病楮伍，继美海殖。盖自昔然矣。闸潦而启不时，则海亩者窃决塘，窃则罪，故海民谤；无闸则海鱼入潮，河鱼出沙，闸则否，故内外渔迩闸者谤；它则宅是者谓闸阻潮汐吐吞，改水顺逆，关废兴，故宅是者亦谤。非是三者而谤，则又或以私臆摇其喙，而无意于民瘼者也。夫诚有意乎民瘼，即百口谤且不避，况异日必万口颂也。夫谤安足言也？而或者谓闸启闭故有准，乃万不可爽，爽有征甚则亩害亦视之，此其弊在掌启闭费者，或靳与私则然其致涸以害亩，则外渔赂掌闸者乘公启以滞闭则然。兹二者诚有之，则非谤之类矣。噫！斯亦可谓下之难调耶？夫造物之生人也，劳矣。

生而病则资医，无医犹无生也。故医之劳与造者等。今闸造者谁？汤侯也；医者谁？萧侯也。病虽已，不可废医，继萧侯而医者知为谁劳则等也。医之剂凡几窒漏于甃一也；靳而滞启，赂而滞闭者痛砭之，二也。凡记者为颂而已矣，萧侯曰："吾太守视民所疾苦而时疗之，奚颂焉？其已之。"虽然，医者既已疗疾，必有案以诒来者。余之记是也，直颂也钦哉？

戴知府原定水则：种高田，水宜至中则；种中高田，水宜至中则下五寸；种低田，水宜至下则，稍上五寸也无伤，低田秧已旺。及常时，及菜、麦末收时，宜在中则下五寸，决不可令过中则也。收稻时，宜在下则上五寸，再下恐妨舟楫矣。水在中则上，各闸俱用开；至中则下五寸，只开玉山斗门、扁拖凫山闸；至下则上五寸，各闸俱用闭。正、二、三、四、五、八、九、十月，不用土筑，余月及久旱，用土筑。其水旱非常时月，又当临时按视以为开闭，不在此例也。

明万历《绍兴府志》卷十七

白洋潮

故事，三江看潮，实无潮看。午后喧传曰："今年暗涨潮。"岁岁如之。戊寅八月，吊朱恒岳少师，至白洋，陈章侯、祁世培同席。海塘上呼看潮，余遄往，章侯、世培踵至。立塘上，见潮头一线，从海宁而来，直奔塘上。稍近，则隐隐露白，如驱千百群小鹅，擘翼惊飞。渐近，喷沫，冰花蹴起，如百万雪狮蔽江而下，怒雷鞭之，万首镞镞，无敢后先。再近，则飓风逼之，势欲拍岸而上。看者辟易，走避塘下。潮到塘，尽力一礴，水击射，溅起数丈，著面皆湿。旋卷而右，龟山一挡，轰怒非常，炮碎龙湫，半空雪舞。看之惊眩，坐半日，颜始定。先辈言：浙江潮头自凫、赭两山漱激而起。白洋在两山外，潮头更大，何耶？

[明]张岱《陶庵梦忆》，2012年版（浙江古籍出版社）

汤公别传

邑人张任学

　　公，吾越人也，隶籍县之永康乡。自元资守伯坚公，由楚仕蜀，炳有政声，士民咸戴。至公，凡八世。公之生也，梦获异征，因以绍恩名，汝承字焉。笃斋，其号也。公，幼敏慧过人。及长，博涉书史，能览其大要，于经济、时务诸书，犹激辩最晰。而性沉毅敦笃，人窥其量，莫测其涯涘也。闻乡父老传：公未遇时，读书紫岩，有云鹤道人走匿公袍袖间，自云"稍避雷霆"。临去，有"相逢天海外，凿石好酬恩"之句。公初不解所谓，亦未以语人也。至公宦绍兴，筑应宿闸时，众见黄冠者寄食厂中，筑时，间资其经划。工将竣，众劝留谒公，当得厚酬。黄冠者飘然去，曰："世外人，瓢衲外，无需长物也。为我致意汤公，云鹤问讯矣。"公闻始悟，三十年前紫岩之缘，非偶也。

　　余乡去公居二百余里。生又后公，素慕公之风，而常以不获及识公面为憾。谒选后，梦中恍惚如公云："余有孙某未娶，欲求姻于君。"余谢不敢，醒而异之。后余以简命至绍，亲谒公祠，瞻仰须眉，宛如向梦。因叹公灵爽在天壤间，其赫奕如生若是。夫公一门巍焕，三奋甲科，邑乘载之详矣。至筑堤防海，水利聿兴，其垂功不朽者已！邀圣臣宠锡，擢历名藩。公之品，卓然名世，而天之报公，与圣天子之知公，不可谓不厚且深也。余故节取其异纪之以见公之生而英死而灵且不朽者实千载之光，非仅吾岳之沐其荣也。

　　崇祯十二年六月初三日，赐进士、河南道监察御史、姻眷晚生张任学留孺氏熏沐拜首书。

［四川］绵阳《汤氏族谱》

汤公传

毛奇龄

公讳绍恩,安岳人。生时梦神捧儿至,而拜之曰:"吾绍兴城隍神也。"既生,峨眉僧过门,施之饭,请名。僧以指屈计曰:"当以绍名,他日东方有承其恩者,其在绍乎!"因名绍恩,字汝承。嘉靖五年登进士,释褐衣越布,复以父官参政所遗丝袍,终其身不之易。十四年,以郎中出知德安府,旋改绍兴。甫到,谒禹庙,周视其樏栌,若故识者。

先是,绍苦地。浙,春秋所称泽国也。水滥,地在浸中;水骤下,而龟其腹。山阴县西南,有浦阳江者,为三江之一。韦昭有云:"三江者,松江、浙江、浦阳江也。"浦阳江,上接金华。浦江诸水北流百余里,至诸暨与东江合,北过峡山东涯、山阴之麻溪,然后尽注钱清江,而入之于海。当是时,浦阳已过浙第口隘。浙当高时,水反入浦阳而灌麻溪。而钱清之入海者,势若建瓴,则又倾泄而不复止。其所以既若潦,又若暵者,概为是也。绍恩至,相浦阳上流,恢前守戴琥所开碛堰,使浦阳之通浙者,坦而易泄,而乃塞麻溪,以过其来,不使浦阳之水得复入山阴西南面,于是相其尾闾。凡在绍诸水,滥则易泄,泄则竭者,为水坊于海滨,将以伺潴,泻而启闭,而无如海波之颟洞,而难为防也。初,钱清下流,原有二闸,岁久湮废。绍恩相下流,乃得之三江之口。其地夹两山,为浦阳入海故道,下有石碛横亘数十丈,泗水者得之,乃伐石于山,依碛建闸,石牝牡相衔,烹秫和灰,以胶之。石之激者,即剡其首,使不得与水争。下有槛而上有梁,施横其中,刻平水之则于石柱间,而启闭之。两堤筑土,冶铁而浇其根。闸,凡二十八洞,应二十八宿;堤,数百丈。而大闸之内,又置备闸数重,曰经溇,曰撞塘,曰平水。阅一年,工成,共得良田一百万亩,渔盐斥卤、桑竹场畷,亦不下二十八万亩。而绍兴于是称"天府",沃野千里,绍恩之力也。

初,绍恩筑堤,堤溃,有豚鱼千头乘潮而上,众惊告。绍恩曰:"此堤成之兆也。在《易》之《中孚》:豚鱼吉利,涉大川。吾以诚信格豚鱼,尚患涉乎?"立令入水，筑人多怨讟。又其时，潮大至，见者汹汹。绍恩坚不顾，且请祷于海。潮忽下，望堤而却，以为神云。后以次迁去，历官布政使，年五十七卒。论曰：汉后言水利者，率水工穿渠，注填淤之流，以漕以溉，用能稍入馀税，济以府钱，未有钟大利久远、惠一方民若绍恩者也。循吏稍有益于民，民得吏治一二年稍苏息，犹藉藉称惠政，以为罕见。得绍恩是治，而有不尸祝奕世也乎？宜绍兴祀之，为汤君神矣。

[四川]绵阳《汤氏族谱》

汤氏族谱序

徐观海

余家浙郡钱塘之柳湖，绍兴邻也。自幼肆业时稔闻诸父老暨乡先生言：绍之应宿闸启闭有时，暵涝有备，会稽、山阴、萧山至今称乐土者，西蜀汤侯经营创治之力也。及长，偕同志访兰亭、禹穴之胜，因得纵观侯所筑闸。谒祠宇，瞻礼遗像，钦佩高躅，因相与赓歌叶赞，用志不忘。丙申，膺简命，来摄岳篆，暇中披览县志，乃得悉侯家世。诣学宫，侯故有祀堂，仅隔墙，就拜。见余乡周君士佳匾、侯龛，列当时防水修堰颠末最晰，尚设牌匾献。余亟命其家易以塑像。越明年，侯裔孙明新携乃祖建中公《渊源序》一卷，云家适修《谱》，丐余言以弁其端。且谓旧《谱》烬于劫灰矣。伯坚公而上，不可考。斯编乃建中训导长寿时，晚年手录垂诸子孙，使知世系所自。并出其家所藏前明诰封墓表与诸名宿先后传、序示余。余为细阅，序中迁徙、住居、葬地，及历世宦秩履历，宦任某郡，游逮某郡，某祖某妣，某派某支，居某处，葬某山。文质真而义赅，事详明而情实，纠葛盘错中，无殊观纹掌上也。忆其时，姚黄肆孽，烟火一空。建中公父子狼狈秦川，魂断桑梓，汤氏之不绝者，殆如线矣。而公能于兵戈抢攘之余，养生送死，克尽彝礼。摩挲片稿，手泽犹新，益想见其先世诗礼传家、仁孝裕后之深且远矣。余越人也，绍为古越地，汤侯风烈，侔功神明，名宦之仰，杭亦依被回光也。余不获生同侯时，犹幸宰侯故里，亲观其族系渊源，而序其谱，其可以无文辞哉！侯孙子明新,器宇俶傥,性谦厚。游太学,就职分发未果,往来燕晋间,如鹘在筊,志未尝忘霄汉。明德之后,多生达人,余尚憾不及遍接贤族诸君子尔。序成,复勉为诗,勒石侯座右隅,昭响慕焉。

时乾隆庚子年孟春月中浣日,内廷教习、奉政大夫、摄安岳县知县事钱塘徐观海熏沐拜序。

[四川]绵阳《汤氏族谱》

程孺人传

邑人汪鸣韶

孺人程氏,郡河南,家世敦礼,年十七归于汤方伯长子蓄德公。方伯,即今朝敕赐"灵济宁江伯"徽号之笃斋先生也。先生官终山东布政司使,性廉约,尚清俭。捐馆日,检治宦囊,图书外萧然无一长物。蓄德侍母熊安人,携弟之德公,茕茕扶枢归里。服阕,任王府寿官,以少负羸疾,卸事居家,日借医药。无何,疾笃,孺人不言而神伤,昼夜侍床侧,逾月无倦容、惰气。蓄德公自揣不起,顾孺人曰:"汝稚年弱质,亲又及迈,伯仲无多,现两岁孤呱呱褓襁。先大人清宦一生,家非素封,虑有不讳,何恃能自立也?"因悒然泣下,孺人则以宽语慰藉公,退而早夜焚香祷天,请以身代。闻人言:古有以人肉粥汤,立起危疾者。乃夜刲股和药以进。蓄德公屡服不瘳,竟卒。孺人号恸,几不欲生。又念相从地下,无益亡者,且北堂老人饔飧待养。顾此怀中一块肉,能勤抚成立,乃父依然不死,明德乱嗣,岂緊无默相欤! 遂矢志奉亲,鞠育遗孤。孤曰铭。铭公幼慧,性质和顺,能隐体孺人教诲,凡现意承志者,靡不周至! 孺人遣就贤师外,传资其诵读。熊安人日近崦嵫,孺人承甘旨,博欢笑,养生送死,不违礼节。铭公二十余补弟子员,孺人诏之曰:"汝如是为不替书香,异日见汝父泉台间,可无汗颜矣。"年七十二考终。余观长寿司训建中公《渊源序》,自胡宜人而下,代有贤母,而血诚动于至性苦节,咸以艰贞如孺人者,良称巾帼中之翘楚已！孺人生有识量,喜愠不见于色。礼葬翁姑及夫,教子名成,人以为难。孺人若行所无事,而卒无不济者。诚哉！汤氏贤辅而郡,节孝志,谓其子,誉重党庠,克光门第,其述于父老,播于乡间,固非一日。嗟夫！愿期偕老,中路分飞,人虽未亡,心已同穴。况乎泪枯,黄口肠断,青灯尘积,镜台靓妆长谢,坚逾金石之死,靡他比之。伯奇哀操,屈平沉江,孝子、忠臣,并埋幽坟。凡此,皆能纲维世教,鼎峙乾坤,名争日月之光,气壮河山之色者也。因不揣陋,敬撰芜言,传光孺人耶！孺人光传尔,为程孺人传。

[四川]绵阳《汤氏族谱》

张大帝庙

《山阴县志》：去县东北三十三里陡亹匣上,祀宋漕运官张行六五者。嘉靖十六年,知府汤绍恩筑三江闸,以神有捍海灭倭功,立庙新闸堤上,祀之。

《敕修两浙海塘通志》卷十六

汤太守祠

《浙江通志》：在开元寺内，祀知府汤绍恩。明万历初，建其生祠在三江闸口。明嘉靖中建。国朝雍正三年六月，浙江巡抚法海以绍恩创筑三江闸有功绍郡，题请封号。

《敕修两浙海塘通志》卷十六

谒灵济汤公祠并读《三江闸实录》

徐观海

越州自古称雄封，绣壤错列垮三农。天吴鼓荡肆鞠凶，奔腾巨浸千渠通。漂禾没黍悲老翁，良田斥卤呼苍穹。汤侯天挺慈且聪，膺符来此忧忡忡。鬼神与谋凭其躬，二十八宿罗心胸。锁缚支祁制毒龙，凿山惊撼冯夷宫。鞭箠海若海水红，关键蓄泄计不穷。安澜从此歌年丰，手补造化无天功。千秋尸祝拜我公，神之来兮灵旗风。我官于岳寻遗踪，有公孙子瞻雍容，从知明德留仰颙。携将一卷读未终，缅想奇迹惊凡聋。云鹤安往不可逢，仿佛公在扶桑东。

乾隆四十三年岁在戊戌夏五，安岳令钱塘后学徐观海拜题。

［四川］绵阳《汤氏族谱》

三江观闸歌

万以敦

镜湖畔尽江田广,水利全资星宿掌。天生安岳福越人,堕地嘉名日月仰。当其惨澹有经营,神灯涉水示伏礁。云鹤报德鳅畏威,信及豚鱼自下上。老守功成无曲防,稽阴三县岁康穰。一百年来摈胥涛,三十六源润绣壤。于今庙貌镇江干,歌舞迎神千兰桨。生日逢之尚讴吟,孙枝睿来当慨慷。邦贤好义古有闻,耶溪老人心怀往。不见湖塘筑怨伏波孙,汉代衣冠,空尔想、兰亭长。

[四川]绵阳《汤氏族谱》

五月三日大雨连朝恐伤海塘

朱拙斋

地险称江北,民廛受浙东。每怀沙碛固,何虑海潮通。近觉新洲出,遥看怒浪冲。(自三十二年南沙崩塌已尽,淤泥由中流涨至新洲,上自鳖门,下至三江,凡潮至中洲低处,由北直射南岸,正冲白洋、党山之间,故蔡家塘一带约四百余步,水涨时已逼塘址。八月潮信,恐不能支也。)危堤翻巨浸,旧石倒飞洪。况值山崩雨,兼来舶趁风。桑田形忽改,斥卤计将穷。西墅楼台蜃,南池涧壑虹。污莱终汗漫,霖潦复泷冻。万井禾麻毙,千门杼柚空。自当医困苦,谁复问疲癃。垂死农蓑命,调元斗柄功。帝阍虽万里,犹可代天工。

予改西充学桥为会龙，因写数诗以示多士，中有见予诗者，出其日前卜箕仙诗，云："天起文明久弗通，蛟龙今喜会河东。风波炯出三山绿，仑看云霞玉兔红。"乃知第二句即予命桥之义也。事必有先，言必有合，岂偶然哉？则予名桥后，当必有应玉兔而出三山者矣，用依韵续诗十首云。

《民国绍兴县志资料第二辑·地理》

六月三十日与同人视柳塘溃口集芥园会议塘工风雨大作遂泛白塔洋往陶堰

朱拙斋

昨夜星光照船尾，一片乌云化风起。晓来四山岚雾浓，半雨半晴浑不止。拖泥小艇行田间，直溯断塘烟柳里。闻自柯溪巨涨侵，怪鼍破障成潭水。万畎惊祷鼍一鸣，忽转危澜神徙倚。（共见神人立堤上。）潮退长虹已中坼，潮生怒马愁狂驶。登厓揽势穷患源，隔岸飞流冲掌底。积沙不疏为屴崺，郁溜不舒相拒抵。安得金门善节宣，顿去险巇安坦破。芥园聚论度土功，荆树犹荣莲梗萎。欲教鸿泽少哀嗷，还念令原旧兄弟。（时章介甫已逝，端甫与任睿局。）凄飙急冻催我行，决口两三难遍履。（塘角、贺盘二口尚易修复，不及往观。）放舟白塔浪花翻，欲访故人寻栗里。（舟径至陶查仙家。）

《民国绍兴县志资料第二辑·地理》

三江闸上看工程

延 平

气凌三十里

绍兴三江闸,于上月九日开始修理,月底将内外坝工完竣,本月初着手灌浆闸墩缺隙。二十日,水利局张局长请厅长前往察视,并约同事数人陪往,一行共七人,即厅长、萧蔼士顾问、杜局长镇远、陈局长体诚、张局长自立、缪主任惟宜和区区。常闻堪舆家言,帝王所在之地,附近都是有风水的好地,因为全可以分润点帝王的余泽。随同厅长旅行,处处有人招待,区区也得参与末座,当然是要沾点便宜的。如渡江有专船的权利,由江边至绍兴享有包车的权利,由绍兴至三江间享有乘坐画船的权利,午餐享有参席的权利,而且诸承优礼,备受护持。这种种权利,要是私人旅行,恐怕是享不到罢。区区是个不知足的人,虽享有这种权利多次,但是看见人家享这种权利比区区多,还是嫉妒得很。从前子长先生说:"非附青云之士,恶能施行于后事哉!"据历史上看来,那名垂千古的人,大多数是因人成事的。就世上称道的第一等人圣贤来说罢,那七十子之徒,有事迹可见的不用说,那在本传仅见姓名的,他们的道德才能,不见得是迥异凡流。子长先生号听博闻,他编的列传,才有七十,要是论人数来说,这七十子之徒,恐怕是要占百分数一个大数呢。他们不是沾孔老夫子的光吗?不是比区区得的便宜还大吗?再次樊哙屠狗之徒,要不遇见汉高,哪得封侯?瓦岗寨的老哥们,要不遇着唐太宗,哪会均得国公之职?这些大人先生们且不必去说。即如极小的蝇子罢,据山谷先生所说"气凌千里蝇附骥",蝇子虽小,如得附于骥,他的气还可以凌千里呢,区区附于汽车,区区的气岂不更可以凌千里吗?殊知竟有不然。这团中共乘汽车两辆,走不到三分之一的路程,就有一辆抛锚了,由江岸至绍兴说是八十五里,这气连三十里也没有凌过去,闹得一个人还不如一个蝇子,这也是人生有幸有不幸了。两辆车,一辆抛锚,一辆回去唤车,团员"安步以当车",行了半小时以上,才见两辆车由后赶来,重复乘上。直到昌安,军乐齐奏,在声韵悠扬之下,团员下车,县长一一握手,并即引之登船,午后一时至三江闸。

老天不负苦心人

提起三江闸来,令人不禁有沧桑之感! 怎么说呢? 原来三江闸虽然是钱清江的口门,但是它的命名是因为钱塘、曹娥和钱清三条江的口子全在那里。后来因为海潮和各江挟带沙泥淤积的关系,钱塘江逐渐北移,直到现在,正流已逼近海宁附近,离开原地已有数十里了。江神有知,相比说"江流不相见,动如参与商",有老杜同等的感慨了。虽然后会有时,但不知相见何日。这曹娥、钱清两位小弟弟,望着钱塘老大哥回去,巴山夜雨,再话西窗,恐怕"如大旱之望云霓"罢了。听说据之载籍,三江闸附近,自汉时就有海塘,头一次建闸是在唐时,现在尚有遗迹,人称之为老闸,即在三江闸迤上约五里许之陆(斗)门镇。现在的三江闸是明朝嘉靖年间一位四川叙州府富顺县人汤姓造的。汤公造闸,先是择定浮山之西,造个至再至三,终究是造不成。后来见此浮山以南,冈峦起伏,地下或有石骨好做基础。老天不负苦心人,掘地数尺余,果然发现了石如甬道,横亘数十丈。天下事不能一失败就灰心,仍需继续奋斗,方可有成。鲧治了九年水,没有成功,舜把他殛之于羽山,后来大禹继续治理,就成功了。因为禹随鲧治水多年,已得了相当经验。论起来,鲧是个牺牲者,禹是个成功者罢了。汤公在浮山之西造闸不成,据区区看来,他得了两种基本经验:(一) 在防海工程上,基础是最重要的,基础不牢,工程难期永久;(二) 海潮冲击力极大,闸工非用极大块石,而又使之绞固一体,难以捍御。第一条件,汤公择定现在的基址,从头至尾,全是石底,是很满足的了。第二条件,他用的巨石,现在量起来,有八九尺长、一二尺高、二三尺宽,计算重量,约有二三吨一块,而且牝牡相衔,胶以灰秫,底措于石,盘榫于活石上,相与维系,灌以生铁,这是何等的牢固。汤公这样修建,实在是不错。因为据现在工程家的试验,十尺高的浪,其冲击力每平方英尺有一千八百磅至三千多磅之多,而三江闸处之潮,有时至十尺高。这闸是嘉靖十八年造成的,至今民国二十一年,已是三百九十四年,虽是中间修过 5 次,要是底子不好,恐怕要修也无从修起了。从前金圣叹批西厢,见其一字不苟,赞叹文字流传,非同小可之事。这功业流传,岂是小可之事! 在现在工程上看来,这闸也没有甚么了不得,而在当时,不能说不是一件耗尽心血、费尽气力的一件工作。煤油大王一年给国家纳所得税一千八百万金元,不是一件甚么稀奇的事。一个乞丐拿出一元钱,捐助义勇军,那才是可敬的人呢!

进士的水利工程

闸长四十六丈,共二十八洞。各洞宽度由八尺八寸至九尺四寸不等,闸墩石层,八九层至十一二层不等。浅洞高丈六余,深洞高二丈余,闸洞内外二槛,有外高者,由内高者。闸墩宽约三尺,有梭墩者,每五墩一个,宽约倍之。闸墩那么高,块石那么大,当时又无起重机,怎么往上搬运呢?说来倒也有趣。他们闸墩,不是像现在一个一个底(地)修,乃是一层一层底修,修了一层,用土倍一层那么高,然后将石块拉置于上,等得闸墩修的够高,再将土掘去,闸就成了。区区的家,离着万里长城很近,见那万里长城,高在峻岩之上,常怪砖石是怎样运上去的呢?有人说是用羊驮上去的,羊是甚么峻岩都能上去的。就这两件事看来,古人之想尽法子努力工作,教区区这苟且偷安的人佩服得五体投地了。汤公是一位进士,居然以工程著名,然他由太守而按察副使,由按察副使而布政使的成绩,也是美不胜书,这乃是当然之事。他于建闸知道注重基础,他于施政当然也知道注重基础。基础不固,无论三江闸站不牢,就是一层平房,也难保不倾斜坍圮。工程上如此,政治上也是如此。政治上基础是什么,区区可以大胆的以一个字应之曰"民"。《尚书》上说"民为邦本,本固邦宁",想要国家安宁,总得使民趋于巩固。使民趋于巩固。有两方面:一是物质的,一是精神的。物质的就是管子所说的"衣食足而后知礼节"。欲达到此目的,决不是难事,实行厅长发展交通、振兴农业两大政策,就可以办到。精神是恢复民族性,换一句话说,就是恢复人民的道德。要是人民自私自利、贪生怕死的老毛病不改过来,而就之建设国家,专制政体必倒,共和政体必糟,委员制也不见得得行。孟轲氏说:"民为贵,社稷次之,君为轻"。国家可亡,民不可亡,也就是民的道德不可亡;国家不亡,人民亡了,那才是真亡了呢!从前晋朝时中原亡于五胡,人民不亡,有陶侃习劳、祖逖击楫的精神,终究有了刘裕扫灭南燕及进兵关内的壮举。南宋圣君贤相,于敌兵临江之际,独复歌舞湖山,所以终有舟山蹈然的结果。庄周说"哀莫大于心死,而身死次之",这心是不可死的。总理以个人提倡革命,推倒满清,中国人要是人人有这种精神,那东三省还怕拿不回来吗?总理遗嘱有"深知欲达到此目的,必须唤起民心"一句话,民心是国家的基础,欲救国家,不由基础下手,那是不行的。《周易》这部书,是伏羲、文王、周公、孔子四位圣人的著作。孔子读它的时候,曾至于韦编三绝,而且未经秦火的焚难,是中国很神圣的一部书。这部书八八六十四卦,每卦都教人从基础下手。有人问怎么见得,你看卦首六爻,哪一卦不是从底部往上画呀。由闸的基础,说到国家底基础,这话又说远了,还是应当回去说闸才是。

二十八洞之由来

这闸是二十八个洞,前边已经说过。据载籍上说,汤公初意□建三十六洞,因太长,只建三十洞,潮浪独能微撼,又填二洞,以应经宿,于是屹然不动,这是应宿闸的名之所由来。这话看起来好像是迷信,实在说起来,这种生生克克的道理,充满了中国思想界。有时对,有时不对,区区是门外汉,也不敢下批评。箕子自从把《洪范》一篇的道理传给周朝,他就上朝鲜去了。这《洪范》内就有五行生克的意思。汉武巫蛊之祸,闹得那样天翻地覆,可想见当时这种迷信的程度。王充虽然力辟,也是无济于事。传到现在的,如同医书上说,肝属木,脾属土,木能克土,肝气盛好闹的人,就会伤脾胃,有碍消化。看阳宅的说,某进房为水,某进房为火等等,必须配置得宜,可称为五老大聚会的,始为上上吉地。星相家看八字,说克我者为偏官,我生者为食神,甚么有格有局,方为贵命。常见人家门口上悬着一面镜子,上面写着"一善"两个字,又见冲着道口的房子,立有"泰山石敢当"的石柱子,无非全是《西游记》所说请来昴日星官制服蜈蚣精的法子罢了。引说了这许多,究竟闸座改为二十八洞,以应经宿,潮浪就不震撼了,这是甚么意思呢?原来二十八宿,是环绕天体黄道上的二十八座恒星。这月是顺着黄道走的,走一周得二十九天多一点,合着这二十八座恒星,就是月的二十八个站,也就是月的二十八个旅社睡觉的地方,此宿之名之所由来。潮浪由于日月,不是新发明,中国人早就知道。潮浪之兴作,既由于日月之作祟,要使他们睡觉,他们就不能作祟了。今汤公在三江闸给月做了二十八个睡觉的地方,月既有睡觉的地方睡觉,当然他就不能出去鼓动潮浪。他既不能出去鼓动潮浪,所以三江闸就屹然不动了。同志不要疑惑这件事,因为凡物于睡觉时,都不能再有何项有意识的举动。孔老夫子最恨人睡觉,所以宰予书寝,他骂他朽木不可雕。佛教的暮鼓晨钟,耶稣教之于礼拜日聚集多数教徒做礼拜,中国从前官吏至初一、十五拜庙,现在的服务人员于每星期一作纪念周,都无非提醒人教别人睡觉。狮子虽雄,它要睡觉,人家就可以把它缚住。试看现在灭人国家的法子,第一就是想法子教人睡觉。英人之灭印度,法人之灭安南,哪一个不是尽量输入自己的文化,减少本地人对于本国之各种观念。日本侵略东三省,听说已经将学校用的教科书关于三民主义部分,关于历史部分,全删去了。总理遗教唤起民众,这"唤起"二字,就是痛心中国人睡觉太多,这闭着眼睛睡觉的人固然是多,而睁着眼睛睡觉的人也不少啊!

金木水火土的法则

这三江闸,是明朝嘉靖十八年造成的。前头已经说过,第一次修理在万历十二年,去创修时为四十五年,第二次修理在崇祯六年,去第一次修理时为四十九年,第三次修理在康熙二十一年,去第二次修理时为四十九年,第四次修理在乾隆六十年,去第三次修理时为一百一十三年,第五次修理在道光十五年,去第四次修理时为四十年,此次民国二十一年的修理,为第六次,去第五次修理时为九十八年。这六次修理,以第三次至第四次的修理时间为最长,然损毁程度,应以此次为最甚。因为由第五次至现在,较由第三次至第四次,不过差十几年,而这闸之工程,去创修之时愈远,损毁的程度应当愈甚。这次前往视察,见闸墩石层中之横竖缺隙,皆有数寸厚宽,可以直视对面无阻,其漏水程度,可想而知。再不修理,不但失却潴泄效用,将恐日就圮毁,修理更难。且厅长进行的两大政策,一为发展交通,一为振兴农业。振兴农业,如仅从选种冬耕,虽然进行的十分满意,而海水侵入,可以使地变卤,禾稼不能生长,即不然,旱潦不时,亦难有秋收。这三江闸是绍萧两县周围八百里田地唯一蓄淡御咸的关键。这片田地,非常平衍,河流坡度极小,一年之中水位,所差不过二尺有半,高于此数即患潦,低于此数即患旱。设若此闸圮毁,近海之地变卤,内地之水一泄无余,因之不免患旱。如此绍萧两县的农业不但不能振兴,恐怕根本上要推翻了。先前为调剂水量,闸旁立有金木水火土五字的水则。据之前清咸丰元年三月所定之开放水则章程,常例水至水字脚放八洞,水至木字脚放十六洞,水至金字脚齐放,新例水至火字脚放八洞,水至水字脚放十六洞,水至木字脚齐放。原来二十八个洞,平常仅有旁边两个洞,上闸板而不用土封起,使水不往外泄。闸夫十一人,分字号负责管理;闸板一千一百一十三块,先前每年换一百二十块,后来为慎重起见,每年换三百余块。由此可以想见此闸之重要,与夫官民对于此闸之关心。

灌饱混泥浆

张局长自立仰体厅长振兴农业之心,又洞晓此闸关系绍萧两县农业水利之重要,而又责不旁贷,于任事后,即急急于此。前既以灌浆机未到,不能兴工,嗣又以工款难筹,煞费苦心,最后想定分担办法,计工款需银三万一千三百七十八元,除三分之一之工费,定由二十一年度钱塘江塘岸工程岁修经费项下支拨外,其余之三分之二由绍兴塘闸捐垫发三分之二,由萧山塘闸捐垫发三分之一。绍萧两县县长亦知此工紧要,慨然应允,遂即鸠工庀材,趁潮水极小秋末冬初之候，迅迅办理。做法先内坝，挡住内来之水，使其有余之水泄之于曹娥江；次外坝，使潮水不至向内侵入，然后由抽水机将水抽干，使闸之全体暴露于外，以便工作。作时先用清水将闸墩石层之缺隙洗净，然后用灌浆机压气，由小管吹水，恐水杂有机油，于洋灰及沙之混合不利，中路安有分油筒一具，由大管通过混合机，吹混就之洋灰及沙。前段管为铁管，后段管为橡皮管，最后并入一硬管头，吹入缺隙，填满凝结于中。这气压量为一平方英寸三十磅，所以无孔不入。估计工程时，未能查知闸底状况，待水抽干，始知闸底缺隙亦甚多。又内外槛之中，全系空洞，都须用混凝土填满，全就原高填平，并由槛高向内外填一斜坡。为防万一潮水侵入起见，先将平常在水面下之部分工作完毕，再做常露水面上之四层。参观时，水面下之部分尚有十洞未做，计每日可完二洞，再有五日，水面下之部分计可完成。内坝三个，均系土坝，正流一个，两小支流二个，于下船时，即已视察。看毕灌浆工作，又到外坝视察。

洋灰与灌浆机的成绩

外坝甚关重要，倘有疏失，为潮水透入，损失可以甚巨，工作不能不速且稳。计作时用三百人，于小潮时七日七夜抢做起来的。面海为柴堆，背海为土俄。柴堆宽二公尺，层柴层土，每层柴土共约二公尺，并签排桩三支，顺长之距离如之。桩长一丈八尺。柴堆三层，签桩三次，没于柴堆中者，河工上名词，谓之为槽桩；露于面上者，谓之面桩。面桩并签二支，由两端向中间挤做，与永定河黄河堵口进占办法大同小异。永定河黄河堵口进占，大概均用楷料，有时亦用柴料。桩，永定河用者，大号三丈六尺；中号三丈二尺，小号二丈八尺；黄河用者，则仅为五六尺长之小桩。惟黄河用绳盘桩于岸上；而永定河与此均无之。抽水工作，先抽水于北塘外，再由小闸于低潮时放入海中。统计之，此次修理工程，较前五次之任何次，必均为坚固。将来经久至百余年或二百年，亦未可知。然地方人民追念此次修理工程，必不若前五次之甚，一则世界进化，工程成为专门之学，同时伟大可为纪念之工程甚多，此小小修理工程，不足惹人注意；二则此次工程经久之成绩，不再是办工程人员之成绩，乃多半是时代之成绩；没有洋灰，便没有此次的成绩，没有灌浆机，也没有此次的成绩。所以这次成绩虽好，却被洋灰及灌浆机分去了不少。《周易》有言："善不积，不足以成名。"工程同志要想成名，还得努力。上帝对于人之荣名，甚为吝惜。古来圣贤豪杰之得名，而受人追念，皆以毕生之精神赴之。世尊于菩提树下得道之后，若不发大誓愿度尽天下人，而说法近四十年，哪会受尽世人之尊崇。孔席不暇暖,而墨突不能黔,自古以来,称孔墨为圣人者,大概为此。曾子至易篑之际,独守道不移,诸葛亮鞠躬尽瘁,死而后已。厅长训戒僚属,屡以努力工作为言,大概也是这个意思。"春蚕到死丝方尽,蜡炬成灰泪始干",人之为人,容有一日可以偷闲,我们建设人员,在此建设时期,努力建设,再没有这样最好的机会了。

莫龙之牺牲

视察毕,到闸之北端街里路东办公午餐。正在闸端之上,跨路有一阁子,阁子上供的是闸神。这闸神姓莫名龙,乃是汤公修闸时一个司事,也有说是夫头的。他见闸屡建屡圮,奋不顾身地去工作,最后他下水探验闸底,被水冲动大石压毙于下,郡人德之,附祀汤公祠侧,设牌为司闸正神。前清咸丰元年,皇帝敕封广济,不能说不是死后殊荣了。以一司事,努力工作,牺牲自己以为他人的事,竟得名垂竹帛,庙祀千秋。常见许多的文人,穷老尽气,著一部书,想着传世,过不几年,人家把他的著作盖酱缸了,连书的名也没人知道了。又有那争城争地、死人盈野的军阀,自己何尝不是想着得点名,而受害人民,想着与日偕亡,谁又肯祀他,只得在自己家里立一个生祠罢了。总理行易知难学说,这也是个证验。

张神爷爷的艳福

午餐后,到办公处楼上吃茶。正中面东半间,供有江海神牌位三座,一为吴国上大夫伍员,一为唐代武肃王钱镠,一为宋代安济公张夏。下楼又赴村北双济祠内参观,进了大门,第二进就是张神殿,正座当然是张神,而张神之两旁,每边还有一位女像。从前见灶王爷爷旁有灶王奶奶,土地爷旁有土地奶奶,这次见张神爷爷旁有张神奶奶,而且是两位,这张神不能说不是有艳福的了。提起"艳福"二字,区区又有点感慨世上把英雄美人相提并论,无非说全是不常见的人物,英雄旷世不一见。美人也是旷世不一见。试看一部二十四史,以美见称的,虽不能说是凤毛麟角,恐怕也是寥若晨星罢。美的条件太多,实在是难以求全责备啊!

死了而有美人陪着,也还值得。无奈世上自己以为有艳福的,差不多犯了姜深先生的毛病。参考来先生赞美姜深夫人两句最切要的话,说她的年龄有阿母之高,脸粉有半寸之厚,而姜深先生则视若拱璧,惊若天人,倾其所有而供奉之,而独以为不足。佛说三界唯心,这由心造境、随境成迷、颠倒沉沦、永无解脱的人,你说是可怜不可怜呢!再深一步说,甚么事是真有趣味的呀!孟轲氏说"饮食男女,人之大欲存焉",一人山珍海味,玉食万方,搬泰山以为肉,倾东海以为酒,大嚼大咽,尽性尽情,应当是称快一时。细想起来,与蝇之附膻何异,左拥右抱,倚红偎绿,自己以为是美不胜言,而自旁人观之,与犯神经病何异。这圣人特为提起的饮食男女大事,研究起来,尤不过尔尔。他如牧猪奴戏等之无聊,更不必说了。那么一个人,除了为国为民之外,无有值得我们牺牲的了罢。这话说得离题又远了,究竟张神对于两旁陪坐的那两位女像,享的艳福如何,不能不说一说。就区区看来,张神享的艳福,比现在的人总要加倍。怎么说呢?因为她俩的身上装束比现在摩登人物加倍的华丽,脸上的粉,唇上的珠,比现在摩登人物加倍的厚,所不同的,他们皮里包着的是土木草,摩登人物皮里包着的是肉骨血。自爱因斯坦先生相对论出现后,人们对于相对二字,好像是新发明似的,其实中国早已出现了,如有天就有地,有阴就有阳,有内就有外,这内外应当是并重的。所以,平常说里壮亦如表壮。就国家大势来说,内重外轻,可以招致权臣篡夺之祸;内轻外重,又往往变成藩镇割据之势。一个摩登人物,只摩登其外,而不摩登其内,恐怕终有流弊,似乎于肉骨血之外,再加上点东西,以求内外相称才对。若必二者不可兼得,区区学孔老夫子一句话,与其外重而内轻也,宁外轻而内重。

封号灵济

过了张神殿,便是汤公祠。汤公祠内正座只有一位汤公的像。由表面上看来,张神是一位多妻主义者,汤公是一位独身主义者。多妻主义也罢,独身主义也罢,皇帝都给了他们一个封号,张神的封号就是英济,汤公的封号就是灵济,并且地方上给他们立了一个祠。即使这样,他们两人除了"济"字之外,一定有一个共同的点。这共同的点,大家都知道,就是牺牲自己,以为国为民了。耶稣为宣传正义,以救世人,被人嫉视,钉在十字架上。他说人若信他,方得永生。那么,一个人要想永生,而以苟且偷安、自私自利为出发点,恐怕虽有孙悟空翻筋斗的本领,翻了四十八万个,还到不了目的地呢。我们建设方面的人,要是想永生,张神、汤公是我们最好的模范。汤公造福于绍萧人民实在是不小,绍萧人民因为感激之至,就出了许多的神话。其中最要的一个,说汤公名绍恩,因为他母亲生他的时候,做梦他将来于有绍字地名的地方有恩德,所以就名为绍恩。这种偶合的事情,实在是不少。如同是北平南面的三个门,左旁的名崇文,右旁的名宣武,而明朝末帝为崇祯,清朝末帝为宣统。又正门为正阳门,皇城南门自中华民国成立,改为中华门,而取消北平都城资格的蒋委员长，与其名字亦正相合。又如周秦之时为中国文化极盛时代。当其时，希腊、印度文化亦极盛，今则世界各国又同极扰乱，这种原因恐怕只有天知道了。

废锡铸碑

出了双济祠，又到闸之南端小山上，相度将来安置碑座地点。前者历次修理此闸，多用铅灌，此次清理闸墩缺隙，搜出铅质约二百五十余斤。此项铅质，卖之不可，存之无用，拟为熔化镶于碑中，铸字其上，以作纪念。兹录已拟就的重修绍兴三江闸碑记于下：

绍兴，古会稽郡地，山自南来，水咸北趋，泥沙淤积，遂成原野。曹娥、浦阳两江之间，沃壤万顷，宜黍宜稷，港汊纵横，灌溉是资。而钱清一水，实其总汇，北注东海，西通浦阳，倾泻既易，倏盈倏竭，久霖苦潦，偶叹患涸；海涛西指，旁溢平地，每每原田，时虞斥卤。李唐以来，颇事堤堰，因陋就简，未彰厥效。朱明嘉靖之世，绍兴太守富顺汤公绍恩，实闸三江，地当入海之会，蓄淡御咸，节旱防潦，万民利赖，厥功乃大。嗣是以后，代有修缮。清季迄今，久未踵武。越为水乡，设局以治，斯闸兴废，责亦归之，三载以还，迭有计划。民国二十一年春，养甫继主浙省建政，皖安化张君自立长局务，爰赓前议，庀材兴工。其年十月，既截水流，躬与其役，汤公遗烈，灿然可见。浮山潜脉，隐现钱清入海之口，引为闸基，上砌巨石，牝牡相衔，弥缝葺缺，惟铁惟锡。较近西土工程，共夸精绝，以此方之，亦无逊色。而远在四百年前，汤公伟书，尤足钦矣！今兹重葺，壹循成规，兼采西法，以混凝土质代铁锡，灌沃膏粘，弥坚弥久。计时三月，闸工告成，因镕铸废锡为碑，综其始末，撰文镌于碑上，以汤公之遗，纪汤公之德，其意义益重要焉。至工程经费之详，并镌碑阴，用昭众信。中华民国二十二年一月，平远曾养甫敬记。

相度之后，以南端小山之上为最合适，遂择定之。盘旋稍时，即行回棹。厅长仍有余兴，拟游东湖，而日薄崦嵫，既请不到鲁阳，可以挥戈返日，而同行者又无双文的大面子，敢说："清疏林，你与我挂住了斜晖。"遂不得不于抵绍后，舟船乘车，速作归计。苍然暮色，自远而至，得到江旁，已无所见，过得江来，万家灯火，燃已多时。此次旅行，感想甚多，拉杂书之，已实建设林园。

［民国］浙江省建设厅《浙江建设月刊》第七卷第一期（1933），
2009年版《民国浙江史料辑刊》第2辑（国家图书馆出版）

三江所城

距县城二十五里。明太祖虑日本为患,命汤和巡视要地,筑城增戍。汤和巡行海上,抵江浙,凡筑五十九城,民四丁取一为兵。是城,洪武十八年筑,明季驻三江所掌印千户,清初驻协镇,今废。城垣坍陷颇多。(陈肇奎采访)

《民国绍兴县志资料第二辑·建置》

城　垣

府北三十里,浮山之阳。洪武二十年,汤和筑。方三里三十步。

《民国绍兴县志资料第二辑·建置》

三江社仓

在三江所城中(见《浙江续通志》),今属三江乡。

《民国绍兴县志资料第二辑·建置》

第九区三江乡镇祠庙一览表
本《两浙防护录》

第九区三江乡镇祠庙一览表

名　称	所在地	所祀之神	建修年月及建修人	备
汤公祠	三江闸上	明绍兴太守汤公绍恩	未详	

《民国绍兴县志资料第二辑·建置》

三江炮台

在三江城东门外，土名巫山头，距县城二十六里。现坍毁，仅余少数石块。（陈肇奎君采访）

《民国绍兴县志资料第二辑·军警》

重建汤公祠

本县素有水患，自明代汤绍恩太守建三江闸，水患始息。旧在本城学坛地建有汤公祠，废于兵燹。钱江海塘工程局，重拟拨地建筑，经参议会决议，在府山一带拨地重建。

1949 年 3 月 3 日《申报》

2016年杭州文史论坛

钱塘江海塘保护与申遗

主办单位：政协杭州市委员会　中国水利水电科学研究院
承办单位：杭州市政协文史委员会　杭州文史研究会　浙江省钱塘江管理局　中国水利学会水利史专业委员会
时间：2016年9月19日—20日

当代文献

绍兴市人民政府办公室发电

发往　见报头　　　　　　　　　　　　　　　　　签发

等级　平急　　　绍政办发明电〔2014〕98号　　　绍机发

绍兴市人民政府办公室关于印发
三江闸保护、利用、传承工作方案的通知

三江闸调查记录

三江闸的地理形势与造闸年代

三江闸在绍兴东北三十八里,地处钱塘江、曹娥江、钱清江汇合处。

绍兴(古时包括山阴、会稽二县)、萧山二县为江南多雨之乡,江河纵横,湖泊棋布。三江闸恰为两县之水的主要出口,泄水流域达 1520 平方公里,雨多水涝时可启闸排水入海,干旱时可闭闸蓄水灌田,数百年来是操纵内地之水的主要枢纽,对二县的农业生产及人民的生活起了十分重要的作用,至今还在为社会主义建设服务。

三江闸东北面向杭州湾,背负三江平原。钱塘江、曹娥江、钱清江皆由此出海。特别是钱塘江,自古以潮汐闻名于世,绍、萧二县受害惨重。明《郡守汤公新建塘闸记实》(见《闸务全书》)载:"……其初潮汐为患,坏宫室,毁田原,且直入郡城。虽城内亦潮汐出没,故卧龙山上有望海亭。"郡城尚且如此,可想见三江平原人民苦于水灾的惨状。

因此,自汉唐以后便在绍、萧二县的东北三面筑起海塘。从马溪桥到西兴一段称西江塘,从西兴到宋家溇一段称北海塘,从宋家溇到高坝的一段称东江塘。沿塘共建立二十余处水闸,阻挡海潮侵袭。但由于钱塘江潮猛水急,流沙严重,闸基不稳,这些水利设施往往不能很好地发挥作用。

到明代嘉靖十五年(1536),郡守汤绍恩对三江出海口进行了实地调查,选择闸址,兴工筑坝,建成三江大闸,计二十八洞,以二十八星宿命名,所以又称三江应宿闸。关于这段壮举,韩振撰《绍兴县三江闸考》中是这样描述的:"……明嘉靖中,绍兴知府汤绍恩审度沿海,知三江口者,内河外海之关键也,欲闸之,而苦潮撼沙松,基难成立,仍近里相度,见浮山之东西两岸有交牙状,掘地则石骨横亘数十丈。此又三江口以内之关键而天然闸基也。乃建二十八洞大闸以扼之,果然安固。兼筑塘四百余丈,以捍海潮。由是而二邑之水总会于斯,涝则泄,旱则闭,有利无害,盖数百年于斯矣。"(《绍兴县志资料》第一辑第十二册)其工程当然是十分浩大的。《闸务全书》对当年的施工情况有些简要的记载:"嘉靖十五年丙申,郡守汤公由德安莅兹土,所忧者潮患耳。乃建闸于三江。秋七月,命石工伐石于大洋山,以巨石牝牡相衔,胶以灰秫,其底措石,凿榫于活石上,相与维系,灌以生铁,铺以阔厚石板,诸洞皆极平正。惟'参'洞外板下有一活石,间有几洞底两傍无石板者,其叠石为防,不过八九层,亦有几洞十余层者,则患洞也。每隔五洞置大梭墩,帷近要关只隔三洞,因填二洞之故。垒石为防,渐高渐难。或曰砌石一层,封土一层,石愈高则土愈高阔,后所欲加之石,从土堆拖曳而上,则容足有地,而推挽可施,梁齐易上,公从之。闸上七梁,阔二丈,长五十丈,下有内外二槛,计二十八洞,浅洞丈六尺余,深洞二丈余。公初意欲建三十六洞,因太长止建三十洞。潮浪犹能微撼,又填二洞,以应经宿,屹然不动矣。"三江大闸费此辛苦而成立,越四百年至今,对农业生产的发展,功益匪浅,也是古代劳动人民战胜大自然的铁证。

三江闸的历次重修

三江闸自嘉靖十五年初创到解放前,共进行过六次修理:

第一次修闸在明万历十二年(1584),即建闸后四十八年,由绍兴郡守萧良干主持。主要工程是在闸墩前增置小梭墩,用石牝牡交互砌垒,并用铁锭加固,闸面上铺盖了石板,在各洞顶部石梁上凿了二十八宿名称,另外还做了些局部的修补。所谓"有应补换整齐者,有应用灰铁者,靡不周致而无遗"。可见初修工程是十分全面的。

第二次修闸在明崇祯六年(1633),距第一次修闸四十九年。据《余公再修大闸记实》载:"朽泐者,更残缺者补,固以灰铁。至城下要关,回波激湍,其石易败,悉令易之。越两月而功告成。"所记虽简单,规模却也是不小的。

第三次修闸是康熙二十一年(1682),由闽督姚启圣主持,距第二次修闸恰又过了四十九年。主要是以废铁填补缝隙,并以羊毛纸筋灰弥补。另有十洞闸槽上中下阔狭不一,启闭不便,也加以整理。再补换闸槛八根,添换旧板百块。

第四次修闸是清乾隆六十年(1795),距上次修闸已过113个春秋了。关于这次修理情况,除"用鱼网包石灰填塞罅漏"外,一时还找不到更详细的资料可供参阅。

第五次修闸是清道光十二年(1832)。

一百年后,适民国二十二年(1933),三江闸进行了第六次修理。其工程情况在董开章的《绍兴三江闸工程报告》中有详细的记载(此工程报告摘录附后)。

解放以后,绍兴县人民政府对三江闸进行了多次修理改建工程。

1958 年,于闸墩内外槽之间新开闸槽。

1959 年,将十孔旧式木闸板改为整块木闸板,并以皮带传动机械启闭。

1962 年,又将所余 18 孔木闸板改为水泥闸板。改旧有木板机房为水泥结构机房。新添电动机械启闭装置。同时加高加宽原有闸面,并向彩虹山方向拓长。

1966 年,对闸墩灌浆修补一次。

1970 年,闸下淤沙严重,失去排洪能力,不得已,于 1972 年动工筑新三江闸于五里外,同时腰断旧闸,改"室、壁、奎、娄、胃、昴"六孔五墩为三墩二孔,以增加排洪量及便于通航。因此,这四百余年前的古闸遭到了局部的破坏。

三江闸现状

三江闸以东南、西北向横跨于钱清江上。坝迄东南岸有一小山,名彩虹山。山上原有莫神庙,现已废。旧址上有水泥方亭。亭北角有一水泥平台,台上原有石龟一只,十年浩劫中被"红卫兵"所毁,今仅留卧痕。彩虹山东面可见海塘旧址,现已改为公路路基。1972 年新建的新三江闸在五里外隐约可见。望西,则大江两岸良田千顷,山下坝内有水文流速测量站。近测量站路旁斜立石碑二方,一是"道光十五年三月重修三江闸记"碑,另一方是"康熙二十四年阳月捐俸置田添造三江应宿闸每岁闸板铁环记"碑,原在汤公祠内,因汤公祠旧址被绍兴糖厂占用,而迁于此,任其日晒雨淋,与粪坑相倚。彩虹山南脚下有头道江、二道江,并列流入主河。头道江口原立有水则碑,上写金、木、水、火、土五字为标记,不幸被毁。沿闸坝向西北 300m 处的绍兴糖厂,是汤公祠旧址,现除"嘉庆元年绍兴知府高三畏重修三江牖碑"外,其他早已荡然无迹了。

三江闸坝全长 108m(原长 103.15m,1962 年拓长),两端旧闸面总宽 9.16m,中间 16.47m 一段,闸面总宽 11.68m。共有大小旧墩 21 个计 23 孔,新墩 3 个 2 孔。东南一段旧闸(彩虹山一端)8 小墩 3 大墩 12 孔(角、亢、氐、房、心、尾、箕、斗、牛、女、虚、危),西北一段 8 小墩 2 大墩 11 孔(昴、毕、觜、参、井、鬼、柳、星、张、翼、轸),此 21 墩 23 孔是明代原物,墩呈棱形,皆以巨石砌筑。民国二十二年,董开章在修闸时曾细审其结构,他在工程报告中写道:"其筑法:令石与石牝牡相衔,胶以灰秫,灌以生铁,使相维系,底措石则,凿榫于天然基石上。墩侧凿内外闸槽。洞底有内外石槛,以承闸板。"为了加强闸坝的稳固性,每隔五孔设一大墩。大墩、小墩长宽皆不相等。墩位依石基而定,前后不尽一致。墩与墩之间架巨石梁,构成旧时闸面。闸面内侧石梁上刻有各洞应宿名称,阴文正书,是明万历十二年所镌,今已斑剥不全。闸墩两侧凿有三条闸槽,现在所用中间一条是 1958 年新开的。闸板厚 12cm,宽度不一,视闸孔宽度而定(各孔宽度见董开章著《绍兴县三江闸工程报告》附表),皆隔墩排列在一条直线上。此闸经历 444 年至今,虽曾几次修补,但在此恶劣的环境中能安然屹立,足以说明在明代我国的造闸技术已达到了相当高的水平。

大坝中间三墩二孔是 1972 年所建。墩呈"船"形,混凝土结构,高出旧墩 1.16m,孔宽 7.05m,墩侧开闸槽,有水泥大闸板两块。

因为新改建的闸墩特别高大,所以闸面也不在一个水平上。

两段闸面是在旧棱形墩顶部石梁上方横施钢筋水泥梁,较旧闸面向外侧伸展 2m,向内侧伸展 1m(以加宽旧闸面),其上铺水泥板闸面,左右浇注水泥栏杆。中间二大孔一段闸面亦水泥结构,因其高于两端闸面,所以两头筑有水泥板斜坡,长 11.90m,以便过往通行。两侧也有栏杆相护。

闸面上有平顶机房一排,水泥结构,起迄大闸两端。左右为人车行道。机房内旧闸各孔闸板顶部装有 10 千瓦电机及涡轮涡杆传动机械,共 23 具,皆完好无损,启闭自如。中间二大孔,闸板巨大,装有滑轮组以人工启闭。

淤沙情况

因三江口外潮汐起伏,常常潮涨沙涌,潮退沙落,年长日久,沙渐厚,淤集于闸外,其患不能根除。至 1970 年沙淤闸下,三江闸失去排洪作用。1971 年动用数万民工疏沙,成效甚少。现三江闸内一碧江水,积沙甚微。闸外积沙严重,大坝百余米外阻塞河道 120m 以上,厚 1.70m,几乎与旧塘齐平,中间河道 50m 左右,勉强可供机船通航。

调查:劳伯敏　沈炳尧　张书恒
记录:沈力耕
校阅:王士伦

一九八○年十月
绍兴市文物管理局提供

地名录

马山人民公社

概述：马山人民公社位于绍兴县东北部。东邻孙端公社，南连豆姜公社，西接合作公社，北靠曹娥江口海塘。面积约十二平方公里。人口一万五千三百零七，四千零七十五户。全公社辖四十一个自然村和一个集镇，分十一个生产大队，七十二个生产队，一个居民委员会。公社机关驻马山街何家溇。马山区机关及所属部门和企事业单位均驻设于本公社。

名称由来：考马山，其实无山。传说大禹治水时，防风氏过此，在一土丘间驻马，丘侧有石骨隆起似为山之余脉，因此名"马山"，并以之作地名。

一九四九年五月解放，建政马山乡。一九五六年，组属于马山（大）乡。一九五八年，组属于马山人民（大）公社，实行政社合一。一九六一年，调整为马山人民公社，以至于今。现属马山区。

自然地理：本公社地势低平。纵横密布的河流、湖荡，东接长水江，南通南、北陶坂江，西沿毛泗江，北至王庙江，汇流向东，经孙端马山大闸注入杭州湾。河湖面积约一千五百亩。春季多阴雨，夏季气温较高，属亚热带季风气候。全年无霜期二百四十天以上。宜长水稻。

经济状况：本公社耕地面积一万一千九百六十三亩，其中水田一万一千二百零八亩，为水稻作物区。一九五五年粮食亩产五百九十二斤，一九五八年亩产六百六十二斤。一九七九年，粮食亩产一千六百九十四斤，棉花亩产皮棉七十四斤（共二百五十亩），生猪饲养量一万二千八百六十二头，渔场水产量一千四百多担。社队企业二十四个，以电池、针织、尼龙袜、文教用品、羽毛、服务性建筑、油脂食品加工等业为主，一九七九年产值一百九十九万二千元。

县手工业系统文教用品厂、伞厂和区属农机厂、服装厂，均设本公社境内。

马山公社所在地是个农村集镇，为附近各公社农副产品贸易中心，市面繁荣热闹。有班轮来往于马山与绍兴市区及孙端、上虞哨喰间。

文教、卫生事业简况：本公社有完全中学一所（县属），学生五百七十七人，区社中心小学各一所、完小五所、村校三所、农中一所，学生共二千二百十七人。区、社各设卫生院一所，各生产大队设合作医疗站。一九七九年，人口净增率千分之六点七五，一孩率百分之二十五点三。

行政区划单位和居民点名称

行政区划	自然村	户数	人口	驻地	曾用名
马山区		28007	107883	马山	
马山公社		4075	15307	马山	
	马山	598	1184		
马山居委会		322	748	马山	
	金家溇(街)				
	长桥下殿前(弄)	60	137		
	鹅行街	29	72		
	朝南街	33	76		
	长廊下(弄)	30	78		
	陈家横	76	176		
	寺墙弄	57	117		
马山大队		274	1028		
	何家溇	38	142		
	长溇	76	283		
	西安桥	60	247		
	裘家岸头	30	133		
宣徐潭大队		394	1599	徐家溇	红卫大队
	徐家溇	123	455		
	宣港	160	650		
	潭前王	70	337		
	韩家埭	41	157		
海塘大队		278	1032	大悲上	合兴大队
	大悲上	111	405		
	小舍	61	248		

续　表

行政区划	自然村	户数	人口	驻地	曾用名
	塘下陈	19	85		
	下汪	68	255		
	东溇底				
姚家埭大队		262	816	姚家埭	东方大队
	姚家埭	214	625		
	严家桥	58	191		
	陈家溇				
直乐施大队		292	1049	直乐施	立新大队
	直乐施	276	990		
	横湖	16	59		
渔港大队		311	1126	渔港	工农大队
	渔港	311	1126		
	东溇底				
	西溇底				
陆家埭大队		547	1954	陆家埭	东风大队
	陆家埭	190	739		
	北溇底				
	西畈	67	235		
	庵溇底	84	320		
	庙横里	99	354		
	徐婆溇	69	260		
赏余大队		341	1212	赏家村	红旗大队
	赏家村	187	644		
	余贵	119	449		
	潘浜	35	119		
	凤仪横				
宁六大队		286	1151	宁桑	大星大队

续　表

行政区划	自然村	户数	人口	驻地	曾用名
	宁桑	496	1788		
	南岸头	95	420		
	大溇底	75	280		
东星大队		475	1826	宁桑	
	姚江溇				
	大道地	75	275		
	诸家溇	87	375		
	清墩溇	49	210		
宁桑大队		266	949	宁桑	五星大队
	张家岸头				
	后邵溇	43	151		
	西陈	22	93		
	南池溇	81	334		

名胜古迹和其他人工建筑物

类别	名称	驻地
	团结桥	
	友谊桥	
桥	青墩桥	
	马山桥	
	前进桥	
	反修桥	

自然地理实体名称

类别	名称	驻地
河	陶坂	

合作人民公社

概述：合作人民公社位于绍兴县东北部。东连马山公社，南接袍谷公社、豆姜公社，西邻斗门公社，北靠马海公社，西北濒曹娥江。面积约十四平方公里。人口一万五千七百零七，四千一百七十户。全公社分十三个生产大队，八十三个生产队。公社机关驻陶家埭村。

名称由来：解放初建置时，由四个村联合而建乡，取名合作乡，公社沿用乡名。

一九四九年五月解放，建置合作乡。一九五六年，组属于马山（大）乡。一九五八年，组属于马山人民（大）公社。一九六一年调整公社规模，以原合作乡为基础建立合作人民公社，以至于今。现属马山区。

自然地理：本公社地势低平。西北面濒曹娥江，境内河湖纵横，水面面积约一千二百亩。夏季气温较高，七月平均气温摄氏二十八点九三度，冬季温和，一月份平均气温摄氏三点四一度，年平均温度摄氏十六点四一度。无霜期近二百四十天，初霜在十一月中旬，终霜在三月中旬，终冰在二月中旬。平均年降水量为一千五百六十二毫米。属亚热带季风气候。适宜水稻生长。

经济状况：全公社耕地面积一万四千零六十六亩，其中水田一万三千零八十亩，为水稻作物区，另有桑林四十三亩。一九四九年粮食亩产约三百斤，一九五五年亩产六百三十九斤，一九五八年亩产六百八十一斤。一九七九年，粮食亩产达到一千七百七十四斤，生猪饲养量一万五千六百四十头，渔场水产量八百五十一担。社队企业二十一个，以建筑、农机修理业为主，一九七九年产值一百零七万零七百二十一元。一九七九年，社员每人平均收入一百四十九元，粮食六百九十六斤。

交通以水路为主，四通八达。

文教、卫生事业简况：本公社办有初级中学一所、社中心小学一所、完小八所、村校四所，中小学生共二千零三十七人。公社设卫生院，各生产大队设合作医疗站。一九七九年，人口净增率千分之七点五，一孩率百分之十点零一。

行政区划单位和居民点名称

行政区划	自然村	户数	人口	驻地	曾用名
合作公社		4170	15707	陶家埭	
陶家埭大队		331	1163	陶家埭	新生大队

续 表

行政区划	自然村	户数	人口	驻地	曾用名
	陶家埭	220	745		
	外陶	38	149		
	傅家埭	48	199		
宋家溇大队		588	2170	宋家溇	合作大队
	宋家溇	96	331		
	南宋	50	197		
	桥里王	50	197		
	东湖溇底	70	240		
	潭桥头	110	420		
	西溇底	113	450		
	火伏溇	20	120		
	当溇底	60	190		
嵩湾大队		269	1096	嵩湾	文武大队
	嵩湾	25	68		
	笆里	50	240		
	庙横	20	50		
	王三房	30	180		
	茹家溇	40	140		
	溇湾	36	140		
	塘上王	45	250		
王家埭大队		436	1705	王家埭	红卫大队
	王家埭	117	550		
	单家溇	40	192		

续　表

行政区划	自然村	户数	人口	驻地	曾用名
王家埭大队	东王	47	197		
	裘家溇	55	211		
	宋公溇	10	50		
	朝东屋	32	166		
	九头溇	54	226		
	石沙溇	2	9		
高车头大队		278	1045	高车头	红旗大队
	高车头	99	379		
	江口冯	82	300		
	王家溇	49	172		
	俞家溇	48	194		
小潭大队		321	1266	小潭	
	小潭村	125	522		
	北岸姚	34	160		
	大潭	32	159		
	张家溇	33	161		
	朝北溇	43	264		
北里溇大队		129	454	北里溇	明星大队
	北里溇	91	295		
	九头溇	38	159		
杨树溇大队		207	787	杨树溇	
	杨树溇	207	787		
高木大队		153	596	北岸	
	高木	14	54		

续 表

行政区划	自然村	户数	人口	驻地	曾用名
高木大队	庙溇底	5	17		
	荷叶池	31	118		
	南岸	78	295		
	北岸	25	92		
兴塘大队		251	904	破塘	
	破塘	23	93		
	倪家	81	293		
	杨家	6	28		
	田港	74	264		
	花井	53	185		
丁墟大队		381	1547	中横	向阳大队
	丁墟				
	中横	111	423		
	后扬	86	408		
	大巷	48	194		
	前庄	130	58		
西安大队		271	955	安城	胜利大队
东安大队		555	2091	安城	
	安城	661	2499		
	行浦	71	190		
	汇头杨	91	266		

名胜古迹和其他人工建筑物

类别	名称	驻地	备注
桥	金驾桥		

续　表

类别	名称	驻地	备注
桥	嵩湾桥		
	福禄桥		
	广德桥		
	肖家桥		
	婆婆桥		
	兴塘桥		
	田港桥		
	后江桥		
	东江桥		
	石桥头		
	司马板桥		
	草庵桥		
	古集庆桥		
	泾春兴隆桥		

斗门人民公社

概述：斗门人民公社位于绍兴县北部。东靠合作公社，南邻袍谷公社，西连狭猕湖公社，北接马鞍公社，东北与马海公社交界。面积二十点九平方公里。人口二万四千六百四十，六千一百四十三户。全公社辖五十个自然村，分十五个生产大队，一百零七个生产队，并一个居民委员会。公社机关驻斗门西街百盛溇口。

名称由来：据传，唐朝时，在现本公社机关驻地有水闸一座，称“老闸”，建于金鸡、玉蟾两山之间，系萧、绍两县河水出海之处，山险水急，故名“陡亹”，并作地名（从俗简作“斗门”）。公社因驻地而名。

一九四九年五月解放，建政斗门乡。一九五六年，组属于斗门区。一九五八年，组属于斗门（大）公社。一九六一年调整公社规模，以原斗门乡为基础建立斗门人民公社，以至于今。现属马山区。

自然地理：本公社地势低平。有残丘分布，如璜山、城隍山、金鸡山、凤凰山、牛头山等，均属西干山脉。西小江自马鞍公社夹蓬闸流入本公社境内，与泗汇头会合以后称荷湖江,经三江闸注入杭州湾。春季多阴雨,夏季气温较高,属亚热带季风气候,利于水稻生长。

经济状况:全公社耕地面积一万七千九百二十二亩,其中水田一万四千九百二十六亩,为水稻作物区。一九四九年粮食亩产约四百斤,一九五五年亩产五百三十六斤,一九五八年亩产七百五十六斤。一九七九年,粮食亩产达一千八百九十五斤。生猪饲养量二万二千零六十八头,产淡水鱼六百三十二担,山林茶叶果树,均有发展。社队企业六十八个,以经营石料、建筑、酿酒、针织等业为主,一九七九年产值二百六十三万一千四百九十九元。县属绍兴糖厂在本公社境内。

以水路交通为主,每天有班轮与绍兴市区及海涂区相通。

文教、卫生事业简况:本公社有县属中学一所、社中心小学一所、完小和村校十四所,共有学生四千七百十七人。公社设卫生院。一九七九年,人口净增率千分之七点六五,一孩率百分之十五点三。

著名的"三江闸"在本公社北部。三江闸建于明朝嘉靖年间,长一百零六米,有闸孔二十八个,间板一千一百十一块,原系萧、绍两县之水利枢纽。一九五九年,闸门改用螺钩电动启闭。"三江大闸"巍然挺立,历史悠久,造福人民。现由于江涂淤塞,排水不灵,另建新闸,但其历史功绩不可磨灭。已列为省级重点文物保护单位。

行政区划单位和居民点名称

行政区划	自然村	户数	人口	驻地	曾用名
斗门公社		6143	24640	百盛溇	
斗门居委会		655	2367	东街	
	东街	340	1100		
	西街	315	1265		
百盛溇大队		217	771	百盛溇	民众大队
	百盛溇	217	771		
璜山北大队		168	763	六房	胜利大队
	璜山北	146	657		
	六房	22	80		

续　表

行政区划	自然村	户数	人口	驻地	曾用名
荷湖大队		397	1753	荷湖	富阳大队
	荷湖	314	1409		
	湖里头	52	213		
	祝家庄	31	131		
三江大队		1136	4426	三江	
	三江	598	2288		
	南门姚	109	403		
	塘湾	44	165		
	李家	89	366		
	百舟湾	109	470		
	童家	56	237		
	南溇底	62	235		
	章家	12	35		
	后闸溇	57	227		
后璜大队		82	360	后璜	五星大队
	后璜	82	360		
前璜大队		177	689	前璜	红旗大队
	前璜	177	689		
西堰大队		392	1622	西堰头	
	西堰头	334	1392		
	高港	22	103		
	肥溇	32	127		
东堰大队		467	1919	东堰头	
	东堰头	189	759		

续 表

行政区划	自然村	户数	人口	驻地	曾用名
	桔树下	50	214		
	王相桥	69	276		
	相二房	52	237		
	前间	48	202		
	头段宋	56	227		
斗门大队		597	2307	赵家桥	
	赵家桥	209	703		
	古岱	187	775		
	金潺底	70	306		
	塘头	127	517		
凤村大队		244	803	凤村	红卫大队
	凤村	244	803		
盐仓潺大队		234	908	盐仓潺	民建大队
	盐仓潺	91	384		
	南街	83	289		
	大江沿	60	235		
丁港大队		272	1069	丁港	解放大队
	丁港	272	1069		
桑港大队		282	1190	桑港	东方大队
	桑港	238	1019		
	戚墅	39	152		
杨望大队		561	2160	杨望村	五一大队
	杨望村	182	645		
	何间房	89	355		

续　表

行政区划	自然村	户数	人口	驻地	曾用名
	湖潮江	85	335		
	畈里衰	76	338		
	新河头	129	487		
寺东大队		361	1372	寺东	东风大队
	寺东	145	572		
	寺西	186	766		

名胜古迹和其他人工建筑物

类别	名称	驻地
古迹	三江闸	三江
桥闸	荷湖大桥	荷湖
	水阁桥	后璜
	王相桥	王相桥村
	花浦桥	
	赵家桥	
	万安桥	
	古迹桥	古岱村
	宝积桥	凤村
	外跨桥	大江沿
	野猫桥	丁港
	桑港大桥	桑港
	建设桥	东街
	磨坊桥	西街
	鹅市桥	西街
	黄木桥	西街
	三眼闸	童家
	减水闸	三江

自然地理实体名称

类别	名称	驻地	备注
山	玉平山	荷湖	
	龙背山	三江	
	璜山	后璜	
	凤凰山	凤村	
	金鸡山	盐仓溇	
	牛头山	大江沿	
	沈家山	杨望村	燕山
	蛤蟆山	何间房	下马山
	城隍山		玉蟾山
河	东海湖		外直江
	里直江		
	荷湖江	荷湖	
	王家池	寺东	钟家池

新围人民公社

概述：新围人民公社位于绍兴县北部。东濒曹娥江，西邻萧山县，南隔拦海老塘与马鞍公社接壤，北接新二公社。面积十八点五平方公里。人口九千六百五十四，二千一百七十二户。全公社分十八个生产大队，一百十二个生产队。社员均系本县各公社移民。公社机关驻飞跃闸。

名称由来，本公社辖区系新围海涂，故名新围公社。

本公社辖地，原系杭州湾内曹娥江口的水域，后由于常年潮水涨落时夹带的泥沙沉积，历久成涂滩，全县人民于一九六九年、一九七〇年两年筑"六九塘""七〇塘"两道拦海大堤，围涂成地，遂成今日之可耕土地。

建社前，所围之地均由本县的十区、一镇派社员前来垦种、管理和收获。一九七二年开始移民，一九七四年建立移民生产大队。一九七六年八月二十日，建立新围人民公社，以至于今。现属海涂区。

自然地理：本公社地势平坦，海拔低，江河均系人工开挖，水路四通八达。河湖面积约一千亩。昼夜温差大，春天多阴雨，夏季气温高，冬季比较温和，常年多风,属亚热带季风气候。宜种植棉花、西瓜,甘蔗、水稻等作物。每年七、八、九三个月潮位高,台风多,兼以土壤盐碱度高,产量尚未稳定。

经济状况:本公社有耕地一万五千四百五十六亩,为水稻、油料、甘蔗、西瓜的混合产区。一九七九年,粮食亩产九百五十斤,油菜籽亩产一百四十四斤,甘蔗、西瓜的产量亦成倍增长。生猪饲养量一万零七百八十头。多种经营发展迅速。目前有桑园一百零二亩,一九七九年植桑后,第一年产蚕茧三十九担。社队企业四十五个,以针织、农机、农副产品加工为主,一九七九年产值三十四万元。

本公社是海涂区政治、经济、文化和交通中心,驻(设)有区机关及区级粮食、财税、银行、学校、医院等机构。

水路交通方便。新建的绍(兴)三(江)公路通过本公社南缘与萧山县的萧党公路相衔接,并有班轮按时在绍兴市区与本公社间往返。

文教、卫生事业简况:本公社办有中学和区中心小学各一所,在校师生共一千四百零七人。区、社设卫生院各一所。一九七九年,人口净增率千分之八点六二,一孩率百分之十七点三三。县东湖农场分场、供销系统水泥厂均设在本公社境内。

"六九塘"东北角立有为修筑海塘而牺牲的徐长洪等七同志纪念碑,系七位同志的献身处。

行政区划单位和居民点名称

行政区划	自然村	户数	人口	驻地	曾用名
海涂区		4235	17278	新围公社	
新围公社		2172	9654	移民大队	
移民大队		414	1871		
农渔大队		47	214		
东城大队		115	492		
新建湖大队		160	695		建湖大队
柯一大队		123	532		柯桥大队
长洪大队		108	391		新建大队
齐贤大队		108	501		
华阳大队		100	430		
红安大队		108	498		

续　表

行政区划	自然村	户数	人口	驻地	曾用名
新钱清大队		117	502		钱清大队
南新大队		101	435		新南大队
皋合大队		169	681		
永久塘大队		113	412		禹陵大队
城红大队		78	315		
新闸大队		93	405		
前进闸大队		110	408		五联大队
越城大队		45	151		
平水大队		47	190		

名胜古迹和其他人工建筑物

类别	名称	驻地
纪念碑	徐长洪纪念碑	
桥	绍围桥	
	胜利桥	
	东哨桥	
闸	新胜闸	
	飞跃闸	
	五七闸	
	长虹闸	
	前进闸	
	姚家埠闸	
	钱清闸	
	解放闸	
	红湖闸	
	横河闸	
	红旗闸	

自然地理实体名称

类别	名称	驻地	备注
河	中心河		
	环塘河		

马海人民公社

概述：马海人民公社位于绍兴县东北边境。东临曹娥江，北滨曹娥江口，南与合作公社、斗门公社接壤，西界三江老闸与新闸间的河道。总面积五点三平方公里。人口三千三百二十，一千一百三十一户。全公社有六个生产大队三十一个生产队和一个公社农科队，分布于十六个自然村。公社机关驻中心河"六九塘"内。

名称由来：本公社土地为马山区所围海涂，故名马海公社。

一九六九年秋季以前，三江闸口的海涂淤积起大量泥沙。马山区的干部、群众在各级党委的领导下，奋战一九六九、一九七〇年两个冬季，筑堤围海造田。一九七一年开始，大批下乡知识青年来到海涂安家，一九七三年又从马山区六个公社移来社员，遂建立起海涂新村。一九七六年八月十九日，以新村为基础建立马海人民公社，以至于今。现属海涂区。

自然地理：本公社地处海涂，海拔较低，地势平坦，土质为碱性沙土。夏季气温较高，全年雨量充沛，属亚热带季风气候。宜水稻、油菜、瓜类等作物生长。

经济状况：本公社有耕地五千一百三十八亩，水旱间作，以种植水稻、甘蔗、西瓜、油菜、榨菜等粮食作物及经济作物为主。一九七九年，水稻亩产达一千五百九十三斤，加上西瓜、甘蔗等经济作物的收益，社员人均收入二百五十一元。生猪饲养量五千二百零六头。社队企业十一个，一九七九年产值四十九万四千一百七十三元。

文教、卫生事业简况：本公社办有中心小学一所、村校四所，在校师生共六百九十三人。公社设卫生院一所，各生产大队设合作医疗站。一九七九年，人口净增率千分之七点九七，一孩率百分之三十六点三。

行政区划单位和居民点名称

行政区划	自然村	户数	人口	驻地	曾用名
马海公社		1131	3320		
新皇甫大队		160	498		皇甫大队

续　表

行政区划	自然村	户数	人口	驻地	曾用名
新豆姜大队		194	504		豆姜大队
新斗门大队		195	577		斗门大队
新孙端大队		177	505		孙端大队
新合作大队		184	584		合作大队
新马山大队		149	550		马山大队

名胜古迹和其他人工建筑物

类别	名称	驻地	备注
闸	三江新排涝闸		
	大寨闸		
	宜桥闸		
	丰收闸		
	大庆闸		
桥	马海大桥		

自然地理实体名称

类别	名称	驻地	备注
河	中心河		
池	大池盘头		

绍兴县革命委员会《浙江省绍兴县地名志》1980版

三江闸

三江闸设 28 孔，以所谓"应星宿数"，故又名应宿闸、星宿闸，位于绍兴县东北部斗门乡三江村西，为中国著名古水利工程。系省级重点文物保护单位。

工程由明嘉靖年间绍兴知府汤绍恩主持修建，嘉靖十五年（1536）七月动工，翌年完成。其财力主要"出于三邑田亩。每亩科四厘许，计得资六千余两"。时人陶谐《新建三江塘闸碑记》载："使闸用巨石，牝牡相衔，煮秫和灰固之。""其下有槛，其上有梁，中受障水之板。板横侧掩之。" 28 孔深浅宽狭不一，各依天然岩基而定，中设大墩 5 座、小墩 22 座，木制闸板板数旧有定制，初定为 1113 块。闸成后复筑两翼堤塘 400 余丈及配套小闸。闸近处与府城佑圣观前水中各立一水则碑石，碑面自上而下刻有"金木水火土"5 字，以示水位高低。民国期间对各字高度作过测定，约为黄海高程：金字脚 4.50 米，木字脚 4.34 米，水字脚 4.22 米，火字脚 4.09 米，土字脚 3.95 米。启闭规则代有修改，明万历年间知府萧良干修闸时为"如水至金字脚，各洞尽开；至木字脚，开十六洞；至水字脚，开八洞。夏至火字头筑，冬至土字头筑。闸夫照则启闭，不许稽延时刻"。

三江闸建后启闭有时，旱蓄涝泄，其利惠及萧绍平原。《新建三江塘闸碑记》言闸成后"水无复却行之患，民无复决塘筑塘之苦矣。闸之内去海渐远，潮汐为闸所遏不得上，渐可得良田万余亩"。清康熙《会稽县志》称"自建三江闸，而山、会、萧三邑无旱之忧，殆百年矣"。

闸建后几经大修，史载主要工程有：明万历十二年（1584），知府萧良干主持；明崇祯六年（1633），修撰余煌主持；清康熙二十一年（1682），闽督姚启圣主持；清乾隆六十年（1795），尚书茹菜主持；清道光十三年（1833），知府周仲墀主持；民国 21 年（1932），浙江省水利局主持。

民国期间实测，闸长 103.15 米；孔宽在 2.16 米至 2.42 米间，总净孔宽 62.74 米，最宽"昴"字洞，最狭"柳"字洞；孔高在 3.40 米至 5.14 米间，最高"虚"字洞，最低"角"字洞。闸底高程在 1.10 米至 2.92 米间。最大泄流量 384 立方米每秒。闸门启闭向赖人力，1957 年冬始陆续改行机械启闭。1962 年建闸顶启闭机房,安装电动启闭设施。

1968 年后,闸外滩涂陆续淤涨并围垦成陆,闸泄水日趋困难。1972 年 7 月在闸外 2.5 公里处筑围堤,闸口出水道遂成内河;闸中间 4 孔为通航需要并作 2 孔,闸孔总净宽增至 68.44 米。1981 年 6 月在闸下游建成大型水闸新三江闸,三江闸作为历史文物继续保存。1988 年闸顶改为公路,拆除启闭机房,为与新闸配套,闸左岸新挖 90 米宽河道,上建汤公大桥。

1996 年版《绍兴市志》(浙江人民出版社)

新三江闸

新三江闸位于明建三江闸北 1.5 公里处,左接绍兴县围七〇丘海涂围堤,右接马山区海涂围堤。

新三江闸为萧绍平原主要排涝工程。萧绍平原河网集水面积 1582 平方公里,属绍兴市境 1292 平方公里。泄水防涝素为平原水利重点。工程 1977 年 11 月动工,1981 年 6 月竣工,投工 139 万工日。国家投资 624 万元,实用 591.2 万元。设计单位绍兴县水利电力局。

闸长 158 米,设 15 孔,每孔净宽 6 米。闸底高程 −0.67 米。每孔设内外闸门 2 道,油压顶杆式启闭。闸左设冲沙泵站,以除闸口淤沙。闸右设鱼道,宽 2 米,长 262 米。闸顶建筑物自下而上为检修平台、启闭机房、总控制室。闸前通道兼作公路桥。最大泄流量 1420 立方米每秒。设计排涝能力为:萧绍平原 3 日降雨 254 毫米 4 日排出。受益农田 82.1 万亩。

闸基础处理采用组合沉井群,设大小沉井 69 只,另置施工排水沉井 45 只,规模居国内同类工程之首,获省人民政府颁发 1983 年度省科技成果推广三等奖。工程获省计划经济委员会 1984 年度省优秀设计二等奖、优质工程奖。

1996 年版《绍兴市志》(浙江人民出版社)

三江闸

　　三江闸位于斗门镇三江所城西，距城 16 公里，以处钱塘、曹娥、钱清三江交汇口而得名。闸总 28 孔，各应星宿之名，又称应宿闸。明嘉靖十五年（1536）知府汤绍恩动建，次年竣工，是中国著名古水利工程之一。

　　南宋鉴湖局部湮废，浦阳江借道钱清江入海。《明史》载："山阴、会稽、萧山三邑之水汇三江口入海，潮汐日至，拥沙积如丘陵，遇淫潦则水阻，沙不能骤泄，良田尽成巨浸。"《闸务全书》记："春霖秋涨时，陂谷奔溢，民苦为壑；暴泄之，十日不雨，复苦涸；且潮汐横入，厥壤泻卤。患以三者，以故岁比不登。"清人韩振撰《绍兴三江闸考》亦评及明嘉靖前"建闸二十余所，虽稍杀水势，而未据要津，恒有决筑之劳，而患不能弭。"

　　明嘉靖十四年（1535）汤绍恩任绍兴郡守，"下询民隐，实惟水患"，"遍行水道，相厥地形"，掘地勘查古三江口有"石如甬道，横亘数十丈"，遂选定在玉山闸北、浮山之南、三江所城西、彩凤山与龙背山隔江对峙而石脉中联之古三江口，依峡建闸。

　　十五年（1536）七月备料、筑坝，翌年三月闸成，历时不足 9 月。闸体施工时间仅"六易朔而告成"。据《闸务全书》载，建闸共费银五千余两，"出自邑田亩"，"其役夫起于编氓"。

　　据民国期间实测，闸长 103.15 米，自东向西从"角"字洞起到"轸"字洞止，28 孔总净孔宽 62.74 米。单洞宽 2.16—2.42 米，最宽"昴"字洞，最狭"柳"字洞。闸面宽 9.15 米，闸面高程（黄海，下同）6.63 米。闸底系岩基，高程在 1.10—2.92 米间。闸最大泄流量 384 立方米每秒，正常泄流量 280 立方米每秒。

　　《闸务全书》载：闸以天然岩石为基础，"其底措石，凿榫于活石上，相与维系，灌以生铁，铺以阔厚石板"。各洞在闸底板上设有内外石槛，以承闸板。

　　闸墩、闸墙全用千斤以上条石砌筑。闸墩砌筑时采用墩石砌高一层闸洞封土一层，与砌石齐平等阔。一般砌石 8—9 层，亦有 10 层以上者。石与石"牝牡相衔，胶以灰秫"。闸墩两端"则剡其首"，形如梭子，故称梭墩，以顺水流。每隔

5 洞置一大墩,西端尽处只隔 3 洞。全闸有大墩 5 座,小墩 22 座。墩侧均凿有内外闸槽各一道,以置木闸板。原有内外木闸板总 1113 块,民国时为 1078 块,其中内闸门板 536 块,外闸门板 542 块。闸墩顶部覆以长方体石台帽,上架石梁,铺成路面。

闸上游三江所城外及府城佑圣观前河中各立有水则碑石,碑面自上而下刻有 "金、木、水、火、土" 5 字,以示闸内河湖水位高低。明万历年间知府萧良干修闸时制订《三江闸见行事宜》,定有闸行政管辖、闸夫定额、启闭准则、开筑要务和维修保养等九项条例,是三江闸运行管理 47 年后形成之第一个管理法规。规定 "水至金字脚,各洞尽开;至木字脚,开十六洞;至水字脚,开八洞。夏至火字头筑,冬至土字头筑。" "照则启闭,不许稽延时刻"。民国时期对碑面所刻各字高度作过测定,其黄海高程为: "金"字脚 4.50 米、"木"字脚 4.34 米、"水"字脚 4.22 米、"火"字脚 4.09 米、"土"字脚 3.95 米。

闸成后筑两翼海塘 400 余丈,并配套建有 "以杀水势" 之小闸。主要有三江所城西门南 5 洞平水闸(俗称减水闸)、玉山闸东北高丈余 1 洞撞塘闸(后又添建 1 洞,故称两眼闸)、蒿坝 1 洞清水闸。

三江闸建成,山、会海塘全线连接,钱清江纳入山会平原为内河,形成三江水系。《闸务全书》称:"潮汐为闸所遏不得上","水无复却行之患,民无复决塘、筑塘之苦","旱有蓄,潦有泄,启闭有则,山、会、萧三邑之田去污莱而成膏壤"。"塘闸内得良田一万三千余亩,外增沙田沙地数百顷,至于蒲苇鱼盐之利,甚富而饶。"

混凝土闸门替代木叠闸板门。1972 年升高闸中间 4 孔(室、壁、套、娄洞),垂直升高 1.27 米,改建为两孔(每孔净宽 7.02 米),并配置钢丝网摺板式混凝土闸门,以改善内河与新围垦区间水运条件。

1972 年 7 月,在闸下游 2.5 公里之马山围涂与县围涂间筑堤 430 米,封堵三江闸入海口,结束历时 435 年蓄泄使命。闸外新挖面宽 40 米、长 2.5 公里河道,东与马山围涂丰收闸、西北与县围涂解放闸沟通,三江闸遂成为内河节制闸。1987 年在三江闸西侧开挖面宽 150 米新河,并配建钢架拱公路大桥,名 "汤公大桥"。1988 年拆除闸面以上启闭房,拆低 1972 年升高之闸墩,闸面改筑成公路路面,称老闸桥。

三江闸,下部结构至今仍保持原貌。1963 年被列为浙江省重点文物保护单位。

明末清初,钱塘江下游泾流主道"三门"之变。三江闸外涨沙阻泄。《闸务全书》载:闸外淤沙之患,比钱塘江改迁中小门入海迟约 30 年,起于康熙十年(1671)。据此,三江闸效能全盛阶段历时 135 年。效能衰减阶段自康熙十年止于 1972 年闸外出水口被封堵,历时 301 年。

三江闸建成后,几经大修。史载,建国前较大修理 6 次:

第一次:明万历十二年(1584)知府萧良干主持,历时 3 月,费银一千三百两。闸上自首迄尾覆石令平衍,两旁更加巨石为栏。以二十八宿名分属各洞,凿于栏洞上。订立《三江闸见行事宜》,始行依法管理。

第二次:明翰林修撰余煌(会稽人)创议修复,宁绍台道林日瑞、郡守黄绅主持。崇祯六年(1633)十月中旬动工,十二月完工。经费以捐资与加赋为来源,每亩加赋二厘许。有千余人筑坝。修成后订有《余公修闸成规条例》15 条,涉及管理机构、启闭规则、修理方法、技术要求和闸务经费等。

第三次:清康熙二十一年(1682)闽督姚启圣(会稽人)"不加税一亩,不擅投一丁,不科派一家,独捐数千金",并命其弟佐理。请郡守王之宾主持修闸,是年九月四日开工,十一月十五日完工。改以往搭架打桩为用大船二只,船上搭架,架上打桩,可随地趱换。用工以万千计,如筑坝打桩 4000 余工。挑土 8000 余工,车水 2000 余工,修闸洞 1000 余工等。

第四次:清乾隆六十年(1795)尚书茹棻(山阴人)、知府高三畏主持修理。十月六日开工,十一月十八日完工。对"旧制,外筑土堰二道不足以资捍卫,改照北塘枪工柴塘做法,捆埽建筑,内外用柴镶高,土方层夯层挑,收分平顶。填塞罅漏,改用鱼网包灰之法"。

第五次:郡守周仲墀主持,清道光十三年(1833)九月动工。当坝成时。"霖潦大至,毁坝,灌锡不及,先用网灰法仓猝告成",对水面以上部分缝隙用灰铁填补,或用油松塞入。次年冬再修。"纯以铅锡溶汁沃之"。全闸始臻巩固。11 月竣工。"共用亩输钱二万二千缗"。

第六次:由浙江省建设厅水利局主持。民国二十一年(1932)10 月 9 日开始筑坝,12 月初竣工。《浙江省水利局修筑绍兴三江闸工程报告》载,修前,闸已呈"逐渐就圮之势"。罅漏严重。漏水量有开 4 洞之数。石槛与岩基间沃锡已冲刷殆尽;墩缝有 5 厘米者;墩闸多风化裂解。这次修理共筑长 16、17、20 米内坝 3 条,长 126 米外坝 1 条,排水用 4 马力煤油机配 4 英寸离心水泵共 2 套(装在船上)和 16 马力柴油机配 8 英寸离心水泵 2 套。还应用先进灌浆技术和混凝土材料。罅漏处,用德国柏林造灌浆机(35 马力,压力 2.5—3.5 公斤 / 平方厘米,每小时灌浆 0.75 立方米),灌浆 153 立方米,闸基与石槛间和两槛间及内外,填补混凝土 177 立方米。修闸后把清理闸墩脱下之锡铸成"锡碑",由省建设厅长曾养甫撰文,在彩凤山建碑亭,以示纪念。筑 3 号内坝取土时在闸西端田中掘得石龟,置于闸碑之侧。总用工杂费洋 31376.5 元(不计灌浆、抽水机件)。

建国后较大修理与改建不断,主要有:1957 年冬起,逐步改手工启闭为机械启闭闸门,零散木闸板改为整体式木叠闸板。1962 年建启闭房,改机械启闭为电动启闭。以钢筋混凝土闸门替代木叠闸板门。1972 年升高闸中间 4 孔("室、壁、奎、娄"洞),垂直升高 1.27 米,改建为 2 孔(每孔净宽 7.02 米),并配置钢丝网摺板式混凝土闸门,以改善内河与新围垦区间的水运条件。

1972 年 7 月,在闸下游 2.5 公里的马山围涂与县围涂间筑堤 430 米,封堵三江闸入海口,结束历时 435 年蓄泄使命。闸外新挖面宽 40 米、长 2.5 公里河道,东与马山围涂丰收闸、西北与县围解放闸沟通,三江闸遂成为内河节制闸。1987 年在三江闸西侧开挖面宽 150 米新河,并配建钢架拱公路大桥,名"汤公大桥"。1988 年拆除闸面以上启闭房,拆低 1972 年升高之闸墩,闸面改筑成公路路面,称老闸桥。

三江闸下部结构至今仍保持原貌。1963 年被列为浙江省重点文物保护单位。

1999 年版《绍兴县志》(中华书局)

绍兴的海塘

陶存焕

我有幸曾于五十年代从事过故乡的海塘建设,还跟一二十年代曾任绍萧段塘闸工程处工程师的水利界前辈共事过,近十年又一直在整理钱塘江海塘的史料,因将绍兴海塘的历史,就我所知,概述一二。

　　绍萧平原物产丰富,人杰地灵,是我国东南沿海有数的富饶平原之一。西、北、东三面有浦阳、钱塘、曹娥等江环绕,梅雨、台风季节,山洪倾泻而下,有若高屋建瓴;秋潮大汛时期,涌潮奔腾而上,其"滔天浊浪排空来,翻江倒海山为摧"的气势和力量,远非一般潮汐所能比拟。且钱塘江最高潮位要高出平原地面2—8米,全靠萧绍海塘的抗御,才使我们能在平原上安居乐业,发展生产。从而可知萧绍海塘建设的重要和艰巨。因之,其安危一直受到人民的重视,也得到历代当政者的关注。

　　萧绍海塘西起临浦麻溪山,东迄蒿坝口头山,全长117公里。其中西兴以西一段,习称西江塘;西兴到宋家溇一段统称北海塘(明、清两代分称萧山北海塘和山阴后海塘),宋家溇之东俗称东江塘。新中国成立之前,萧绍海塘之在绍兴县(明、清两代为山阴、会稽县)辖境内的计有两段:一段在临浦麻溪山到临浦后市头,长约8公里;另一段是瓜沥天祇庵到曹娥,计长54公里。其余除蒿坝一段外,均属萧山县。

　　此外,曹娥江以东的南汇、沥海所一带,还有一块历史上属于绍兴的"飞地",因之张家埠到纂风,计长8.6公里的一段百沥海塘,在中华人民共和国成立以前,也在绍兴县(民国改元以前为会稽县)境内,其余属上虞县。

　　修筑绍兴一带海塘的历史,应该可以远溯到我们祖先进入平原,拓辟草莱,进行耕种之际。但由于历史的变迁,史料的散佚,现存最早的历史记载是在唐代。当时,海塘系属土塘,虽已连成系统,但尚未达到明末清初的规模。及至明初浦阳江改道积堰汇入钱塘江,嘉靖十六年(1537)建成三江闸以后,萧绍海塘塘线始形成现有格局。

　　至于萧绍海塘修筑技术的改进、发展,宋代还处于探索阶段,虽曾将一部分土塘改砌成石塘,但结构简单,难御强潮。一直到明代后期以至清代,筑塘技术方始逐步趋于成熟。根据海塘所处地段的险要程度,分别将土塘、柴塘、篰石塘改建成各种类型的重力式石塘,计有鱼鳞石塘、丁由石塘(条块石塘)、丁石塘、块石塘、石板塘等。现存的重力式石塘,有较多的段落是清代所新建或改建的。民国时期,"西学东渐",新技术、新材料、新机具逐步应用于萧绍海塘建设。在此期间,除仍按旧形式于民国十年(1921)新建丁家堰鱼鳞石塘904米,民国十年至十一年(1921—1922)在宋家溇新建丁由石塘1946米,在后倪新建丁由石塘780米,以及拆筑重建新城、曹娥等丁由石塘外,还于民国十四年至二十六年间(1925—1937)先后将三江塘湾、楝树下、南塘头三处土塘改建成新式的浆砌块石斜坡塘,共长 550 米;用气压灌浆机在三江闸西首、镇塘殿、大吉庵、新埠头等处石塘灌注水泥沙浆,共长 741 米。至于用水泥沙浆作胶结材料,用混凝土代替石料,在民国十四年(1925)以后,也已普遍应用于萧绍海塘工程,从而使海塘抗洪、御潮能力,较前有所提高。

另外还值得一提的是,自清代至民国,除对海塘的结构形式、砌筑技术作了改进以外,还随塘工技术的发展,完备了有关设施和附属建筑物。如险要地段的主塘之后,修筑备塘,以防主塘万一发生漫溃,能缩小受淹范围。塘后还有塘河与护塘地,俾便运料、抢险与堆料、取土。塘前有坦水护脚,顶溜地段则又布置盘头、石坝以挑溜护塘。这些构筑设施综合成一套布局合理而又有实效的防御体系。

萧绍海塘曾建有闻名全国、二十八孔的三江应宿闸,以及 1—8 孔的山西、姚家埠、刷沙、宜桥、栋树、西湖等闸,从而旱有蓄,涝可泄,为绍萧平原的农业发展创造了有利条件。

萧绍海塘塘外,江道变迁无常,大溜离塘之后,塘前遂淤滩成地,日久乃围堤垦殖。这些围堤的修筑维护,悉由围垦者自理,因称为民堤,历代政府一般并不与问。在绍兴辖境内的萧绍海塘塘外淤垦地,以南沙为最大,其次为沽渚、沥泗片和南汇片,但是该民堤经常受江岸坍蚀的威胁,因之坍则退,淤则进,变化较多。

关于萧绍海塘的修筑和管理,民国以前,均由府、县负责。清代曾在府、县之下专设通判、同知分别经理承办。民国改元之初,绍、萧两县各设塘闸局,专司塘、闸岁修管理事宜,由两县各推选理事,承知县之命各主其事。在举办大工时,则由省委员临时设专局办理,工竣即撤。民国十六年(1927)之前,曾三次设局。第一次为民国元年(1912)年底,曾设塘工局负责办理萧山西江塘抢修工程,由邵文镕任局长。民国七年至十三年间(1918—1924),第二次成立绍萧塘闸工程局,修建绍、萧两县险塘,局长先后有四任,即钟寿康、丁紫芳、钟寿康、杨某(名待考)。第三次在民国十五年(1926)九月,又成立绍萧塘闸工程局,由曹豫谦任局长,将绍、萧两县原有塘闸局改为东、西管理处。及至民国十六年(1927)七月,省成立浙江省钱塘江工程局,将绍萧塘闸工程局裁改为绍萧段塘闸工程处。自此之后,省局机构虽一再改变,但绍萧段塘闸工程处始终未变,一直保持到民国二十六年(1937)年底杭州沦陷,随省水利局的裁并而撤销。次年(1938)七月,因日军南侵,又恢复绍萧塘闸工程处,直隶第三区行政督察专员公署。二十八年(1939)一月又改隶省建设厅直辖,到民国三十年(1941)四月绍兴县城沦陷时解散。当时,处务一直由董开章工程师负责主持。抗日战争胜利后以至1949

年5月杭、绍地区解放期间,在浙江省海塘工程紧急抢修委员会、钱塘江海塘工程局之下,均设绍萧段工程处。其间,仅民国三十七年一月至三十八年三月间(1948—1949)曾裁撤绍萧段工程处为养护队。

民国初年的绍兴县塘闸局、民国十六年到三十年(1927—1941)的绍萧段塘闸工程处均设于绍兴城内开元寺傍的汤公祠。

总之,绍兴的海塘虽在历史上已初具规模,但修筑技术由于受到当时条件的限制,石塘塘基普遍过高,部分重力式石塘的稳定性偏低,周围条件稍有变化,塘身会随即发生倾移,塘顶高程又普遍较低。中华人民共和国成立后,针对所存在的弱点、缺点,分别采取相应对策,予以加固、改造,并在塘外根据淤滩的发展,圈筑、巩固围堤,随又建成新三江闸、马山闸,不但提高了海塘的抗洪御潮能力和内涝的排泄能力,而且气势雄伟的海塘、水闸屹立于绍兴的东北隅,亦为绍兴增添了景色,江山多娇,如今是分外妖娆。

1991年版《绍兴文史资料》第六辑(浙江人民出版社)

新三江闸的创建

杨立人　沈寿刚

说起新三江闸,很自然地会联想到雨、涝。特别是今年梅汛历时长、雨量相对集中,为历史所罕见。距绍兴百把公里的杭嘉湖被雨涝、洪水困扰而频频告急,而绍兴却是在浓密的雨水中显得安然,这不得不归功于新三江闸。据县防汛防旱指挥部办公室资料,在今年6月1日至7月10日期间,全县平均降雨518.1毫米,约占常年全年雨量的36%;全县共启闸抢排雨涝量5.07亿立方米,其泄量相当于整个绍萧平原河湖正常蓄水总量的146%。其中新三江闸共排泄水量3.25亿立方米,占全县同期总排水量的64.1%,其量接近于整个绍萧平原水网的正常蓄水总量。新三江闸以巨大的工程效益,确保了全县安澜。对此,全县人民是有目共睹的。特别是一些亲身参加过新三江闸建设的人们，常以此引为自豪，不由自主地会回忆起有关创建的点点滴滴。

缘 由

提到新三江闸创建，就不得不从三江闸的功效衰减说起。据史料记载，三江闸自明嘉靖建成后，由于钱塘江下游出水主道经龛山、赭山间的"南大门"而入海，紧靠绍萧平原北缘海塘，闸外无涨沙之患，闸水畅泄，使"山、会、萧三邑之田去污莱而成膏壤"。明末清初，钱塘江下游出水主道改迁于赭山、河庄山间的"中小门"而出，以后又渐趋北，直至从河庄山、马牧港间的"北大门"入海。三江闸随着上述的"三门"变迁，闸外淤沙日积，继而出现阻滞宣泄的情况，绍萧平原的水旱灾害随之加剧。

嗣后的三百来年中，特别是建国后的近三十年中，采取了浚港通流，保持三江闸完好，置闸增流，疏导水网和加强管理等五大措施，但由于钱塘江下游出水主道一直稳定在"北大门"而出，塘外自西兴至三江闸一带形成广袤的沙涂，致平原的抗御水旱的能力得不到明显改观。抗涝能力，仅从建国初的 3 日降雨 110 毫米不成涝，略提至 130 毫米左右，相当于二年一遇的标准；抗旱能力，基于三江闸在内涝时往往因闸江淤阻或潮洪顶托，不敢过多地蓄高内河水位，惟忧一场大雨而成灾，加上生产、生活用水日增，平原在夏秋时，往往晴热 30 天，就会出现用水紧张、局部受旱。

随着海涂的不断围垦，到 1970 年冬，三江闸出口通道有 2.5 公里长被马山围涂西堤和县围七〇丘东堤紧紧夹住，三江闸出口流道被淤沙封填，根本无法启门泄流，于是 1972 年 7 月筑堤封堵了三江闸出海通道，使三江闸完成了长达 435 年光荣而又沉重的历史使命。

三江闸的历史使命终结，导致绍兴平原水利形势日趋严峻。表现在：

一是平原西南部山丘 550 平方公里的集水面积，虽然有已建山塘水库滞蓄，但多系小塘小库，总库容只有 3932.3 万立方米而无力统纳。一场大雨，众水骤下而涌入平原水网；

二是平原虽有 142 平方公里的水网，但由于平原地面一般在吴淞高程 6.5 米上下，还有 6.2 米左右低田畈近 10 万亩，在正常河湖水位 5.8 米时，河网滞蓄能力有限，即使水位提高到 6.5 米，局部农田受淹的情况下，其滞蓄量也不超过 1 亿立方米，而容不下流域内 1582 平方公里上普降 100 毫米的雨量；

三是三江闸封堵后，整个绍萧平原除萧山能排出一部分水量外，绍兴平原和部分萧山余水则全赖马山、红旗等 4 闸外泄。而上述史料记载,三江闸自明嘉靖建成后,由于钱塘江下游出水主道经龛山、赭山间的"南大门"而入海,紧靠绍萧平原北缘海塘,闸外无涨沙之患,闸水畅泄,使"山、会、萧三邑之田去污莱而成膏壤"。明末清初,钱塘江下游出水主道改迁于赭山、河庄山间的"中小门"而出,以后又渐趋北,直至从河庄山、马牧港间的"北大门"入海。三江闸上述 4 闸的设计排涝能力只有 395 立方米每秒,相当于每小时排水约 142.2 万立方米,基于河道配套、咸潮顶托等因素,实际泄洪能力只有 200 立方米每秒左右,远远不到设计数;

四是从 1973 年—1979 年的资料,除 1975 年外,其余年份均发生洪或旱,以至同年洪旱并患。如 1973 年梅雨致涝,10 月起秋旱连冬旱 87 天。1974 年 13 号台风致灾。1976 年夏秋连旱 60 天,17.5 万亩农田受害。1977 年秋涝,6.47 万亩农田受淹。1978 年伏秋旱,9.7 万亩农田受灾。1979 年夏旱后又秋旱,8 月 22—24 日 3 天降水 274.8 毫米,山洪暴发,河水猛涨,倒房毁堤,损粮伤人。

在如此被动的水利形势下,亟待有一座新的大型排涝水闸来总领平原水系的蓄泄,以扭转水旱频仍的局面,新三江闸遂由此而创建。正好被范寅在清光绪八年(1882)所撰《论古今山海变易》一文中说"不出百年,三江应宿闸又将北徙而他建矣"所言中。

设　计

为了迅速有效地改变绍兴水旱频仍的被动局面,全县人民翘望新闸兴建。县里也多次向省领导汇报与要求建造新闸。1975 年 12 月 12 日,在封堵三江闸出口的土堤以北筑成与土堤平行的围堤一条,长 460 米,以形成新闸的施工区,为尽快建设新闸创造了条件。1976 年初,县正式向省打报告要求建造新三江闸,省水电厅等部门原则同意。由于新三江闸是达到国家二级工程的规模,理应由一级勘测设计单位承担设计任务。省厅考虑到有关单位设计任务较忙,看到绍兴水电局技术力量强,便同意绍兴县自己设计。1976 年 3 月,建立新三江闸设计小组,由杨立人负责并为主设计,参加设计的还有缪婉英、黄锡森、徐天夫,省水利设计院具体承担机电方面的设计。设计小组经过近一年的艰苦工作,夜以继日,1977 年 2 月《新三泣闸排涝工程初步设计》以县文件正式向省报送。

新三江闸设计过程中,碰到了很多问题,其中主要的问题是两个。

一是闸的规模问题。根据流域面积 1582 平方公里,总有耕地 82.1 万亩,其中萧山 19 万亩,绍兴 46.9 万亩,上虞 9 万亩,越城区 7.2 万亩。如果防洪标准定得过高,则势必要增大闸的规模,进而增加投资、投劳;如果定得过低,则仍抗御不了平原涝旱。最后根据《浙江省水文图鉴》,以 10 年一遇、3 日降雨 254 毫米 4 天排除涝水、恢复内河正常水位(吴淞 5.9 米),并考虑到曹娥江下泄洪峰流量 4000 立方米每秒和外江天文大潮顶托等不利条件,确定闸的泄流量为 528 立方米每秒,以此作为设计的基本依据。对闸孔问题,是 4 米、6 米,还是 8 米宽,也经过反复斟酌,最后确定 6 米 15 孔的规模。

在设计中,还充分利用原三江闸系的功能,以避免配套河道疏浚工程量过大,挖填良田较多的问题。

根据设计小组提供的资料与意见,县具文向省水电厅上报《新三江闸排涝工程设计原则的报告》。1976 年 6 月,省水电厅批复,设计小组按省批准的设计规模、标准等进行具体设计。

二是闸的基础处理的问题。新三江闸建于新淤海涂上,经省工程地质大队现场钻探资料,闸基原地面以下分上、中、下三层次,地面至地面以下 19.4 米层为粉土、粉砂层;地面以下 19.4 米至 34.7 米层有软土(俗称青紫泥);地面以下 34.7 米至 45.7 米层为细沙、沙砾夹粘土层。由于新闸基础的持力层处在上层的粉土、粉砂层,其承载力因粉土易液化而极不稳定。当粉土固结时为 10 吨 / 平方米,当震动液化时承载力大为下降,使建筑失去稳定。设计中首先考虑把闸址选择在安全可靠的软石基础上,但从闸址选择条件来衡量,又别无他择。当时设计小组根据绍兴许多小闸已采用沉井基础获得成功的启迪,大胆设想了新闸应用沉井群处理基础的方案,但我们也担心这么大的沉井(大的面积有 430 多平方米)要均衡垂直下沉 11 米之多,沉不沉得下去?对此,省里也有两种观点:一种是支持我们,虽然国内还无此类基础处理的先例,但已有小型水利工程的成功经验,可以大胆实践、创新;一种建议采用打深桩、板桩,比较牢靠。后在我们充分准备下,省水电厅组织 50 多位专家进行会审,最终统一了用沉井群组合成整体的基础处理方案。

基础沉井由闸室、左右岸墙、上下游翼墙等 34 只和第一、第二两道防冲槽沉井 35 只组成,施工中还有 40 多只排水沉井。以 5 只闸室沉井(主沉井)为最大,每只宽 22.4 米,长 19.3 米,高 6 米,用钢筋混凝土筑成,垂直平衡下沉 11.2 米,井顶面上浇厚 1.2 米的钢筋混凝土底板,以承受闸底板到总控制室总高 22.3 米建筑物之巨大重力。各相关沉井之间,采用刚性和柔性两种联接形式,以满足防渗、承载和不均匀沉降的要求,达到四周封闭、基础稳定、承载力高。对荷载较大的闸室主沉井采用柔性联接,在联接槽中浇筑了防渗混凝土直墙,在槽底用混凝土封底,然后在槽中夯填黄泥。

此外,在设计中还应用电力集控装置操纵闸门启闭,使闸门启闭同步、平稳。15孔闸门全部启闭时间为不超过20分钟。每孔闸门可单独启闭,也可使许多扇闸门联动启闭,任意组合。

新三江闸的设计,具有创新、合理、安全、可靠等特色。省水电厅对上报设计审核后,于1977年9月正式下文同意兴建新三江闸。该闸的设计,1988年6月被省计经委评为优秀设计二等奖。沉井群基础研究成果1983年10月被省人民政府评为科研成果三等奖。

施 工

1977年10月,县委批准建立"建造新三江闸会战指挥部"和"会战指挥部党委",县委常委高晓明任指挥和党委书记,杨忠杰任党委副书记兼副总指挥,韩玉亮、顾进元、葛行善任副总指挥。指挥部下设施工、后勤、政宣等组。11月5日,建造新三江闸工程正式动工。

施工队伍由专业技术队伍和民工专业队组成。土方工程,由全县(除平水、越南区)受益范围内的农村劳力,以区为单位抽调组成"营",以公社为单位组成"连"。整个工程视工程进度先后分期分批共组织了8期土方挖填工程。最多时日出勤民工2.6万人。参加建闸的民工,住的是临时简陋工棚,吃的是霉豆腐、乌干菜,青菜、萝卜是常菜,拿的是每方土方4角钱的补贴。但他们以能参加为子孙后代造福的建闸劳动而自豪,因此,劳动劲头很足,日夜苦干,毫无怨言,工程任务完成得十分出色。民工的带队领导,多系区社领导,有的是多次参加围涂的行家,如钱清区的朱静权同志等等。他们亲自参加劳动,抓进度,抓质量,还要做思想政治工作,协调关系,不仅接受任务干脆,而且完成任务出色,在整个工地上有很高的威信。

专业技术队伍中,钱江工程队支援沉井群下沉施工,在日夜施工中,做到严格质量,平衡下沉,确保安全,保证设计要求。绍建、修建队负责闸底板的浇筑,农机、农修、实验厂负责制作油压启闭机械,省水利工程队支援闸门吊装等,做到任务分工明确,互相协作配合,确保整体工程质量。县水利水电工程队、塘闸职工,更是责无旁贷,勇挑重担,哪里出现困难,哪里就肯定有他们在排忧解难。

对施工中的质量,设计人员常驻工地,轮班分项进行监控,一丝不苟,还建立了质量监督机制,确保质量。

对混凝土,严格控制水灰比,并订有操作规程,实施专人检查与设计、施工人员抽查相结合,一经发现质量不符要求,立即清除,不留隐患。

对钢筋混凝土闸底板,浇筑后采用钻孔以 2 公斤／平方厘米的水压力进行压水试验,使吸水率等符合规范要求。

对水平止水缝,采用 10 米钻 1 斜孔,进行 2 公斤／平方厘米的水压试验;对垂直水缝用电热沥青井,多次电热使沥青均匀充填止水,水压试验中未发现冒水情况。

对闸墩、翼墙、岸墙的砌石,要求每层水平,垂直错缝,缝宽不得超 3 毫米;对闸墩砌石 1081 立方米,砌好后钻孔 104 个,进行压力灌浆,确保砌石密实。

对金属结构安装,闸槽轨道的垂直偏差实测不超 1.5 毫米,导向轨道与闸门吊耳中心线偏差不超 2.5 毫米,均达到或超过了设计要求。15 孔闸门全部开启时间实测为 12 分钟,比设计要求 20 分钟缩短了 8 分钟。

全闸竣工后,在 1981 年 6 月 11 日 14 时开始到 7 月 12 日止的这段时间,利用上、下游围堰未拆之际进行水闸原型试验。用水泵灌水,使闸上下游水位分别达到 6.1 和 2.09 米,净差 4.01 米,历时 23 天先后观测 78 次,获得数据 1302 个。省市水利专家先后于 6 月 29 日、7 月 12—13 日两次到现场查核,一致认为主要数据符合或接近省水利科学研究所提出的《新三江闸闸基两向电拟试验报告》要求,出逸坡降达到设计要求。7 月 13 日 9 点钟开启 14 号闸门,进行油压启闭的满载运行试验,当时闸里水位 5.97 米,闸外水位 2.58 米,净差 3.39 米,油压达到 200 公斤／平方厘米,闸门步平稳提升。同日上午对主体工程进行了沉陷检查。历时 1 个月的试验前后,沉降量为上游侧 6—7 毫米,下游侧为 3—4 毫米,均属正常。由于工程质量优良,1984 年被省计经委评为省优质工程.

闸于 1981 年 6 月 30 日竣工,其中因资金短缺暂停施工外,实际共施工 32 个月,比原计划 3 年时间提前了 4 个月。工程总完成土方 94.5 万立方米,抛石 5.235 万立方米,干砌块石及干砌深勾缝 0.78 万立方米,浆砌条块石 1.7 万立方米,钢筋混凝土 2.945 万立方米,共耗用水泥 10100 吨、钢材 950 吨、木材 1400 立方米,投放劳动力 139 万工日。概算投资 624 万元,实际使用 591.2 万元,比概算节约 5.26%。

新三江闸建成后,与之相配套的河道配套工程也陆续进行。1987 年底前完成了新老三江闸间的河道疏浚,并新拓三江闸西侧新河(宽 150 米)。河上架 6 孔,每孔 25 米,面宽 9.5 米的汤公大桥,与三江闸直接连接。1988 年拆除三江闸启闭房,把闸面改成宽 9.16 米的公路路面,与汤公大桥相衔,以通车、宽流并保持三江闸的原貌。继后又对荷湖段进行截弯取直,使 5 公里长的总干河面宽达到 205 米。此外,对东、西干河也相继进行疏挖,以提高引排能力。

效 益

新三江闸左右总宽158米,总15孔,每孔净宽6米,上下游向的闸面长19米,闸底板高程 1.2 米,闸面高程 11 米,闸顶高程 22.3 米,日平均泄流量 528 立方米每秒,属大型滨海水闸。新三江闸以宏大的工程规模、肩负的蓄泄重任,势所必然地成为继三江闸后的又一座统领绍萧平原水网蓄泄的枢纽工程,并形成了以新三江闸为主控的,以其总干河及东西干河为干道的旱可蓄引、涝可迅排的平原新水系。

新三江闸的建成,扭转了建闸前平原旱涝频仍的被动局面,给绍萧平原带来了显著的工程效益,开创了平原水利新局面。

首先,是缓解了平原的内涝威胁。当与闸相配套的河道工程全部完成时,可使流域 1582 平方公里内的 82.1 万亩农田和 67 平方公里的海涂,其排涝水平从原二年一遇,提高到十年一遇,并能在曹娥江下泄洪水流量 4000 立方米／秒和钱塘江天文大潮顶托的不利条件下,4 天排出涝水,使内河水位恢复正常。建闸以来,由于新三江闸力肩平原排涝重任,平原未有严重内涝致灾的情况。也出现了本文开头所说的,邻近地区受灾,绍兴平原无灾的大好局面。

其次,由于有新三江闸较强的排涝能力为后盾,因而在梅雨末伏旱前,使内河水位可比建闸前控制蓄高 8—10 厘米,相应增加平原内河蓄水量 1400 万立方米,增强了平原的抗旱能力。建闸后,平原未发生严重干旱。

再次,新三江闸的建成,使平原内河水位比较稳定地保持在正常水位上下,有利于水产、水运等工农业生产和人民生活。

新三江闸,规模宏大(相当于 2 个三江闸的蓄泄效能),设计优良,施工精心,已为我县和整个绍萧平原创造了良好的持续发展经济的基础条件,也将成为我县的一个亮丽的景点。新三江闸将与古鉴湖、三江闸一样,成为绍萧平原水利发展史上,乃至经济发展史上的一座丰碑。

绍兴县政协编《绍兴文史资料选辑》第 16 辑

船户祭张神

陈天成

俗语说："水火不留情。"绍兴素称水乡泽国,有十里方圆的桶盘湖,有惊涛骇浪的狭猱湖,有捉摸不定的瓜渚湖……而船夫天天要在这些浩淼的江河湖泊中行船,如遇风急浪高,稍有不慎,即有覆船灭顶之祸,故水上行舟,安全尤为至关重要。为求天天平安无事,每年新正,船夫便一大早提着福礼,带着香烛纸锭,风雨无阻,霜雪不顾,去张神殿祭祀张老相公,一则酬谢神明的保佑,二则祈求来年太平。成为旧时绍兴船户的一项风俗。

张神名夏,北宋时萧山长山(今楼塔、河上乡一带)人。其父曾为五代吴越国刑部尚书,以父荫被授郎官。后任泗州(今安徽泗县东南)知州。当时,泗州常患大水。张夏募民筑堤,疏导河渠,水害顿减,为一方士民造福千秋。

浙东沿海,每天有潮汐涨落,经常淹田毁屋,人畜不宁。沿海居民不堪其害,用木头打桩,中间垫以麻布泥土,拦挡潮汐。然此种泥堤,遇暴雨大汛即被冲垮,灾害依然如故。景祐中(1034—1038),张夏以工部郎中出任两浙转运使。鉴于浙东海塘危殆,首用石块砌塘,从此塘堤坚固倍增,并相沿至今。

张夏去世后,历朝念其修堤功绩,追封他为宁江侯、显应侯、护堤侯、英济王、静安公等。元末明初,江苏、浙江、福建、广东、山东及朝鲜等附近海域,出现了多股日本海盗,烧杀抢掠,无恶不作。经明将谭纶、戚继光、俞大猷等多年奋战,遂将这些倭寇消灭。越中太守汤绍恩,以为张夏的英灵有捍海灭倭之功,遂立庙三江闸上,春秋致祭。继之,西郭门外会源桥、偏门外钟堰头、南门外念宙头及城中府山西麓、江桥桥堍等地,均建起了张神殿,称张夏为张神菩萨,又尊称他为张老相公。

张夏生前既为转运使,自然要在内江外海上行驶,其封号又是"安"和"宁",船夫对他祭祀,企求水上平安,这于理尚通。只是船夫靠体力挣饭,收入菲薄,所祭礼品,多为一个煮熟的猪头、一壶酒、一对香烛、一挂纸锭而已。照船夫说法,这就足以心到。作为神明,如以祭礼厚薄论心迹,则穷人永无有虔诚。谅爱民如子的张神,不会与子民计较,事实上也从未有过计较。

尽管越中多有张神殿,然香火最盛还是要数城中的两处张神殿。其殿内四周,均被香烟熏得墨黑如漆,盘在柱上的两条金龙,也被熏成了乌龙。而有趣的是张神塑像与他神不同,其左手执一金锭,右手竖二指,不知何意,历来纷说不一。有说是金锭指金邦,二指代表徽、钦二帝,意为盼二圣还朝。但二帝被掳在靖康二年(1127),而张夏是仁宗时人,前后要差八九十年。前人不可能关照后人之事,此说显然不够确凿。有说张神旨在放债,金锭为母金,二指言子息二分,此说与张夏生前作为不符。又说张夏为筑海塘,耗资两千两黄金,嘱后人好生维护,此说颇合情理,只是无志可据。

大约张神之张与长财之长同音,加之张神手中执有金锭,商贾们为了求财,也于新正时节,争相来祭祀张神,而且福礼有三牲或五牲。这未免差强人意,张夏如在天有知,当为哭笑不得。不知这位神灵,能给他们一些什么,世人也就难以晓得了。

1997 年版《绍兴百俗图赞》(百花文艺出版社)

弥足珍贵的水利史料

——任元炳与绍萧塘闸

任在镐　任在山

钱塘江口两岸的海塘,与长城、京杭大运河曾并称为中国古代三大工程。北岸海塘位于太湖平原南端,西起杭州转塘狮子口,东至平湖金丝娘桥,除去山林,海塘实长 1137 公里。南岸海塘位于宁绍平原北缘,中间有曹娥江汇入钱塘江河口。曹娥江左岸为萧绍海塘,西起萧山临浦镇麻溪山,东至上虞嵩坝口头山,除去山体,海塘实长 103 公里。曹娥江右岸为百沥海塘,自上虞百官龙头到夏盖山西麓,塘长 40 公里。夏盖山以东为浙东海塘。

民国时期,萧绍海塘的工程岁修经费,来源是:1. 以受益各县按田亩带征为主,即地方政府自筹;2. 发行绍萧塘工奖券共 49 期;3. 如工程较大,民力困难时,由上级政府以多种方法筹拨钱米;4. 劝募捐款,即民间自筹。从民国元年至抗战前(1937)的 26 年中,萧绍海塘的修筑用款,据不完全统计为 254.458 万元,即 950 元／公里／年。经费短缺,尤其是受灾之年,使修筑海塘所需费用增加,而国家粮赋收入及地方财政按亩带征却减少,民间自筹就更显重要。热心塘闸水利,实为赔钱办公益事业。

任元炳先生(1875—1943)系辛亥革命志士,绍兴东关镇(现属上虞市)人。清末留学日本,毕业于早稻田大学。回国后与光复会同志从事反清革命。民国建立后,任绍兴县议会第一任议长。其所学虽非水利,从政时间不长,但民国肇始至终其一生,都热心绍兴的水利事业。据《绍兴县志资料第一辑·塘闸汇记》记载,民国元年,他提议疏浚东塘西汇嘴沙角的涨沙。因为该涨沙滩使曹娥江下流的水势折流,冲击东塘,已出现险情。一旦东塘溃决,全县的生命财产将遭淹没,国税大受损失,不得不急图疏浚。以后,他全面调查绍兴县境内的曹娥江水系。针对历年来曹娥江水患、危塘及水利隐忧频现的现状,他把曹娥江中下游的水利形势,绘成 1∶25000 的详图,作出全面的整治计划。图上标明三处急需建造石塘,两处急需疏浚江道。然而"出师未捷国颜变,壮士热血化遗憾",袁世凯称帝后解散议会,整治曹娥江计划搁浅。此后,他组织并参加绍萧水利委员会、护塘委员会。民国 12 年(1923),西湖底闸庙被白蚁蛀空,摇摇欲坠。若闸庙倒塌,管闸人将无处栖身,必然影响西湖底闸的管理。同时庙内文物亦将损毁,特别是刻有《西湖底造闸记》的石碑。该碑文由光复会创始人蔡元培先生首撰,西湖底造闸的创议人徐树兰先生定稿,记录了西湖底建闸的历史过程。碑文用小篆书写,有相当高的书法艺术水平。任元炳先生发动东关镇士绅,捐资重修闸庙,改木柱为石柱,以绝蚁患,迄今安然无恙。民国 15 年(1926)9 月,绍萧塘闸工程局成立,将绍兴县塘闸局改组为东区管理处。这一年 12 月,绍萧塘闸工程局向省长呈文,原文是:"窃本年九月十一、十二等日,狂风骤雨,内河水势陡涨,已平堤岸,东区三江应宿闸为泄水尾闾,原有港流被海沙淤塞,积水无从宣泄。……深虑大汛将至,负责无人,即经遴委任元炳为东区塘闸管理处主任,并加派职局会计助理张履颐,会同驰往察看情形,雇夫疏掘。……于九月十六日驰往三江,当查闸外一片平沙,春季所开原港,已无痕迹可寻。又值望汛将届,时迫工急,不得已,自闸口量至宜桥闸共计七百九十丈有奇。当晚招集夫役,翌晨开掘,面阔二丈,深五尺。十九日掘到宜桥闸,引水接出。该闸港迂回屈曲,至南汇方入大江。讵二十日望汛潮猛,堆土卷入新港,屡被阻塞。元炳等督率夫役,日事疏掘。至十月五日始得渐渐流畅,现已工竣。……此次该主任等奉委,漏夜督率夫役,尽三日内开掘八十余仓之多,不为不力。无如工事甫葳,秋潮已至,不特内水无从宣泄,抑且已掘之土,复被卷入新港,有通而复塞之患。幸该主任等添招夫役,于潮退后督同疏掘,卒使内河积水畅流无阻。其办事手段敏捷,洵属难能。"(引《塘闸汇记》)这一记载说明:1926年秋,任元炳先生临危受命,任绍萧塘闸工程局东区管理处主任,仅带一名会计助理,去三江闸外涌潮区勘察施工。大汛迫近,危险性大,港道疏而复淤,通而又塞,没有现代机械,凭人力与大潮争时间。文中虽无实际施工天数,但显然不是到十月五日结束。在此之前约20个日日夜夜,是施工的关键期。当时任元炳先生已五十多岁,主持这一工程,其脑力和体力的消耗是不难想象的。呈文中反复提到他"漏夜督率夫役,尽三日内开掘八十余仓之多,不为不力。""办事手段敏捷,洵属难能"等赞语。这是因为任元炳先生清醒地意识到,这次疏掘,并非一劳永逸。所以他巡遍辖区,殚精竭虑,全面规划。《塘闸汇记》中说他1927年提议重开废弃的姚家埠闸,以助三江闸泄洪。因姚家埠闸外原被沙涂涨塞的港道,经潮流冲刷,又曲折辟成港道,如得内河水冲放,可渐将涨沙冲去,不难日见畅流。这一建议由绍萧塘闸工程局呈报省政府:"如蒙核准,所有换置闸板、添设闸夫等经费,拟于造十六年预算时一并编请审核。"在呈报前一个月,浙江水利委员会已通过将海宁海塘工程局、盐平海塘工程局、绍萧塘闸工程局和海塘测量处撤并入新成立的浙江省钱塘江工程局。他已知卸任在即,仍力求使建议落实。以后,他仍一如既往,关心绍兴的水利。辛亥革命志士、浙江省议会第三届议长、南社诗人沈钧业先生,于民国23年(1934)赋七律《赠葆泉元炳君知本邑水利甚详》,内有"豪气曾凌沧海日,壮怀犹捍浙江潮"的诗句。任元炳先生生前著有《绍兴县志塘闸水利部分初稿》300余页,原拟抗战胜利后出版,不幸谢世于胜利之前,内战继起于胜利之后,未能付梓。另外,他收藏有一卷10余米长的《绍萧两县塘闸水利工程详图》。该图与书稿皆毁于十年浩劫。今尚剩劫余的水利资料12件,我们决定将先祖父收集的这批资料,捐献给绍兴市档案馆,现逐一介绍内容于下。

一、旧绍兴府水利形势图。明成化十八年五月,知府戴琥勒石于龙山之麓,俗称戴琥水利碑。碑石现存绍兴禹陵,上半截即该图,已漫漶不可辨;下半截是文,还能勉强看清,且有《乾隆绍兴府志》的载文可对照(个别字有出入)。浙江省钱塘江管理局的高级工程师陶存焕先生认为,本图极可能是民国十七年前据原碑拓描绘。回填湖塘、闸名等与碑文核对,缺个别湖,少数湖名有错,陶先生作一勘误表附于图后。他认为尽管有这些缺点,本图的史志价值不容怀疑。因为原碑石虽在,图已无法看清。他在撰写《明清钱塘江海塘》一书时,未能收集到如此清晰的戴琥水利图,故未载入。

二、1∶200000绍兴三江闸泄水流域图。此图绘于民国23年(1934),西面和北面以钱塘江为界,东至曹娥江,南至绍兴与嵊县(今嵊州市)的边界。实际是当时绍兴、萧山两县的水利形势图。左上方有任元炳先生的题跋:

古时,钱塘江入海有三:一曰南大门,又称鳖子门,在龛山、赭山之间;一曰中门,在赭山与河庄山之间;一曰北大门,在河庄山与海宁塘之间。钱江怒潮,势如排山奔马。历考志乘,北海塘屡出大险,良有以也。查康熙五十二年八月,风雨大作,海波矗立数十丈,沿海一线土塘,顷刻崩尽,湮没禾稼屋宇,不可胜计。翌年,郡守俞公卿筹资,改筑石塘四十余里,始告安澜,乃天佑绍、萧。至雍正元年,江流变迁,而鳖子门涨塞。乾隆二十三年,中小门又淤为平陆,而成纵横各三十余里之南沙,则北海塘亦赖以稳固。然三江闸港,自雍正年间起,时患淤塞矣。

三、1∶25000的曹娥江中下游水利形势图。此图南起豆山、舜母山以南,北至百官镇大坝头以北。透明的绘图纸已发黄变脆,折缝断裂,然而完整无缺。此图是民国初年绘制的。自北至南,任先生在图上作了五处批注,括号内为批注地点,是本文作者所加。批注依次是:

1. 此为铁路过江处,江心立有桥墩。江之西岸本有沙地,水涨时可以泛溢而下。今则占筑铁路,江身北前狭水,上游山水去路更缓,曹娥石塘往往漫溢而过。下游宣泄不畅,中途横决可虞。此塘改建石塘,万无可缓。

2. (梁湖镇以南)此为上虞新筑沙湖塘,自光绪二十五年(1899)蒿坝、梁湖同时决口。上虞已将该塘改建石塘,而蒿塘置之不顾,因其利害关系绍、萧,应由绍、萧人主持之。

下面3、4两条,东西并列,都关系蒿坝镇西南的馒头山。

3. 近查馒头山外,沙涂渐向东岸接涨。山水由西而下,直冲蒿山之脚。江岸受其冲激,塘外护沙逐渐坍卸,塘根岌岌,非改筑石塘,不能持久。

4. 馒头山外沙涂,久为中流之梗。山水至此,拥遏不行,溢而横决,蒿塘尤当其衡。光绪二十五年之决口,实由于此。

5.（豆山、舜母山西南）自此以上八九十里，即为嵊邑。江面因泥沙淤积，尤为浅狭。一遇山洪暴发，水不能容，奔腾而下，溃决堤岸，实为受病之源。

四、绍萧段塘工种类里程地位表。此表画在绘图纸上，内容是从麻溪桥、茅山闸到嵩坝清水闸，从仪字号至坝字号，全长 118.84 公里（未除掉山体）海塘的塘身类型。自西向东，萧绍海塘分为一、二、三区，设三个工程处。其中二区跨萧、绍二县。这种区划不同于民国十五六年按萧、绍县界划分的东西两区，故此表的绘制估计在民国 17 年（1928）或稍后。

五、1∶1000000 贺盘曹娥江形势图。图上有民国 5 年（1916）至民国 20 年（1931）贺盘的曹娥江江道变迁形势，及阴字号至去字号的海塘形势。图中有一处已建和一处待建的（标为②）挑水坝。

六、1∶200 贺盘挑水坝计划断面图。

以上两图是画在透明纸上的原图，可以断定绘于民国 20 年，因为 1.图五中有贺盘曹娥江改道后民国 20 年的江道，故不可能早于民国 20 年绘制。2.这两幅图是修建绍兴贺盘挑水坝工程的设计图，五是总形势图，六是设计断面图。该工程建于民国 21 年（1932）1 月 19—5 月 19 日，设计图当绘于开工之前。更由于预算需在设计完成后，才能精确呈报。故这两幅图必绘于民国 20 年。

七、1∶500 南塘头温至兰字号里坦水计划平面图。

八、1∶50 南塘头温至兰字号抢柴坦水计划标准图。

以上两图是修建绍兴南塘头温至兰字号抢柴坦水泊工程设计图，也是画在透明绘图纸上的原图。该工程建于民国 22 年（1933）3 月 3 日—4 月 7 日，所以图应绘于上一年（1932）呈报预算之前。

九、闸板加锁装置图。这是任元炳先生自己设计的草图。用两条闸板锁木，将闸板锁定在内外闸梁之间。锁木插入闸梁 5 分（1.7 厘米）。锁木厚 2 寸（6.7 厘米），高 3—4 寸（10.0—13.3 厘米），以不顶起盖板为度。锁木在闸板上面交接，交接长度 5 寸（16.7 厘米）。在闸板的一侧，两锁木用长方形铁箍（图中称铁钉）框住。该铁箍固定在一条锁木上，可容另一条锁木插入框定。在闸板的另一侧，两条锁木钉一付铁钮攀，互相扣住后加锁。闸板加锁的目的是便于管理闸内水位，防止捕鱼、行船等偷开闸门，或将闸板偷走。

十、南塘头、贺盘、西湖底、塘角的曹娥江形势及两岸海塘的字号图。图中有萧绍海塘和百沥海塘在该地区的字号，是画在绘图纸上的草图。陶存焕高工认为此图当时是备作海塘管理参考，现已罕见。

十一、工笔绘于书写纸上的萧山县河流、湖泊及浦阳江、钱塘江沿江地形图。

十二、萧山县江、湖地形草图。

以上两图原无图名,因绘图时的萧山建制是县,故称为萧山县地形图。

绍兴市政协编《绍兴文史资料》第 20 辑,2006 年

避火石

明嘉靖十四年(1535),汤绍恩由户部郎中任绍兴知府。当时,会稽、山阴、萧山三县之水,均汇三江口入海。由于潮汐日至,拥沙堆积如丘。遇淫雨内潦,则内水被沙堆阻隔不能骤泄于外,致使良田淹没,水涝成灾。汤绍恩到任后,嘉靖十五年七月,察看山川地势,了解河道流向,在彩凤山与龙背山之间倚峡建闸,主持三江闸工程。历时 6 个月竣工。次年三月在闸外加筑大堤,5 个月告成。长 400 丈有奇,宽 40 余丈。同时为分削水势,又主持在三江塘与三江闸之间相继兴建了平水、泾溇、撞塘诸闸,同三江应宿闸相配合,对发展农业、渔业、养殖业、航运等具极大作用。汤绍恩任绍兴知府期间,与荷湖傅氏二房往来密切。据传,汤绍恩曾赠傅氏二房避火石两块,故荷湖从无火灾,此石散失于解放后。

2011 年版《荷湖村志》(人民出版社)

《闸务全书》与《闸务全书·续刻》点校本序一

陈桥驿

　　《闸务全书》与《闸务全书·续刻》合并点校出版,这是绍兴文物事业上的一件大事。因为二者都是稀籍,而后者更是稀中之稀。假使仍由少数几处馆室作为善本收藏,年代稍久,则水火虫蠹,或即亡佚不传。何况潮流多变,一时举国大破"四旧",洛阳白马寺的收藏可为殷鉴①。一时大兴重商,人们只知证券、股票一类之可贵,对此等珍稀古籍视同芥蒂。其实,社会世态多变,但文化文物属于永恒。经籍文献,是我国优秀文化的主要载体。华夏文明,就是这样传承下来的。所以能看到此二种稀籍的合并整理出版,心中雀跃,不可言表。

　　"闸务"的"闸",指的是明太守汤绍恩主持兴建的"三江闸",故此书按《振绮堂书目》卷三著录作《闸务全书》。"三江",当然是三条河流,即曹娥江(西汇咀)、钱清江和若耶溪(后称直落江)。在明代兴建三江闸之时,此三江流贯的平原地区,已经是一片富庶的水乡泽国。但成书于战国的《禹贡》记及这个地区是"厥田惟下之"②,被视为当时的最低等级。所以要议论此二书的重要性和与之相关的这片平原,还得从较早的时代说起。这个地区,从地质年代第四纪晚更新世以来,我们已经掌握了自然环境变迁的确实证据,即气候有暖季与冷季的交替,水体有间冰期与冰期的交替,海陆关系有海进与海退的交替。这三种交替都是彼此呼应的,而气候是其中的主导。我在拙撰《史前漂流太平洋的越人》③一文中,曾绘有《假轮虫海退时期今浙江省境示意图》。当时的省境面积,几乎超过当前的一倍。按 ^{14}C 测定的时期④是在距今 14780 ± 700 年的古地理学(Palaeogeography)研究的时代,所以可置勿论。但拙文也绘有《卷转虫海进时期今浙江省境示意图》,图示今省境之内的所有平原、盆地都沦为海域,其时在全新世之始,距今约 12000 年。当时,人类有组织的生产劳动已经开始,在学科上已属历史地理学(Historical)的研究领域。当年东南和华南所谓百越部族,都进入附近山区。海进并不是突发的洪水,它是随着海面的升高而逐渐进入陆域的。越人因海水的进入,自北而南逐年后撤，今河姆渡一线，是当年越人在平原的最后定居点，则为时可确定为距今7000 年。这次海进，到距今约 5000 年以后从其鼎盛而趋向退缩。所以上述这座三江闸所汇聚的三江，是在卷转虫海退以后，随着平原的出现而形成的。

与海进一样，海退也是一种多年持续的过程。越人从会稽山区进入平原，也有一番复杂的历程。因为海水是逐渐北退的，平原也是逐渐扩展的。而且随着海退而出现的平原，当然是一片泥泞沼泽，一日两度的咸潮，土地斥卤，垦殖维艰。越人是依靠会稽山外流的河川溪涧（即所谓"三十六源"）和天然降水，筑堤建塘，拒咸蓄淡，一小片一小片地从事垦殖的。所以越大夫计倪曾说过"或水或塘"的话，而《越绝书》中就已有诸如吴塘、练塘等的记载⑤，其中有些堤塘名称，至今仍然存在。

前人对这片沼泽地的改造是历尽辛劳的。而在这个过程之中，第一项改天换地的伟大创造，则是后汉顺帝永和五年（140），会稽郡太守马臻在会稽山南麓以北这片沼泽棋布、堤塘参差的地区，利用前时陆续建的堤塘，加以培固、增补，并连结封闭，从而形成了一个后来称为镜湖（以后又称鉴湖）的巨大水库。对于这个水库的重要价值，我在拙撰《古代鉴湖兴废与山会平原农田水利》⑥ 一文中已经详述。按今 1：5 万地形图测估，这个水库的面积超过 200 平方公里，其所积蓄的淡水，当然可观。马臻创湖的目的，当然是为了对这片广大平原的进一步垦殖，所以在沿湖堤塘上修建了一系列排灌设施。按其大小及在排灌上的重要性，分别以斗门、闸、堰等称谓命名。曹娥江下游当时尚不涉此，浦阳江则与此无关。在会稽山外流诸水中，以从今平水镇一带北流的若耶溪为"三十六源"的巨流。为此，马臻在对此巨流以北约三十里的濒海（钱塘江下游，当时称为后海）之处，由于在地形上有金鸡山和玉山两座孤立丘阜之便，在此二山之间修建了水库泄水入海的枢纽，即平原上众多堰、闸、斗门之中的玉山斗门。后因陆域扩展，此斗门处所形成的聚落就称为斗门（陡亹）镇，至今犹存。

有几句题外之言需要穿插。我当年曾担任过浙江师范学院地理系的经济地理教研室主任，按照部颁教学计划，地理系高年级学生，需要有一次经济地理和城市地理的田野实习，而此事是由我主持的。我当时已经选定了宁绍平原和舟山群岛作为我们的实习基地。由于很想探索平原西部，即当时已由我称为"山会平原"（因原属山阴、会稽二县）在镜湖落成及其水体北移以后的变迁。因为这种变迁可以窥及平原的开拓和垦殖情况，而这种情况，往往可以从各时期修建的闸坝等水利设施中反映出来。我在《天下郡国利病书》及绍兴的几种志书上,都看到过戴琥在明成化年间(1465—1487)所立的《水则碑》,各书记载的碑文略同。从碑文揣摩,玉山斗门到明成化年代,仍是越地的重要水利枢纽。所以很想找到原碑核实此事,因此几次在佑圣观前寻觅,却始终未得见到。记得是1962年,当时年轻能走,我在久索不得以后,忽然想到了几年前见过面的尹幼莲先生。他一直在越城,而且留意当地山川地理,或许能通过他获知此碑线索。经过多方查询,始知他已经改业行医。结果是在上大路"七星救火会"对面的屋舍中,找到了挂牌行医的尹先生,即就此事与他谈论甚久。承他所告,他年轻时确曾在佑圣观前见过此碑,以后虽不留意,但此碑确已不存。最后他又提出一种设想,这一带后来夯筑了不少"泥墙"(用夹板泥土夯筑,不同于砖砌,绍兴人称"泥墙"),是否可能将此碑夯入泥墙以省工料。尹先生的设想或许颇有可能,于是我又再次前往察访。在此处往返多次,见到宝珠桥下的一堵泥墙,从墙的根基上细察,似有以碑入墙的可能。由于此墙不属民居,可能是当年因护桥而筑。于是我即在附近觅得几块碎瓦片,在此墙基底略露痕迹处用劲刮擦,发现确是碑石。不过因为所夯泥层甚厚,我的刮擦很难得力。但毕竟碑石渐显,而隐约可见"水"、"田"等字。虽然已感筋疲力尽,但仍奔往都昌坊口附近的"文管所",造访我已熟识的方杰先生,告以我在宝珠桥下之所发现。方杰先生即于稍后雇工将石碑取出,并修补泥墙。事后告我,碑文与各志所载符合。至此,我始确识,从马臻成湖,到南宋水体北移,以至明成化年间,玉山斗门在越地水利中的枢纽地位,依然未变。

但事实上变化是渐进的,自从《宋史·五行志》"(嘉定)十二年,盐官县海失故道,潮汐冲平野三十余里,至是侵县治"的现象以来,虽然屡有反复,但钱塘江总的变化趋势是南淤北坍。玉山斗门当年濒海,以后必有涨沙,只是没有确切的资料而已。三江口的"三江",原来只是"二江",即曹娥江(西汇咀)和若耶溪。但我在拙撰《论历史时期浦阳江下游的河道变迁》⑦一文中曾经提及,由于浦阳江下游碛堰的开凿与浦阳江改道之事,陈吉余先生曾把这种改道称为"浦阳江的人工袭夺"⑧。改道的结果是浦阳江和钱清江的关系从此中断,钱清江从此也注入三江口。则明成化以后,斗门(陡亹)老闸以北的沙地,必然大有淤涨,促使了在老闸以北修建新闸的必要。不过在当时,曹娥江、钱清江以及斗门老闸废弃后的若耶溪,都是直通后海的潮汐河流。三江汇聚一处,汹涌澎湃,要在这个地区兴建新闸又岂是易事。在这种事在难为却又事在必为的情况下,汤绍恩太守当然是经过详勘细察才选定这处建闸地址的。此处位于马鞍山之东,山基绵亘,火成岩横越基底,显然是新闸兴修的有利位置。工程开始于嘉靖十五年(1536)

七月,历半年而于次年完成。其闸原设计为 36 孔,施工过程中,因地制宜,因工所需,最终改为 28 孔,全长 103.15 米。由于闸座全依天然岩基而建,所以各闸孔之间的深浅并不一致,最深者 5.14 米,最浅的仅 3.4 米。闸身全部用块石叠成,石体巨大,每块多在 500 公斤以上,牝牡相衔,胶以灰秫,灌以生铁,当然可称坚固。此闸建成以后,由于钱清江和若耶溪均成为内河,山会平原向北延伸,面积当然有所扩大。不仅使垦殖事业获得发展,对平原的旱涝灾害也有所缓解。正是由于此闸的重要性,拙编《绍兴地方文献考录》⑨中,才得以收入有关此闸的文献达三十余种。而《闸务全书》及《闸务全书·续刻》是其中的荦荦大者。此书整理点校出版以后,稀籍获致流传普及,所以这当然是绍兴文物事业上的一件大事。

事物当然继续有所发展。由于钱塘江下游在清初完全北移,原来作为江道的南大门成为大片称为南沙的沙地。三江闸以北也有大片沙地淤涨,为此在汤公所建的三江闸以北三里,又于 1983 年修建了新三江闸。汤公主持兴建之闸,在经历了四百余年以后才完成了它的任务。此闸在越中水利史上所作的贡献,当然是永垂不朽的。《闸务全书》及《闸务全书·续刻》之所以成为越中水利要籍,也正是为此。"于汤有光",绝非泛泛之言。现在,由于此二书的普及问世,越人都可以了解此中全过程了。

注释:
①录《洛阳市志》第 13 卷《文化艺术志·概述》:"1966 年 6 月,洛阳出现造反组织;8 月,毛泽东的《我的一张大字报——炮打司令部》出现在洛阳街头,从而把洛阳市的'文化大革命'推向高潮。各种名目的'造反'组织,以破'四旧'为名,捣毁文物,破坏古建筑,烧毁古籍。他们在白马寺烧毁历代经书 55884 卷,砸毁佛像 91 尊。……这种疯狂的大破坏后,洛阳市古代泥塑和近代泥塑无一幸存。"(《洛阳市志》,中州古籍出版社,1998 年出版)
②《禹贡·扬州》。
③《文化交流》第 22 辑,浙江省对外文化交流协会,1996 年出版。
④ 以从黄海零点以下五十余米取得的贝壳堤测年的数据。
⑤ 均见《越绝书》,计倪言见此书卷四,堤塘名称见此书卷八。
⑥《地理学报》1962 年第 3 期,又收入于《吴越文化论丛》,中华书局,1999 年出版。
⑦《历史地理》创刊号,上海人民出版社,1981 年出版。又收入于《吴越文化论丛》。
⑧《杭州湾地形述要》,《浙江学报》第 1 卷第 2 期,1947 年。
⑨ 浙江人民出版社,1983 年出版。

2013 年版《闸务全书》(黄河水利出版社)

《闸务全书》与《闸务全书·续刻》点校本序二

冯建荣

　　夫水能滋润万物、载舟生民，亦会泛溢九州、覆舟逆命。故水居五行之首①。太史公尝叹曰："甚哉，水之为利害也。"②

　　越地背山面海，昔时水旱频繁，民生维艰。春霖秋涨，民苦暴泄；数日不雨，民苦涸旱；潮汐横入，民苦泻卤。管子尝谓"越之水浊重而洎，故其民愚疾而垢"。③是故自大禹始，历代守越者，多以兴水之利、治水之害为要务，终至代有所成。放翁称"今天下巨镇，惟金陵与会稽耳"。④明人云"浙之为府者十有一，而无敢于绍兴并者"。⑤

　　噫，吁嚱！以治水而论英雄，于越地建丰功伟业者，汤公绍恩堪称一也。绍恩者，于绍兴有恩之公也。明嘉靖间，公自德安来守越，建应宿大闸二十八洞，筑捍闸塘及要关两涯，以节宣山阴、会稽、萧山三邑之水，使海潮咸水难入内，河湖淡水不易涸，以广丰阜饶沃之土。"自是，三邑方数百里间无水患"，⑥越民永赖矣。汤公亦由是而名副其实哉。兹后，越中良守贤牧、乡宦缙绅，多景仰汤公，留心闸务。尤有如万历间之知府萧良干、乡贤张元忭；崇祯间之知府黄绂、山阴主簿许长春、会稽主簿曹国柱，乡贤余煌；康熙间之知府王元宾、乡贤姚启圣；乾隆间之知府吴三畏、乡贤茹棻；道光间之知府周仲墀者，继往开来，修治经营，越民大利焉。

　　昔者，大禹虽苦身焦思，胼手胝足，使无"金简玉书"⑦，亦恐难平洪水。理论指导之要，于此显而易见矣。清康熙时，有乡贤程公鸣九者，博学善文，心念万民，洞察隐微，深思远虑，广搜博采，酌古准今，将汤公与绪业者建修之诸务，汇为《闸务全书》上下两卷，庶几前贤之伟绪，不至湮没不彰，而从来吏治之道，亦斑斑可睹矣。道光间，又有三江闸五修之提议与参与者公平衡，晚年号两渔者，为有裨闸务，以告来者，遂不惮琐述，再编辑而成《闸务全书·续刻》四卷。其与《闸务全书》，堪称珠联璧合哉。赖于两书，诸公治水之功绩，历历在目；之品德，昭昭示天；之方略，井井于人；之技术，丝丝相传。嗟夫！程、平两公是举，洵可谓山高水长、媲美修闸焉。

今者,闸之蓄泄功能已尽,然书中所蕴诸公之功绩、品德,所载大闸之方略、技术,仍然熠熠生辉,尤当永垂不朽。

事贵成书,书贵用世。然如此佳籍,惟见善本收藏,难予大众阅读,深惜矣。今将《闸务全书》及其《续刻》合并点校,付梓出版,稀籍获致流播,良书得以普及,实乃水利与文物事业之喜也。

雀跃之情,不可言表。性之所至,缀成数语。

是为序。

癸巳年七月初五,冯建荣撰于会稽投醪河畔。

注释:
①《书·洪范》。
②《史记·河渠书》。
③《管子·水地》。
④嘉泰《会稽志》陆游序。
⑤万历《绍兴府志》后序。
⑥《明史》卷二百八十一列传第一百六十九《汤绍恩》。
⑦《吴越春秋》卷六。

2013 年版《闸务全书》(黄河水利出版社)

绍兴三江新考

邱志荣

绍兴之地貌总体上呈现由南到北,即会稽山—山会平原—沿海的倾斜特征。绍兴滨海的三江口是会稽山三十六源流经平原河网和北部沿海诸河的交汇之地,历史上地理位置多变,对绍兴水利、航运、区域发展影响甚大。关于三江究竟属哪几条江? 三江口又如何变化? 至今为止,文献记载、民间流传和学术界对此都有不同说法,亦是绍兴地理环境未定之题。本文得到陈桥驿先生生前启示和指导①,又根据自己多年研究思考,分析来龙去脉、历史演变,阐述一孔之见,与学界讨论。

一、文献记载中长江下游之三江

主要有:

《尚书·禹贡》:"淮海惟扬州……三江既入,震泽底定。"

《周礼·夏官司马·职方氏》:"东南曰扬州,其山镇曰会稽,其泽薮曰具区,其川曰三江,其浸曰五湖。"

《国语·越语》载伍子胥说:"三江环之,民无所移。"

《史记·夏本纪》"三江既入,震泽致定"。②

对上述记载中"三江"的具体认定,到了汉代以后论争纷起,有多种解释。诚如萧穆所说:"前人之说地理,言人人殊、不能划一者,莫过于《禹贡》之三江。"③就"三江"的考证,历代延续不断,对清人的研究成果,主要可归纳为以下几种观点④:

第一,班固《汉书·地理志》北、中、南三江说者,认为"三江五湖"的古代三江是北江、中江和南江。这里所谓北江指的是今长江,中江指的是今胥溪和荆溪,南江指的是古松江。

第二,东汉郑玄则以岷江、汉水、彭蠡诸水为三江。"左合汉为北江,会彭蠡为南江,岷江居其中,则为中江"⑤,这里汉指汉水,彭蠡即指古鄱阳湖,岷江则包括长江干流。

第三,三国韦昭以浙江、浦阳江、松江为三江⑥,见赵一清《答禹贡三江震泽问》⑦。

第四,以中江、北江、九江为三江,此说详见李绂《三江考》⑧、黎庶昌《禹贡三江九江辨》⑨等文。

第五,以松江、芜湖江(永阳江)、毗陵江(孟渎河)为三江,见杨椿《三江论》⑩。

第六,晋郭璞以岷江、松江、浙江为三江。⑪

在清代学者研究的基础上,现代学者大多认为"三江"应为众多水道的总称,而非确指。⑫

以上的三江诸说,除韦昭所指的"浙江、浦阳江、松江"与萧绍平原以北的三江有涉外,其余多指长江下游地区河流。

二、文献记载中山会平原北部的三江

主要有:

《越绝书》。这是一部成书于先秦,经东汉人增删整理而成的书。此书卷十四有"越王句践即得平吴,春祭三江,秋祭五湖"。此时句践在吴地,所指的三江或与韦昭所指相同。

王充《论衡》卷四《书虚篇》有载:"浙江、山阴江、上虞江皆有涛。"这里的"山阴江"应是"西小江",而"上虞江"则应是"曹娥江",但未指明已形成三江口。

谢灵运《山居赋》。《山居赋》被称为我国最早韵文体的地方志,记述的多是会稽山地和四明山地一带的自然环境及始宁墅的景物。"其居也,左湖右江,往渚还汀。面山背阜,东阻西倾,抱含吸吐,欵跨纡萦。绵联邪亘,侧直齐平。"这里的"右江"应是曹娥江。又记:"远北则长江永归,巨海延纳。昆涨缅旷,岛屿绸沓。山纵横以布护,水回沉而萦泡。信荒极之绵眇,究风波之瞑合。"此记应是当时称为后海的环境。

《嘉泰会稽志》卷十《水》:"海。在县北二十里。海水北流入嘉兴府海盐县。……《西汉·地理志》:南江从会稽吴县南入海;中江从丹阳芜湖县西,东至于会稽阳羡,东入海;北江从会稽毗陵县北,东入海。盖汉会稽地广,绵亘数千里,凡三江皆繇此以达于海也。《水经》云:江水奇分,谓之三江口。又东至会稽,东入于海。又云:浙江水出三天子都,北过余杭,东入于海。三江之说不同,至江流入于海,则古今论者不能易也。"此记载中的三江之说亦较宽泛,指长江下游地区的多条河流,流归于海。

又《嘉泰会稽志》卷四《斗门》在"三江斗门"条中:"三江说不同,俗传浙江、浦阳江、曹娥江皆汇于此。"这里明确说明关于"三江"有多种说法,此只是"俗传"。又"东迳黄桥,又迳余姚县南,又东注于海者,越之三江也。"这里或指姚江出海的三江口。又"至如钱塘江、浦阳江、曹娥江,今汇入斗门者,越人所谓三江也"。把"三江"说成是汇入"斗门"肯定是有错,"三江"应在斗门之外。以上,亦可见《嘉泰会稽志》关于记载"三江"的不确定性,与"斗门"控制水系情况的不精准。

《万历绍兴府志》。卷之七载:"钱江潮……盖澶中高而两头渐低,高处适当钱塘之冲,其东稍低处乃当钱清、曹娥二江所入之口。钱清江口澶最低,潮头甚小;曹娥江口澶稍高于钱清,故潮头差大。"又"天顺元年,知府彭谊建白马山闸,以遏三江口之潮,闸东尽涨为田,自是江水不通于海矣"。于此已确定三江口为钱塘、钱清、曹娥三江。

又引："《初学记》:凡江带郡县名者,则会稽江、山阴江、上虞江是也。"《初学记》为唐时作品,"山阴江""上虞江"应为"钱清江""曹娥江",而"会稽江"的问题比较复杂,似应理解为"若耶溪"及下游汇流入海之河为宜。关于会稽江的存在也可以从绍兴城北的"北海港"记载中得到佐证:

> 北海港,一说在绍兴城卧龙山以北今北海池(今国际大酒店,传在20世纪末建筑基础处理时有古船出土,但未有正式考证记载)一带。据康熙《绍兴府志》卷之七《海江河湖·海》载:"今绍兴北海,乃海之支港,犹非禆海也。王粲《海赋》云:翼惊风而长驱,集会稽而一睨。是也。""北流薄于海盐,东极定海之蛟门,西历奄赭入鳖子门抵钱塘。""商贾苦于内河劳费,多泛海取捷,谓之登洊。洊沙者,海中沙也。""遇风恬浪静,瞬息数百里;狂飚或作,亦时有覆没,漂流不知所往。"这一古海港在越王句践时存在是可信的,至鉴湖建成在直落江口筑起玉山斗门,河海隔绝,港口已在玉山斗门之外。⑬

北海港的位置正在若耶溪的下游绍兴城之北。也正因这一史实和传承的印记,《嘉泰会稽志》卷一"城郭"条中有记绍兴城的北门为"三江门",即:"正西曰迎恩门,北曰三江门","北门引众水入于海"。

《明史·地理五》"绍兴府、山阴"中有记:

> 北滨海,有三江口。三江者,一曰浙江;一曰钱清江,即浦阳江下流,其上源自浦江县流入,至县西钱清镇,曰钱清江;一曰曹娥江,即剡溪下流,其上源自嵊县流入,东折而北,经府东曹娥庙,为曹娥江,又西折而北,会钱清江、浙江而入海。

《明史》这段明确的三江阐述是国家地理的记载,必定在当时经权威部门和人士认定。

清毛奇龄(1623—1716)《西河集》卷一百十九《三江考》载:

> 惟浦阳入海,则郦道元《水经注》南国颇略,遂讹为入江,不知浦阳者发源于乌伤而东迳诸暨,又东迳山阴,然后返永兴之东而北入于海。其在入海之上流,即今之钱清江也。其接钱清江之下流,即今之三江口也。故明世绍兴知府戴君、汤君导郡水利,使上遏浦阳之入山阴者而使之注江,下浚浦阳之入海者而使之注海。其在钱清相接之口,名三江口;其在海口之城,名三江城;置卫,名三江卫;建闸于其上,以司启闭,名三江闸;其尚名三江则自古相仍,几微不断,饩羊名存,夫亦可以为据矣。

以上毛奇龄在对浦阳江的源头、流经、人工改道、入海口作考证的同时,尤对三江口及相关取名作了分析,认为此三江口也是自古就得名,但对钱清江之外的其余两江尚未论述。

程鸣九《三江闸务全书》上卷中的《三江纪略》称:"三江海口,去山阴县东北三十余里,以其有曹娥江、钱清江、浙江之水回归于此,故名焉。"此文纂辑于清康熙戊寅年(1698),关于"三江海口"已有明确的定位。此说一直延续,如1938年《塘闸汇记》中的《吴庆莪字采之陡壋考证》⑭便有"按三江故道,本为南江(即浙江)与浦阳、曹娥两江"。

嘉庆《山阴县志》卷二十八收录清全祖望《答山阴令舒树田水道书》中有记"三江":"大江以南,三江之望不一,有《禹贡》之三江,郭氏以钱塘当其一;有《春秋外传》之三江,韦氏以钱塘及浦阳当其二;其越中之三江,则以钱塘及曹娥及钱清列之为三。《春秋外传》之三江已不可当《禹贡》之三江矣,而况勵勵越中者乎? 是不辨而明者也。"

历史文献中的图示⑮:

宋王十朋《会稽三赋》,《南宋绍兴府境域图》中曹娥江、浦阳江以北即以"大海"标注。(图1)明万历十五年(1587)《绍兴府志》刻本,《明绍兴府八县总图》中曹娥江、浦阳江以北标注为"北至大海"。(图2)清光绪二十年(1894)《浙江全省舆图并水陆道里记》,《绍兴府二十里方图》中曹娥江以北亦以"海"注记。(图3)

陈桥驿先生的观点:

20世纪60年代,陈桥驿《古代鉴湖兴废与山会平原农田水利》⑯认为,古代"东小江(曹娥江)掠过会稽东境,西小江(浦阳江)流贯山阴西境和北境,二江均在北部的三江口附近注入后海(杭州湾)"。又指出:"目前,稽北丘陵诸水均北流径出杭州湾,构成独立的所谓三江水系。但三江水系乃是晚近四百年中一系列水利工程的产物。"于此,陈桥驿先生确认当时的三江水系中的三条江为曹娥江、浦阳江和稽北丘陵诸水。到2013年,陈桥驿先生更明确指出⑰:

"三江",当然是三条河流,即曹娥江(西汇咀)、钱清江和若耶溪(后称直落江)。

三江口的"三江",原来只是"二江",即曹娥江(西汇咀)和若耶溪。但我在拙作《论历史时期浦阳江下游的河道变迁》⑱一文中曾经提及,由于浦阳江下游碛堰的开凿与浦阳江改道之事,陈吉余先生曾把这种改道称为"浦阳江人工袭夺"。改道的结果是浦阳江和钱清江的关系从此中断,钱清江从此也注入三江口。

陈桥驿先生这里所指的若耶溪又名越溪、刘宠溪、五云溪、浣沙溪、平水江。

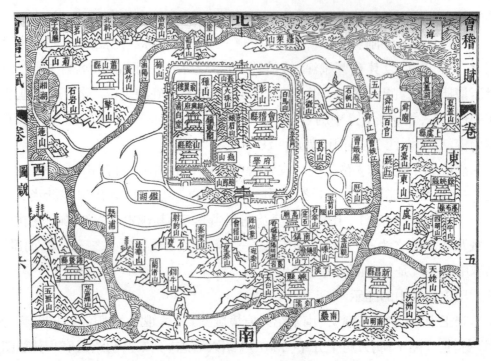

图1　南宋绍兴府图（宋王十朋《会稽三赋》）

图2　明绍兴府八县总图［明万历十五年（1587）《绍兴府志》刻本］

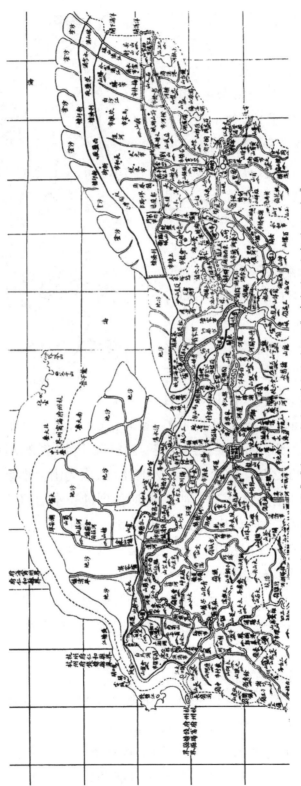

图3 绍兴府二十里方图 [《浙江全省舆图并水陆道里记》清光绪二十年（1894）]

发源于今绍兴县平水镇上嵋岙村龙头岗,流经岔路口、平水、铸铺岙、望仙桥后注入若耶溪水,经龙舌咀,北至市区稽山门。长 26.55 公里,集雨面积 152.42 平方公里,多年平均来水量 7804 万立方米,是绍兴平原南部山区最大的河流,为"三十六源"之首。(图4)若耶溪支流至龙舌咀分为东西两江,东江过绍兴大禹陵东侧进入平原河网,西江沿绍兴城环城东河进入绍兴平原,流注泗汇头,外官塘至三江口入后海(不同时期有不同的变化)。

外官塘河又称直落江,为若耶溪下游河道,通过北部平原,出三江口。东汉鉴湖兴建后,若耶溪水纳

图4　若耶溪图

入鉴湖之中,通过闸与直落江连通。鉴湖初创时,又在今斗门镇拦江建玉山斗门以泄洪,直落江成为重要排涝河道。唐开元十年(722),会稽海塘形成,鉴湖北流注入曹娥江之诸多河流从此汇入直落江,成为山会平原南北向主河道。明代在以北 2.5 公里处建成三江闸后,此河得到进一步治理,沿河多置塘路石桥。今直落江河道宽广顺直,从城区昌安门向北经城东、梅山、袍谷与西小江汇合后经三江闸进入新三江闸总干河,全长 14.2 公里。(图 5)

若耶溪从源头到会稽山麓为山溪性河流,出会稽山麓到绍兴城为河流近口段,"直落江"为河口段,出"三江闸(鉴湖时期为玉山斗门)"为外海滨段。若耶溪是山会平原一条发源于会稽山脉、历史上始终存在、最后汇流入海的独立主河流。

三、海侵海退时的浙东

从第四纪更新世末期以来,自然界经历了星轮虫、假轮虫和卷转虫三次地理环境沧海桑田的剧烈变迁 ⑲。其星轮虫海侵发生于距今 10 万年以前,海退则在 7 万年以前,这次海侵就全球来说,留存下来的地貌标志已经很少了。

假轮虫海侵发生于距今 4 万多年以前,海退则始于距今约 2.5 万年以前。

这次海退是全球性的，中国东部海岸后退约 600 公里，东海中的最后一道贝壳堤位于东海大陆架 –155 米，C14 测年为 14780 ± 700 年前。到了 2.3 万年前，东海岸后退到 –136 米的位置上，即在今舟山群岛以东约 360 公里的海域中，不仅今舟山群岛全处内陆，形成宁绍平原和杭嘉湖平原以

图5　民国时期绍兴全县区划简图

东一条东北西南的弧形丘陵带，在这丘陵带以东还有大片内陆。（图 6）当时的"古钱塘江可能从舟山群岛南或大衢山岛北汇入古长江深槽，古钱塘江在陆架上游走，平原显示深切河谷地貌景观"[20]。钱塘江河口约在今河口 300 公里之外，现在的杭州湾及宁绍平原支流不受潮汐的影响。此时期的河口当不能与之后的三江口相提并论。

　　后一次卷转虫海侵从全新世之初就开始掀起，距今 1.2 万年前后，海岸到达现水深 –110 米的位置上。距今 1.1 万年前后，上升到 –60 米的位置。在距今 8000 年前，海面上升到 –5 米的位置，舟山丘陵早已和大陆分离成为群岛。而到 7000—6000 年前，这次海侵到达最高峰，东海海域内侵到了今杭嘉湖平原西部和宁绍平原南部，成为一片浅海，宁绍平原的海岸线大致在今萧山—绍兴—余姚—奉化一带浙东山麓。（图 7）当然，也无杭州湾存在可言。20 世纪 70 年代，在宁绍平原的宁波、余姚、绍兴及杭嘉湖平原的嘉兴、嘉善一带城区开挖人防工程时，在地表 10—12 米普遍地存在着一层海洋牡蛎贝类化石层，这就是海侵的最好例证 [21]。此时期的东小江（曹娥江）、西小江（浦阳江）河口于今相比，在内延西南山麓之地而不能汇聚在一起。

　　海侵在距今 6000 年前到达高峰以后，海面稳定了一个时期，随后发生海退。

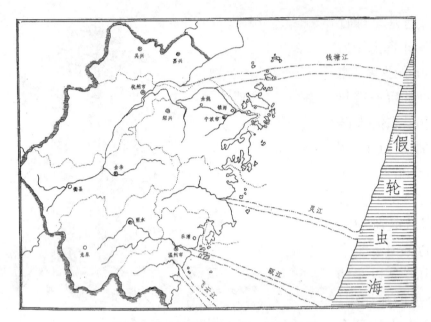

图6　假轮虫海退时期今浙江省境示意图

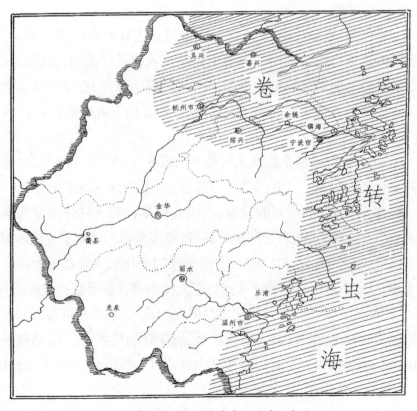

图7　卷转虫海侵时期今浙江省境示意图

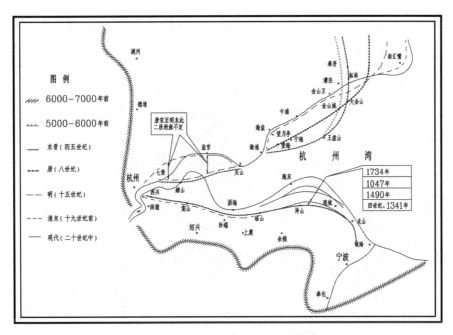

图8　钱塘江河口岸线变迁示意图（摹自《钱塘江志》）

这其中,海侵、海退或又几度发生。大约在距今4000年前后,海岸线已推进到了萧山—柯桥—绍兴—上虞—余姚—句章—镇海一线。(图8)这一时期,各河口与港湾的基本特征是:"由于海面略有下降或趋向稳定,陆源泥沙供应相对丰富,河水沙洲开始发育并次第出露成陆,溺谷、海湾和潟湖被充填,河床向自由河曲转化,局部地段海岸线推进较快,其轮廓趋平直化,但大部分缺乏泥沙来源的基岩海岸仍然保持着海侵海岸的特点,并无明显的变化。"㉒

《钱塘江河口治理开发》认为:

五六千年前(钱塘江)的河口段原在今富春江的近口段,杭州湾湾顶在杭州—富阳间。㉓

又认为:

太湖平原西侧"河口湾"封闭的的时间,则各家说法差异甚大,从距6000年前至距今4000—2500年前"河口湾"封闭后,钱塘江河口的喇叭状雏形边高形成。

杭州湾喇叭口奠定后,钱塘江涌潮开始形成,对两岸地貌起了很大的改造作用。涌潮横溢,泥沙加积两岸,使沿江地面比内地高,西部比东部高。同时涌潮不断改变岸线位置。因沿江地面比内地高从而使平原低洼处发育湖泊,也使河流改向。南岸姚江平原上,河姆渡至罗江一线以西的地表流水,

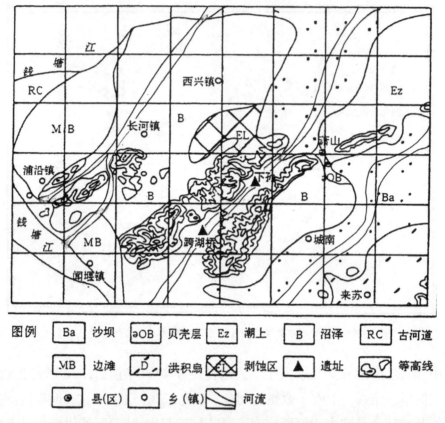

图9 湘湖地区更新世末期至全新世岩相古地理图之一（10000BP）

由向北入杭州湾而转向东流入甬江。根据姚江切穿河姆渡第一文化层的现象，改道年代距今不到5000年。绍兴一带出会稽山的溪流，也同样不能北入钱塘江，而折向东流，汇成西小江，在曹娥江口入杭州湾。㉔

"河口湾"，是"河流的河口段因陆地下沉或海面上升被海水侵入而形成的喇叭形海湾。"㉕ 是否在钱塘江喇叭口形成时，河口湾即是今日的杭州湾岸线？笔者认为，既然原来的钱塘江河口在富阳一带，此河口的东北向延伸也会有一个渐进的过程。

海侵、海退对浦阳江下游河口的影响变化，也可以从萧山湘湖地区的自然环境推测。在假轮虫海侵的海退鼎盛时期，湘湖之地远离海岸线，钱塘江河道流贯其西缘，浦阳江下游河道会在这一地区散漫沿着自西而东的半爿山、回龙山—冠山—城山、老虎洞山—西山、石岩山、杨岐山—木根山—越王峥等的山麓地带最后汇入钱塘江，并且在这里的低洼之地会有一些自然湖泊，是跨湖桥等先民的生息之地。我们可以从跨湖桥地区的山川形势分辨当时的与外沟通的主要水道大致

有后来的渔浦出海口、湘湖出海口和临浦出海口，其中临浦出海口即后来的西小江，又是主要的连通萧绍平原的水道。(图9)

而到卷转虫海侵的全盛期(距今约7000—6000年)，宁绍平原成为一片浅海，湘湖之地也就成为海域，所在大部分山体成为海中岛屿，形成了一个海湾。海退后，这里又成为一片沼泽之地。之后，在这一地区又形成了诸多湖泊，最主要的是临浦、湘湖和渔浦。郦道元《水经注》卷四十《浙江水》中记："西陵湖，亦谓之西城湖。湖西有湖城山，东有夏架山，湖水上承妖皋溪，而下注浙江。"这一时期的浦阳江主要沿着湘湖一带散漫入海，钱清江是渔浦通往山会平原的一条河道，主要出口并不在后来的三江口。(图10)

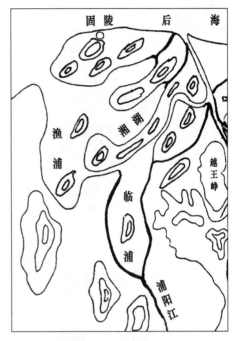

图10　卷转虫海退后形成湘湖地区水系图

这里还要举例的是《浙江省曹娥江大闸枢纽工程初步设计工程地质勘探报告》佐证资料。(图11)该工程位于曹娥江河口，钱塘江南岸规划堤防控制线上，距绍兴城市直线距离约29公里，距上虞城市直线距离约27公里。自卷转虫海退以后至20世纪60年代末，这里一直处在河口海湾之中。地质勘探土(岩)层的数据显示：顶板高程(黄海，下同)-24.8—-21.4米为淤泥质粉质粘土夹粉土，厚度10.6—21.9米；顶板高程-44—-33.1米为粉质粘土、粉土互层，厚度7.0—20.9米；顶板高程-55.1—-42.1米为淤泥质粘土，厚度0.5—10.6米；顶板高程-61.6—-50.22米为粉砂，厚度1.4—10.2米；顶板高程-67.3—-56.0米为中粗砂，厚度8.0—15.5米；顶板高程-66.3米为含砾中粗砂，厚度7.3米；顶板高程-68.71—-71.5米为粉质粘土，厚度4.5—11.0米；顶板高程-73.6—-82.5米为粉细砂，厚度2.7—11.7米；顶板高程-85.3—-85.2米为含砾中粗砂，厚度3.85—17.4米；基岩面高程-102—-89.15米为砂岩、砂砾岩。以上土(岩)层结构的变化便是当时海侵海退形成地貌景观的很好证明。(图12)

四、萧绍海塘兴建对山会平原的影响

《吴越春秋·句践伐吴外传》中有这样一个神话传说：越国大夫文种被害后，葬于种山(今绍兴城内的卧龙山)上。一年后，伍子胥掀怒潮挟其而去，这以后

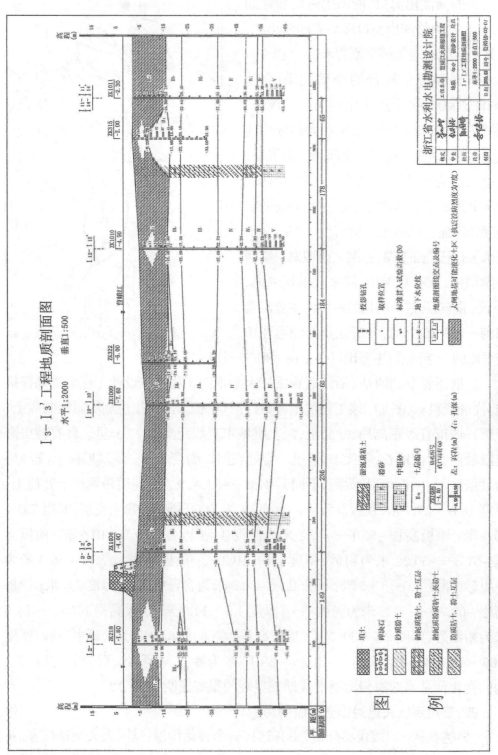

图11 曹娥江工程地质剖面图

图12　曹娥江大闸地质钻探取样标本

钱江潮来时,潮前是伍子胥,潮后则是文种。这一故事虽是神话,但古代山会平原以北后海海潮可经平原诸河直达会稽山北麓却是事实。"滔天浊浪排空来,翻江倒海山为摧"⑳,这种自然条件下,古代越族人民要想在山会平原上生存,就必须在沿海兴筑海塘,隔断潮汐,开发平原,所谓"启闭有闸,捍有塘"。

萧绍海塘西起今萧山临浦麻溪东侧山脚,经绍兴县至上虞县嵩坝清水闸西麓,全长117公里。自西向东分别由史称西江塘(麻溪—西兴)、北海塘(西兴—瓜沥)、后海塘(瓜沥—宋家漤)、东江塘(宋家漤—曹娥),及嵩坝塘组成,海塘保护范围为萧山县、绍兴县、越城区、上虞县境内的海塘以南,西界浦阳江,东濒曹娥江,南倚会稽山北麓的萧绍平原地区。

萧绍海塘的始筑年代有说是"莫原所始"。程鸣九《三江闸务全书》则记为"汉唐以来"。《越绝书》卷八记:"石塘者,越所害军船也,塘广六十五步,长三百五十三步,去县四十里。"最初大概是为军事服务的港口堤塘,同时还建有防坞和杭坞,距城四十里,即今萧山境内的杭坞山一带,都为依山而建。石塘应是当时后海沿岸零星海塘的其中一段。这些记载中的建筑物应是卷转虫海退后越族在山会平原北部沿海建设的零星海塘,这不仅是越对吴交战的需要,也是早期钱塘江走南大门的证明。

东汉鉴湖的建成,同时在沿海建玉山斗门,附近必然也会有连片高于海面及内陆的沙岗或土塘、涵闸,否则斗门不能发挥控制作用,但当时的土塘及涵闸标准较低。

《嘉泰会稽志》卷十载:"界塘在县西四十里,唐垂拱二年(686)始筑,为堤五十里,阔九尺。与萧山县分界,故曰界塘。"界塘位于山阴与萧山两县交界的后海沿岸,其基础应是在汉晋时期就已有雏形。《新唐书·地理志》:"会稽……

东北四十里有防海塘,自上虞江抵山阴百余里以蓄水溉田。开元十年(722),令李俊之增修;大历十年(775),观察使皇甫温,大和六年(832),令李左次又增修之。"防海塘大部分位于会稽县的北部沿海,建成后,使山会平原东部内河与后海及曹娥江隔绝。与此同时又建成山阴海塘,山会平原后海沿岸的海塘已基本形成。

宋嘉定六年至嘉定七年(1213—1214),绍兴知府赵彦倓主持大规模山阴后海塘修复工程,自汤湾至王家浦全长6160丈的堤塘全部修复一新,其中有三分之一用石料砌筑,此为绍兴历史上时间最早、规模最大的石砌塘工程。

明嘉靖十六年(1537)三江闸建成后,又建有长400余丈、广40丈的三江闸东、西两侧海塘,萧绍海塘全部连成一片,沿海塘挡潮、排涝水闸基本配套齐全,塘线此后无大变迁。

海塘的全线建成,使山会平原之水不再往以北散漫入海,而是集中汇于西小江和直落江东北流入三江口出海。当然,沿江途中也会有一些水闸控制北入海,诸如凫山闸、山西闸、姚家埠闸、宜桥闸、楝树下闸、黄草沥闸、西湖底闸等山、会、萧三邑的滨海排涝蓄水闸系统。(图13)

五、浦阳江改道与西小江变化

浦阳江发源于浦江县西部岭脚,河长150公里,流域面积3452平方公里。东南流经花桥折东流经安头,再东流经浦江县城至黄宅折东北流至白马桥入安华,在诸暨安华镇右纳大陈江,续东北流至盛家,右纳开化江,北流经诸暨县城,至下游1.5公里处的茅渚埠分为东西两江。主流西江西北流至石家(祝桥),左汇五泄溪,折北流经姚公埠,经江西湖上蔡至湄池与东江合流。东江自茅渚埠分流后至上沙滩会高湖斗门江,北流至大顾家,右纳枫桥江,经三江口至湄池,与西江会合。东、西江会合后,北流经萧山市尖山镇,左汇凰桐江,经临浦镇,出碛堰山,西北流至义桥,左纳永兴河,至闻堰小砾山,从右岸汇入钱塘江。历史上,浦阳江也曾经由临浦、麻溪经绍兴钱清,至三江入海。

浦阳江下游河口地区古代河湖形势比较复杂,文献记载不一,学术上争论颇多,笔者的观点如下:

其一,唐以前,浦阳江下游属自然状态,浦阳江以北出临浦注入钱塘江为主。《汉书·地理志》"余暨、萧山,潘水所出,东入海"。阚骃《十三州志》"浙江自临平湖南通浦阳江",均已说得很清楚。当时临浦、渔浦水面宽阔,水深不测,亦即《水经注·沔水注》中所称"万流所凑,涛湖泛决,触地成川,枝津交渠"

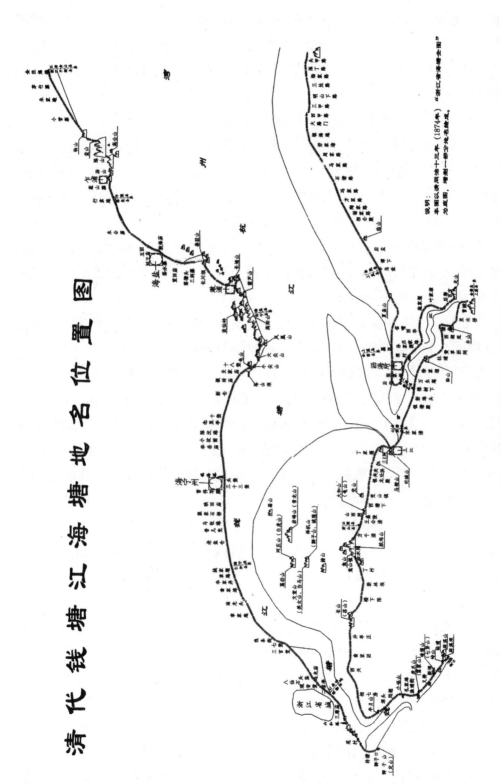

图13 清代钱塘江海塘地名位置图

之地。一遇浦阳江山水盛发，洪水的出口除以临浦、渔浦为主，其余主要呈散漫状态，亦不应排除有部分来水东北出流入西小江。由于当时河口排洪能力大，滞洪区宽广，地多人少，均未带来这一地区的自然灾害，没有产生人与洪水之间区域性的较大矛盾。

其二，唐以后出现了浦阳江下游排水不畅的问题。

一是湖泊的淤积、围垦堙废。渔浦在盛唐时尚是一个大湖，而到北宋仁宗时期却出现了"市肆凋疏随浦尽"㉗的状况；湘湖到北宋中期已成为一片低洼的耕地，要到北宋末期，才又恢复成湖；至于临浦的围垦堙废到北宋中期，亦已基本完成。这些湖泊的堙废无疑大大减弱了浦阳江下游的排洪、滞洪能力。

二是海塘修筑闭合使浦阳江北出受阻。唐末，西兴塘、西江塘、北海塘先后兴建完成，与山会海塘连成一片，使原来遍布河口可顺流直下的浦阳江水已不复故道，排水能力远不如以往。

三是鉴湖堙废加重浦阳江排水压力。南宋，鉴湖堙废，原湖西部的滞蓄之水，直接进入平原而到西小江，于是西小江的排洪压力骤然加大。

浦阳江河口排水大部进入西小江有一个较长的过程，湖泊堙废的过程是渐进的，海塘也有一个从泥塘到石塘标准提高的进程。在尚为泥塘时，每临大汛期间，多人工决塘放水，山阴、萧山、诸暨三县排水矛盾并非突出，但之后随着水利条件的进一步完善，人口、农田的增多，淹没损失的增加，矛盾便日益增加。《嘉泰会稽志》卷四"碛堰在县南三十里"，这说明在碛堰山山岙建筑的堰坝在南宋之前就已存在，其作用主要有蓄水、排洪、航运等。陆游有诗《渔浦绝句》："桐庐处处是新诗，渔浦江山天下稀。安得移家常住此，随潮入县伴潮归。"㉘说明他是取道渔浦到临浦再到山阴的，但是否走碛堰只是可能，不确定。至明代初期，浦阳江来水西出口之路条件更差，在临浦以下，不仅走西小江，有相当部分是通过萧山中部河网进入西兴运河到西小江入三江口的。

其三，改道完成在明代。碛堰虽早于南宋时期便已存在，但当时肯定不作为浦阳江的主要出口。到了明代中叶，碛堰已到了非开不可的地步，并作为当时当地政府迫切需要实施的重要水利基础工程来对待。至明代中叶实施完成人工改道，浦阳江经临浦过碛堰山，北流至渔浦到钱塘江。

关于明代浦阳江改道的时间主要有四说：

第一，宣德（1426—1435）说。崇祯初，刘宗周《天乐水利图议》记："宣德中有太守某者，相西江上游，开碛堰口，径达之钱塘大江，仍筑坝临浦以断内趋

之故道。自此内地水势始杀。"㉙

第二，天顺（1457—1464）说。为万历《萧山县志》卷之二载："三十里曰碛堰。《水利书》云：碛堰决不可开。"又"天顺间，知府彭谊建议开通碛堰，于西江则筑临浦、麻溪二坝以截之。"

第三，成化（1465—1487）说。见黄九皋《上巡按御史傅凤翔书》记："成化间，浮梁戴公琥来绍兴……相度临浦之北，渔浦之南，各有小港小舟可通，其中惟有碛堰小山为限，因凿通碛堰之山，引概浦江（浦阳江）而北，使自渔浦而入大江（钱塘江）。"㉚

第四，弘治（1488—1505）说。为任三宅《麻溪坝议》载："弘治间，郡守戴公琥询民疾苦，博采舆论……因凿通碛堰，令浦阳江水直趋碛堰北流，以与富春江合，并归钱塘入海，不复东折而趋麻溪。"㉛

据今考证，以主刘宗周先生之宣德说为多。陶存焕先生认为，浦阳江主流应在"宣德十年（1435）之前不久改道碛堰而汇入钱塘江，又筑临浦坝（又称为大江堤）以阻水之再入故道后，萧绍平原水利形势顿时改观"。㉜

综上，浦阳江改道时间之长、问题之复杂、涉及知府人数之多，说明了一个边际河流重大的水利工程建设与水资源调整完善会有数次反复，需要政府的决策、决断与行政强制，也要多代人的不懈努力。浦阳江改道，至三江闸建成，西小江成为内河。山会平原因此减少了洪、涝、潮灾害，也减少了宝贵的水资源。（图14）

又有学者认为，明代，浦阳江改道，从闻家堰地段注入钱塘江，导致江道移动加快，这是浦阳江"对于上述江流东移与北进，似予以相当之助力"，"钱塘江接纳浦阳江水后，侵蚀能力加强"㉝的缘故。

今西小江上游为进化溪（古称麻溪、在萧山境内），源于蠡斯岭，经晏公桥进入江桥

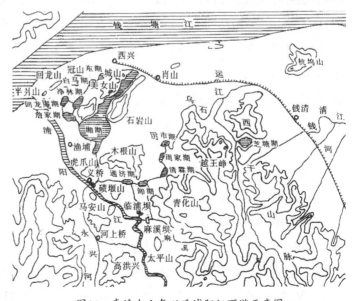

图14　嘉靖十六年以后浦阳江下游示意图

镇上板,经杨汛桥,在钱清镇附近穿越浙东运河,折东北经南钱清、新甸、管墅、华舍、嘉会、下方桥、狄猼湖,于荷湖江与直落江会合,经三江闸,入新三江闸总干河注入曹娥江。长91.6公里,绍兴境内共长58公里。

六、玉山斗门、三江闸与三江口

萧绍海塘建设有一个从土塘到石塘标准提高的过程,其塘线也有一个逐步北移的过程。此可以玉山斗门与三江闸位置的变化得到佐证。

玉山斗门

位于距绍兴城北约三十里的斗门镇东侧金鸡、玉蟾两峰的峡口水道之上,在三江闸约西南5里位置。玉山斗门又称朱储斗门,为鉴湖初创三大斗门之一。

鉴湖,又称镜湖、庆湖、长湖、大湖,位于东汉时会稽郡山阴县境内(属今绍兴县、越城区、上虞县)。是我国长江以南最古老的大型蓄水工程之一。东汉永和五年(140),由会稽太守马臻主持兴建。(图15)鉴湖工程巧妙地利用了自南而北的山、原、海台阶式特有地形,在南部平原,筑成东西向围堤,纳会稽的三十六源之水和近山麓湖泊、农田于其中。据考,鉴湖南部山区集雨面积为419.6平方公里,主要溪流有43条,鉴湖总集雨面积610平方公里。湖堤以会稽郡城为中心,分东西两段:东段,自城东五云门至原山阴故水道到上虞东关镇,再东到中塘白米堰村南折,过大湖沿村到蒿尖山西侧的蒿口斗门,长30.25公里。西段,自绍兴城常禧门经绍兴县的柯岩、阮社及湖塘宾舍村,经南钱清乡的塘湾里村至虎象村再到广陵斗门,长26.25公里。以上东西堤总长56.5公里。东、西湖的分界为从稽山门到禹陵的古道,全长约6公里。东湖水位一般高西湖0.1—1米。除去湖中岛屿,水面面积为172.7公里,湖底平均高程为3.45米,正常水位高程5米上下。正常蓄水量为2.68亿立方米左右。[34]对鉴湖工程之功能和效益,刘宋时期孔灵符《会稽记》中已有简明扼要之记述:

> 汉顺帝永和五年,会稽太守马臻创立镜湖,在会稽、山阴两县界。筑塘蓄水,高(田)丈余,田又高海丈余。若水少则泄湖灌田。如水多则闭湖泄田中水入海。所以无凶年,堤塘周围三百一十里,溉田九千余顷。[35]

这其中"如水多则闭湖泄田中水入海"的,便是指玉山斗门。

宋嘉祐四年(1059),沈绅《山阴县朱储石斗门记》记玉山斗门,"乃知汉太守马臻初筑塘而大兴民利也,自尔沿湖斗门众矣。今广陵、曹娥皆是故道,而朱储特为宏大"。宋曾巩《鉴湖图序》云:"其北曰朱储斗门,去湖最远,盖因三江之上、两山之间,疏为二门,而以时视田中之水,小溢则纵其一,大溢则尽纵之,

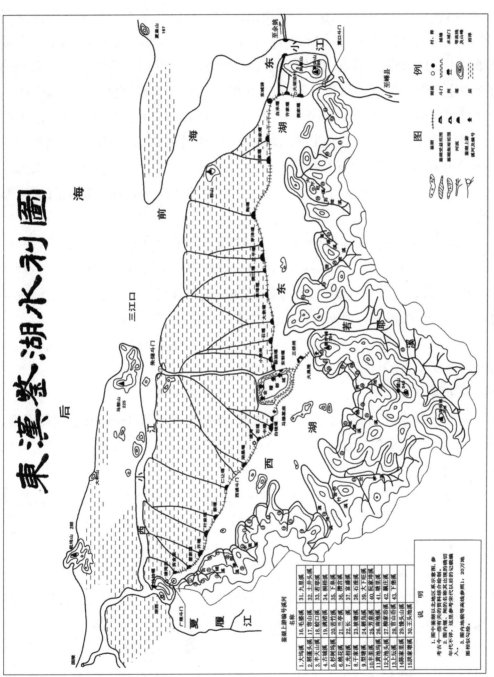

图15　东汉鉴湖水利图

使入于三江之口。"这里已有了"三江"和"三江口"的提法,但未言明是哪三条江,说是在"三江之上"也不很精确。以上是唐以前玉山斗门的排涝情况。

唐修建防海塘,东起上虞,北到山阴,全长百余里,基本隔绝了平原河流与潮汐河流曹娥江的关系,使原北流注入曹娥江的东部河流,从此汇入平原中部若耶溪下游的直落江河道,北出玉山斗门入海,玉山斗门对鉴湖和平原河流的调节作用也随之提高。唐贞元初(788年前后),浙东观察使皇甫政改建玉山斗门,把二孔斗门扩建成八孔闸门,名玉山闸或玉山斗门闸,以适应流域范围扩大而增加的排水负荷。又至北宋,沈绅的《山阴县朱储石斗门记》:"嘉祐三年(1058)五月,赞善大夫李侯茂先既至山阴,尽得湖之所宜。与其尉试校书郎翁君仲通,始以石治朱储斗门八间。"这次整修将原玉山斗门的木结构改成了石结构。

玉山斗门是一个鉴湖灌区地处滨海的控水、灌溉、挡潮枢纽工程,其内控制的是以直落江为主的山会平原水系,西小江和曹娥江在斗门之外。(图16)自鉴湖兴建、晋代西兴运河开挖到明代三江闸的建成、玉山斗门(唐改建成玉山闸)废弃的近1400年,绍兴平原河网水位及排洪涝、挡潮主要由玉山斗门调控。

三江闸建成,切断了钱清江的入海口,平原内河与后海隔绝,三江闸替代玉山闸。其地现为"斗门大桥"。

三江闸

南宋鉴湖堙废,会稽山三十六源之水,直接注入北部平原,原鉴湖和海塘、玉山斗门两级控水成为全部由沿海地带海塘控制。平原河网的蓄泄失调,导致水旱灾害频发。而南宋以来,浦阳江下游多次借道钱清江,出三江口入海,进一步加剧了平原的旱、涝、洪、潮灾害。为了减轻鉴湖堙废和浦阳江借道带来的水旱灾害,自宋、明以来,山会人民在兴修水利上付出了巨大的努力,如修筑北部海塘,抵御海潮内侵;整治平原河网,增加调蓄能力;修

图16　斗门闸图［明万历十五年(1587)《绍兴府志》］

建扁拖诸闸,宣泄内涝;开碛堰,筑麻溪坝,使浦阳江复归故道等,有效地缓解了平原地区的旱、涝灾害。但正如清程鸣九《三江闸务全书》中罗京等《序》中所称:"于越千岩环郡,北滨大海,古泽国也。方春霖秋涨时,

图17　三江应宿闸《老三江闸下游》

陂谷奔溢,民苦为壑;暴泄之,十日不雨复苦涸;且潮汐横入,厥壤潟卤。患此三者,以故岁比不登。"因此,兴建一处能够在新的水利形势下控制泄蓄、阻截海潮、总揽山会平原水利全局的枢纽工程,是继明代绍兴知府戴琥筑麻溪坝、建扁拖闸以后,绍兴平原河网水利、浙东航运所必须及时解决的重大水利问题。

嘉靖十五年(1536)七月,绍兴知府汤绍恩毅然决计在钱塘江、曹娥江、钱清江、直落江汇合处的彩凤山与龙背山之间建造三江闸。三江闸历时六月完成,闸身全长310尺,共28孔,系应上天星宿之意,故又称"应宿闸"。(图17)

三江闸的建成,与横亘数百里的萧绍海塘连成一体,切断了潮汐河流钱清江的入海口,钱清江成为内河。按水则启闭,外御潮汐,内则涝排旱蓄,正常泄流量可达280立方米/秒。至此,绍兴平原河网新格局基本形成,也开创了绍兴水利史上通过沿海海塘和大闸系统全控水利形势的新格局。三江闸的建成使绍兴水旱灾害锐减,原西小江沿岸一万多亩咸卤地也成为良田沃土,还是浙东运河航运萧绍平原水位控制和调度工程。三江闸发挥效益450余年。岁月沧桑,随着水利形势的变化发展,1981年,绍兴人民又在三江闸北5里处,建成了流量为528立方米/秒的大型水闸新三江闸,老三江闸遂完成其光辉的历史使命。

玉山斗门和三江闸均为山会平原沿海控制水闸,但在水系上的控制存在不同:玉山斗门其内控制的是不包括西小江和曹娥江的以直落江为主的山会平原水系;三江闸则是控制了直落江包括西小江的山会平原水系,曹娥江在闸之外。(图18)

七、三礓变迁与曹娥江河口

钱塘江是浙江省最大的河流,也是我国东南沿海一条独特的河流,以雄伟壮观的涌潮著称于世。钱塘江的历史可以追溯到距今6000万年前,地质构造运动导致了钱塘江诞生和远古时期的变迁,今天所见的上中游河道格局就是当

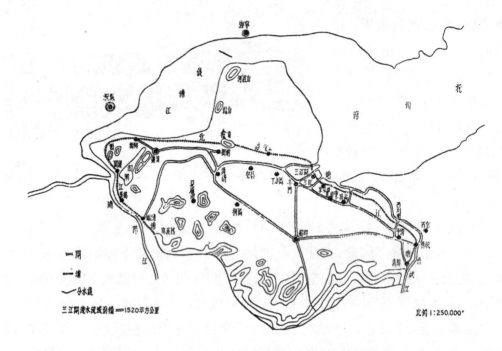

图18　三江闸泄水流域图（民国《绍兴县志资料》）

时形成。钱塘江，古名浙江，最早见于《山海经》，亦名渐江。三国时始有"钱唐江"之名，当时仅指流经钱唐（塘）县境的河段。民国时期才作全江统称。其下游钱塘县（今杭州）附近河段，又有钱塘江、罗刹江、之江、曲江等名称。近代遂以钱塘江统称整条河流。

　　钱塘江有南、北两源，均发源于安徽省休宁县，在建德县梅城会合后，流经杭州市、东流出杭州湾入东海。长度以北源为长，总长668公里，平均坡降1.8‰；流域面积55558平方公里。（图19）

　　钱塘江干流的上游为南、北两源，中游为富春江，下游为钱塘江。富春江在闻家堰小砾山右纳浦阳江后称钱塘江，至河口长207公里，区间流域面积17240平方公里。钱塘江在小砾山以下东北流折为西北流，经闻家堰又折向东北流，经杭州以后东流，至绍兴新三江闸有曹娥江汇入，继续东流"在北岸上海市南汇县芦潮港闸与南岸浙江省宁波市镇海区外游山的连线注入东海"㊱。钱塘江河段上承山洪，下纳强潮，洪潮作用剧烈，江道多变无常。

　　钱塘江河口段的江流主槽，历史上有过三条流路，史称"三门变迁"。（图20）三门即南大门、中小门、北大门。清雍正十一年（1733），内大臣望海等《备陈江海情形修筑事宜疏》云："省城东南龛、赫两山之间，名曰南大亹；禅机、河

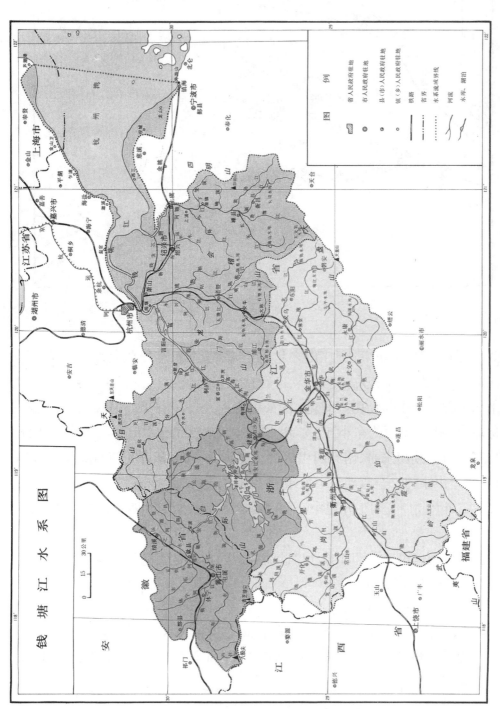

图19 钱塘江水系图

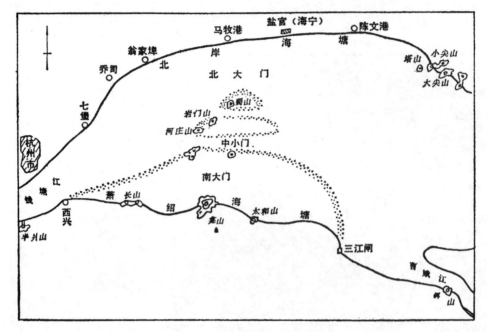

图20　钱塘江三门示意图

庄两山之间,名曰中小亹;河庄山之北,宁邑海塘之南,名曰北大亹,此三门形势横江截海,实为浙省之关阑也。"㊲自春秋至宋代,钱塘江入海口,主要是在山会平原北部的龛山与赭山之间宽6.5公里的南大门(鳖子门)出入,历史上这一带称后海;山会平原的东小江(曹娥江)、西小江(钱清江)、直落江均汇入于此,史称三江口。到南宋时,南大门出口曾一度到海宁(今盐官),随即南返。"明末清初,改走中小门。至康熙五十九年(1720),江道又由中小门全部移至北大门。乾隆十二年(1747),人工开通中小门,安流12年后至二十四年(1759),又改走北大门迄今。"㊳

钱塘江河口由于海潮和长江口沙流造成的不稳定性也可在南宋姚宽《西溪丛语》的记载中得到佐证:

> 今观浙江之口,起自纂风亭,北望嘉兴大山,水阔二百余里,故海商舶船,畏避沙滩,不由大江,惟泛余姚小江,易舟而浮运河,达于杭越矣。

这说明杭州湾的航运存在着海潮和沙堆的危险,由明州至杭州商船多走浙东运河航线。

研究表明,钱塘江三亹变迁对曹娥江河口影响甚大。

曹娥江古名舜江,以传说汉代女子曹娥为救父溺于该江而得名。干流长

182 公里,流域面积 5931 平方公里,发源于大盘山脉磐安县城塘坪长坞,流经新昌、嵊县、上虞 3 县(市)境,在绍兴新三江闸东北注入钱塘江,总落差 597 米,平均坡降 3.3‰。

曹娥江干流上游称澄潭江,发源于大盘山脉磐安县尚湖镇王村的长坞,东北流入五丈岩水库,再北流入新昌县境,经镜岭、澄潭镇,至捣臼爿右纳新昌江。澄潭江与新昌江汇合后称曹娥江,东北流至嵊县南左汇长乐江,北流至蒋家埠右纳黄泽江,流至浦口右纳下管溪,流至上浦左汇小舜江,流经蒿坝、曹娥至百官镇,西北流至五甲渡,河道向左转一个环形大湾至新三江闸口,东北流注入钱塘江。

曹娥江在嵊州、上虞交界处东沙埠以上为山溪性河流,源短流急,洪水容易暴涨暴落。章镇以下为感潮河段,上浦闸建后,潮水一般至于闸下,上虞曹娥以下至三江口属平原河段,河宽在 1 公里以上,因受潮汐影响,河床多变。右岸有百沥海塘,左岸有萧绍海塘。

钱塘江河口南侧的岸线在卷转虫海侵最盛时,大致在今萧山、绍兴、余姚、奉化一带的浙东山麓;在约距今 6000 年前,岸线在今慈溪童家岙北、余姚历南、上虞百官、绍兴下方桥、萧山瓜沥及龛山和萧山一线[39]。在春秋越国时,越王句践所说的"浩浩之水,朝夕既有时,动作若惊骇,声音若雷霆,波涛援而起"[40]就是指这里的情景。公元 4 世纪,岸线已外涨到今慈溪浒山,余姚低塘和临山,绍兴的孙端、斗门和新甸,萧山的龛山和西兴一线。当时的曹娥江河口岸线西岸在今大和山、西宸山、马鞍山、马山、孙端、称山一线;东岸在今百官、小越、夏盖山一线。河口远宽大于今,之外就是浩瀚的后海。

对曹娥江河口的汹涌潮水,古代文人的作品中也多有描述,如李白有"涛卷海门石",刘禹锡有"须臾却入海门去"等句。宋王十朋有《斗门》诗记载时玉山斗门外三江口汹涌澎湃的海潮:

> 胼胝深感昔人劳,百尺洪梁压巨鳌。潮应三江天堑逼,山分两岸海门高。
> 溅空飞雪和天白,激石冲雷动地号。圣代不忧陵谷变,坤维千古护江皋。

明以后,三门变迁使钱江潮水对北岸的冲击增大,南岸淤涨,形成南沙,山会海塘受潮汐影响相对减轻。明崇祯十五年(1642)祁彪佳记载"舟至龟山,因沙涨数十里,望海止一线耳"[41] 时,南大门已成为很小的通道。之后,曹娥江河口不断变窄。清康熙、乾隆年间,萧绍海塘西北段塘外渐淤成大面积滩涂地。咸丰年间已超过 4 万亩。清末民初,滩涂向杭州湾延伸了 10 多公里[42]。广阔的曹娥江河口滩涂资源,为现代围涂创造了条件。同时,钱塘江南岸滩涂的不断扩大,也带来曹娥江出口江道抬高、延伸流长,三江闸外淤积严重和难于处置,引起排洪涝不畅的问题。此亦正被清光绪八年(1882)范寅《论古今山海变易》"不出百年,三江应宿闸又将北徙而他建矣"⑬ 所言中。

历史上,曹娥江出口江道主槽摆动频繁,亦系曹娥江口外滩面较宽所致。滩面宽、窄又取决于钱塘江尖山河湾主槽所处位置。钱塘江流域丰水年,尖山河湾主槽靠北,曹娥江口滩面宽,出口江道主槽易出北,桑盆殿低潮位较高,对萧绍平原排涝不利;反之,钱塘江流域枯水年,尖山河湾主槽偏靠南,曹娥江口滩面窄,出口江道主槽一般出东,桑盆殿低潮位较低,对排涝有利。出口江道主槽出东北方向,桑盆殿低潮位介于上述两者之间。根据现代钱塘江尖山河湾治理规划,曹娥江出口江道走向为出东北方向,并一直按此开展整治。在整治过程中,出口江道主槽分别于1988年至1989年春,以及1995年冬至1996年春,两次出北,致使马山、三江闸下低潮位高于平原河网内河水位而形成严重内涝威胁。后幸曹娥江出现1000—2000立方米/秒的洪水,导致出口江道主槽向东北方向串通,萧绍平原内涝才得以解除。此后,绍兴、上虞两县市通过治江围涂加快了治理曹娥江出口江道步伐。1995年后,绍兴围垦九七丘,又向外抛筑了东顺坝,使出口江道又向外延伸2.0公里,出口江道基本上推进到尖山河湾南岸治导线⑭。

现代研究资料也表明:曹娥江河口的泥沙主要来自海域,上游河道来沙较少。曹娥江河口海域来沙属细粉沙,具有易冲易淤的特点。⑮ 据实测,一般具有小潮期含沙量低,大潮期和洪水期含沙量高,涨潮含沙量大于落潮含沙量等特点。据已有的水文测验资料,小潮时垂线平均含沙量小于1公斤/立方米,大潮时约为3公斤/立方米,最大可达10—20公斤/立方米。当水流受潮汐控制时,因潮波的不对称性,涨潮流速大于落潮流速,涨潮含沙量及输沙量远大于落潮,涨、落潮输沙量比值一般3—4倍,江道以淤积为主;反之,当上游下泄径流较大时,落潮流速增大,河口段江道发生冲刷。因此,年内河床冲淤特性表现为洪冲潮淤。

今曹娥江大闸位于曹娥江河口与钱塘江交汇处,距绍兴城北东约30公里。该工程是国家批准实施的重大水利项目,是中国在河口建设的规模最大的水闸工程,也是浙东引水的枢纽工程。工程效益以防洪(潮)、治涝为主,兼顾水资源开发利用、水环境保护和航运等综合利用功能。主体工程于2005年12月30日开工,2009年6月28日竣工,2011年5月通过竣工验收并正式投入运行。

图21　绍兴平原河网水系图

大闸建成后,曹娥江两岸防洪标准将从 50—100 年一遇提高到 200 年一遇,闸上曹娥江已变成淡水内河,形成长 90 公里、面积 41.3 平方公里、正常蓄水位 3.9 米、相应库容达 1.46 亿立方米的条带状水库湖,总可利用调水量多年平均可达 6.9 亿立方米。(图 21)

八、结论

1. 文献记载之阐述

历史文献记载中的三江诸说。除韦昭的"浙江、浦阳江、松江"的说法与萧绍平原以北的三江有涉外,其余多指长江下游地区河流。绍兴地方文献关于三江诸说。宋以前记载有的说法为吴越之三江,也有特指浙江、浦阳江(西小江)、东小江(曹娥江);宋明时对绍兴北部三江口比较一致的习惯说法即为浙江、西小江、曹娥江汇聚之口。陈桥驿先生从现代历史地理的角度分析,则认为三江口应定为西小江、曹娥江、若耶溪(直落江)。

2. 河口之演变分析

海侵时期的河口。假轮虫海退始于距今约 2.5 万年以前,海岸线在 600 公里之外,此时期的河口当远不能与之后的三江口相提并论。

卷转虫海侵高峰时(距今约 7000—6000 年前),宁绍平原成为一片浅海,钱塘江、浦阳江、曹娥江、若耶溪河口均在山麓线直接入海,此时尚未有西小江。海退后,约到距今 4000 年前,钱塘江的喇叭状雏形边高形成。之后,南岸泥沙加积形成西小江,汇部分浦阳江水及会稽山西部之水在山阴北部出后海;若耶溪则通过直落江入海;曹娥江河口也逐步形成并出后海。其时,山会平原的后海还不能与钱塘江河口等同,所称之后海或要到公元 4—5 世纪后才能逐渐定位河口湾(杭州湾),此时期的三江口准确的说法应是西小江、若耶溪(直落江)、曹娥江。

唐宋时,萧绍海塘建设使西小江和直落江的江道走势更确定。明代之前,西小江是浦阳江的一个出海口,不同时期的海岸线变化和海塘建设决定其来水量有较大变化。明代浦阳江改道与西小江关系隔绝,三江闸建成又使西小江成为内河。钱塘江上游来的流域径流和东海涌上的潮流成为河口变迁的主要动力,河口的变化决定于两大势力的消长。钱塘江从南大亹改走北大亹后对萧绍海塘压力减轻,南沙形成为之后的围涂创造了条件。20 世纪 60 年代以后,河口则被人们全面整治利用改造。今曹娥江出口的走势是人工围涂奠定。

玉山斗门之内只拦截了若耶溪(直落江),之外为西小江和曹娥江;三江闸(包括新三江闸)则把若耶溪(直落江)和西小江一起拦截在内,之外为曹娥江和钱塘江;曹娥江大闸形成了内曹娥江和外钱塘江。

综上,绍兴"三江"及河口在历史时期是一个动态变化发展的过程,按照宋代以后传统习惯的说法为钱塘江、西小江、曹娥江。其实,不同的历史时期存在着若耶溪(直落江)、西小江、曹娥江、钱塘江。就绍兴山会平原来说,更精准的科学说法应是若耶溪(直落江)、西小江、曹娥江。按先后顺序,则是若耶溪(直落江)与西小江交汇,再与曹娥江交汇,再一起汇入钱塘江河口(杭州湾)。(图22)当然,中国古时常以"三"表示多数。如从这个角度看,长江流域的"三江",宁波的"三江",浦阳江出口处的"三江",绍兴的"三江",举不胜举,也是可以理解的。

绍兴三江口的历史变迁也表明,古代绍兴所处"万流所凑、涛湖泛决、触地成川、支津交渠"[46] 之地,水环境沧海桑田的变迁与发展,既有着自然的因素,也离不开人们的治水活动。诚如郦道元所说"水德含和、变通在我"[47]。绍兴是传说中大禹治水的毕功之地,一代代的绍兴人民"缵禹之绪"[48],才形成了今天"天人合一"的水利新格局。

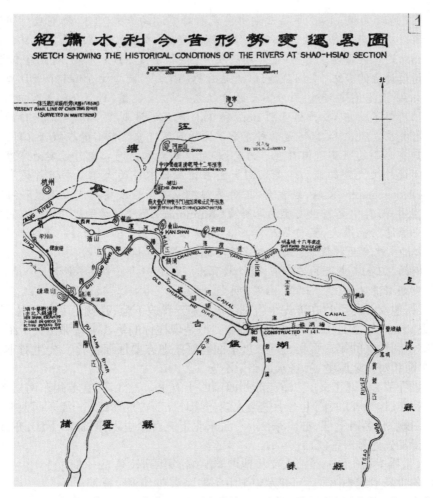

图22　绍兴水利今昔形势变迁图（《绍兴水利今昔情形述略》，浙江省水利局民国十八年年刊）

注释：

① 我国郦学泰斗陈桥驿先生生前曾对本文进行过指导。2013 年，因点校《三江闸务全书》事，我向陈先生请教关于三江闸三条江的定名问题，他在给我的信中写道：自然界都有一定条件下发展、变迁的过程。"三江口"问题并不复杂。首先，"三江"本身就在变化。今天的"三江口"历经了远古、近代到了今天，肯定此"口"已绝非彼"口"了，所以要研究"三江口"需要具备以下条件：1. 研究要涉及地质学、地史学、第四纪学等学科。2. 要掌握古地理学（paleogeography）。我们平时所说的地理学其实已略去了"现代"二字。现代地理学以前，还有历史地理学（从第四纪全新世到清），历史地理以前还有古地理学（从晚更新世到全新世），古地理学本来并不重要，但对"三江口"这一地名来讲却大有关系。3. 须广泛了解国内外学者在这方面的研究成果。比如：（1）前华东师大河口研究所所长陈吉余先生关于浦阳江袭夺的专文（可以清楚知道钱清江为什么从此注入后海）。（2）我

在《地理学报》1962年第三期中发表的对鉴湖的专文。（3）特别应对钱塘江下游段从宋朝开始发生的摆动现象要深入研究，不要仅依据一两篇文章的内容做出结论。陶存焕工程师（也是绍兴人）曾供职于钱塘江水利局，对此有专文研究，请读读他的专文。（4）钱塘江（古越时称"浙江"）河口由于海潮和长江口沙流的关系，没有固定河道，所以不可通行。这一点，宋姚宽《西溪丛语》卷四已经说得很清楚了。（5）要严格区别Bore和Tide两词的区别，这与钱塘江河口的研究很有关系。Bore和Tide是两种完全不同的自然现象。前者除在钱塘江外，世界上只有巴西的亚马逊河存在。为此，我对这两大江河河口都作过实地考察。4.有阅读外文文献的能力。美国国会图书馆及日本关西大学图书馆都藏有大量的paleogeography文献，经我查阅，对第四纪晚更新世发生的三次海侵和海退记载甚明，而其中全新世发生的卷转虫（Ammonia）海侵持续约近7000年，它对宁绍平原的影响很大，且与"三江口"地名有很大关系。5.顺便提一下我本人对"三江口"就有两种提法：马臻太守建鉴湖时，"三江口"就在今陡门镇，这是毫无疑问的。但在我主编的另一书，浙江教育出版社1991年出版的《浙江古今地名词典》中则据情况变化，"三江"已据《明史．地理志》为浙江、钱清江、曹娥江了。

又据他女儿陈可吟在陈先生告别会上《哪天我放下笔，我就走了！》（见《绍兴晚报》2015年2月16日第2版）稿称："但是现在你的笔还夹在那份关于绍兴三江口水利论文的第二页上，你说过，里面有好些地方要仔细看看。"先生对本文用心之深和对我之厚爱，我将永远铭记不忘。

② 张守节《史记正义》："泽在苏州西南四十五里。三江者，在苏州东南三十里，名三江口。一江西南上七十里至太湖，名曰松江，古笠泽江；一江东南上七十里至白蚬湖，名曰上江，亦曰东江；一江东北下三百余里入海，命曰下江，亦曰娄江。于其分处号曰三江口。"

③《敬孚类稿》卷一，《清人文集地理类汇编》第四册，第52—54页。

④ 陈桥驿主编《中国运河开发史》，中华书局2008年版，第316页。

⑤《初学记》卷六《地部》引。

⑥《吴郡图经续记》卷中引。

⑦《东潜文稿》，《清人文集地理类汇编》第四册，第86页。

⑧《穆堂初稿》卷一九，《清人文集地理类汇编》第四册，第7页。

⑨《拙尊园丛稿》卷四，《清人文集地理类汇编》第四册，第89—92页。

⑩《孟邻堂文钞》卷一〇，《清人文集地理类汇编》第四册，第4页。

⑪《水经注·沔水》引。

⑫ 华林甫《中国地名学源流》，湖南人民出版社1999年版，第403—404页。

⑬ 邱志荣、陈鹏儿《浙东运河史（上卷）》，中国文史出版社2014年版，第447页

⑭ 冯建荣主编《绍兴水利文献丛集·塘闸汇记》，广陵书社2014年版，第275页。

⑮ 以上诸图参见屠剑虹编著《绍兴历史地图考释》，中华书局2013年版。

⑯《地理学报》1962年第3期。

⑰ 冯建荣主编《绍兴水利文献丛集·三江闸务全书·序》，广陵书社2014年版，第2页。

⑱《历史地理》创刊号，上海人民出版社1981年版。

⑲ 陈桥驿《越族的发展与流散》，见陈桥驿《吴越文化论丛》，中华书局1999年12

月第 1 版,第 40—46 页。

⑳ 韩曾萃、戴泽蘅、李光炳等著《钱塘江河口治理开发》,中国水利水电出版社 2003 年版,第 23—24 页。

㉑ 陈桥驿《越文化研究四题》,载于车越桥主编《越文化实勘研究论文集》,中华书局 2005 年版,第 5 页。

㉒ 金普森、陈剩勇主编《浙江通史》,徐建春《先秦卷》,浙江人民出版社 2005 年 12 月第 1 版,第 31 页。

㉓ 韩曾萃、戴泽蘅、李光炳等著《钱塘江河口治理开发·绪论》,中国水利水电出版社 2003 年版,第 2 页。

㉔ 韩曾萃、戴泽蘅、李光炳等著《钱塘江河口治理开发》,中国水利水电出版社 2003 年版,第 25—26 页。

㉕ 夏征农主编《辞海》,上海辞书出版社 2000 年版,第 1087 页。

㉖《海塘录》卷二十三辑,元代叶颙诗《浙江潮》。

㉗ 刁约《过渔浦作》,载《会稽掇英总集》卷五。

㉘ 陆游《剑南诗稿》卷十三。

㉙ 载于清王念祖编纂《麻溪改坝为桥始末记》卷一,民国八年(1919)戴社印本。

㉚《民国萧山县志稿》卷三。

㉛ 载于清王念祖编纂《麻溪改坝为桥始末记》卷一,民国八年(1919)戴社印本。

㉜ 陶存焕《浦阳江改道碛堰年代辨》,盛鸿郎主编《鉴湖与绍兴水利》,中国书店 1991 年版。

㉝ 陈吉余《杭州湾地形述要》,载《浙江学刊》第 1 卷第 2 期(1947)。

㉞ 盛鸿郎、邱志荣《古鉴湖新证》,《鉴湖与绍兴水利》,中国书店 1991 年 7 月版。

㉟《太平御览》卷六十六引《会稽记》。

㊱ 戴泽蘅主编《钱塘江志》,方志出版社 1998 年版,第 67 页。

㊲ 雍正《浙江通志》卷六十五《海塘五》。

㊳ 戴泽蘅主编《钱塘江志》,方志出版社 1998 年版,第 66 页。

㊴ 韩曾萃、戴泽蘅、李光炳等著《钱塘江河口治理开发》,中国水利水电出版社 2003 年版,第 26 页。

㊵《越绝书》卷四。

㊶ 祁彪佳日记,转引自董开章 "钱塘江海塘工程(初稿手稿)1965 年 12 月"。

㊷ 葛关良主编《绍兴县水利志》,中华书局 2012 年版,第 240 页。

㊸ 载于范寅《越谚·附论》。

㊹ 浙江省河口海岸研究所主编《萧绍平原治涝规划报告》送审稿,1998 年 12 月。

㊺ 浙江省水电勘察设计院、陈舟主编《曹娥江船闸可行性研究专题报告》,2004 年 3 月。

㊻ 郦道元《水经注》卷二十九《沔水注》。

㊼《水经注》卷十二《巨马水》。

㊽ "缵禹之绪"为明徐渭为绍兴三江闸缔造者汤太守祠题写的对联,原作为:"凿山振河海,千年遗泽在三江,缵禹之绪;练石补星辰,两月新功当万历,于汤有光。"

三江闸保护、利用、传承工作方案

绍兴市人民政府办公室

建成于明代的三江闸是绍兴平原排涝、航运的枢纽，是中国古代最早、最大的滨海大闸，其建筑科技和管理水平领先世界 300 多年，直接作用一直延续至上世纪 80 年代。1963 年被列入浙江省重点文物保护单位。三江闸地位崇高，保护、利用、传承工作意义重大。

一、指导思想

根据《中华人民共和国文物保护法》《绍兴市城市总体规划》《绍兴市城市发展战略纲要》以及"五水共治、重构重建"战略决策的要求，开展三江闸保护、利用、传承工作。

二、保护范围

以三江闸为核心，玉山斗门至新三江闸约 5 公里的河道为纽带，划定 3—5 平方公里范围为重点保护区域，按规划要求实施。

三、保护原则

统一规划、分期实施；突出保护、综合治理；先易后难、有序推进；属地管理、条块结合。

四、工作任务

（一）实施规划编制

按照世界领先水利工程、中国最早滨海大闸、绍兴水城滨海明珠的总体定位，2015 年 6 月底前，编制完成"三江文化休闲区"（暂定名）规划方案。具体由袍江经济技术开发区管委会负责，市委宣传部、市环保局、市规划局、市交通运输局、市水利局、市旅委、市社联、市文物局、柯桥区政府配合。

（二）加强文物保护

1. 方案制定。2015 年 3 月底前，对区域内三江闸、明代三江所城、明清古海塘、古闸、玉山斗门遗址、濠湖大桥等文物进行全面调查，提出分类保护意见,对重要文物进行抢救性保护。具体由市文物局负责,市水利局、袍江经济技术开发区管委会、柯桥区政府配合。

2. 文保升格。按照全国文物保护单位的保护规格和要求,制定三江闸保护方案,及时将申报材料书面报省文物局。妥善保护区域内三江所城、濠湖大桥等重要文物,同时申报省级文物保护单位。具体由市文物局负责,市水利局、袍江经济技术开发区管委会、柯桥区政府配合。

3. 车辆禁行。为确保三江闸和汤公大桥安全,2015 年 3 月底前,严格落实三江闸和汤公大桥大型载重车辆禁行工作,并加强日常管理。具体由袍江经济技术开发区管委会负责,柯桥区政府配合。

4. 通航改道。为确保三江闸和汤公大桥安全,2015 年 3 月底前,实施三江闸闸孔通航改道,对汤公大桥新航道进行清障设标,并加强日常管理。具体由袍江经济技术开发区管委会负责,委托有关单位编制孔闸通航改道方案,市交通运输局、市水利局配合;由市交通运输局、市水利局负责日常管理工作,袍江经济技术开发区管委会、柯桥区政府配合。

(三)开展河道整治

1. 加快推进新三江闸排涝配套拓浚二期工程,2015 年 6 月底前完成。具体由袍江经济技术开发区管委会负责政策处理,市水利局负责工程建设。

2. 组织开展整治范围内及周边河道的清障、清草、清垃圾、清沉船、清鱼罾等工作,2014 年年底前完成,并落实长效管理。由市水利局牵头分解落实整治任务,袍江经济技术开发区管委会、柯桥区政府负责具体实施,市公安局、市交通运输局、市农业局配合;整治工作结束后,由袍江经济技术开发区管委会、柯桥区政府按照"属地负责"原则实行长效管理。

(四)实施环境综合治理

1. 推进工业污染治理。贯彻落实市委办公室、市政府办公室《关于印发推进"五水共治"重构绍兴产业重建绍兴水城相关〈实施意见〉〈行动计划〉的通知》(绍市委办发〔2014〕39 号)精神,争取提前完成规划范围内工业企业关停搬迁和集聚升级工作。由袍江经济技术开发区管委会、柯桥区政府按"属地负责"原则开展具体工作,市经信委、市环保局配合。

2. 推进生活污染治理。按照"五水共治"工作要求,细化年度治理目标,加快推进规划范围内农村生活污水截污纳管和分散处理等工作,2014 年完成荷湖村 449 户农村生活污水治理。加快启动斗门镇三江村和东堰居拆迁改造工作,力争早日完成。由袍江经济技术开发区管委会具体负责,市农办配合。

3. 推进沿河拆违整治。按照"三改一拆"工作要求,2014年年底前完成整治范围内河道沿河违章拆除工作,建立并落实长效管理机制。由袍江经济技术开发区管委会、柯桥区政府按"属地负责"原则开展具体工作,市公安局、市国土局、市交通运输局、市水利局、市城管执法局配合。

(五)加强三江文化研究

1. 开展区域内文化资源调查,编著、整理出版《三江史》《绍兴海塘志》《水利诗词》等史志著述。具体由市水利局、市文广局、市文物局负责。

2. 加强对三江闸技术与三江文化的系统性、比较性、多学科研究,适时举办国际、国内学术研讨会,扩大三江闸的国内国际知名度。具体由市水利局、市社科联负责。

五、加大宣传推介力度

1. 通过报纸、电视、电台、网络等多样化宣传手段,加大对三江闸保护、利用、传承工作重要意义及必要性的宣传及相关知识普及,营造浓厚氛围。

2. 加强对外宣传,提高三江闸等绍兴古代著名水利工程在国内外的知名度和美誉度,争取获得更多关注。具体由市委宣传部负责,市水利局、袍江经济技术开发区管委会、市社科联、市文物局、绍兴日报、绍兴广电总台、柯桥区政府配合。

六、加强资金保障

袍江经济技术开发区管委会要积极筹措资金,市财政局要积极予以支持,水利、文物、旅游、文化、交通运输等相关部门(单位)要积极向上争取,共同推进三江闸保护、利用、传承工作。

七、组织领导

成立绍兴市三江闸保护利用传承工作领导小组,由市政府分管副市长任组长,市政府分管副秘书长、市水利局和袍江经济技术开发区管委会主要负责人、柯桥区政府分管负责人任副组长,牵头协调三江闸保护、利用、传承各项工作。

附件1:

1. 三江闸保护、利用、传承工作任务分解表

2. 绍兴市三江闸保护、利用、传承工作领导小组成员及联络员名单

附件1　三江闸保护、利用、传承工作任务分解表

序号	工作任务	主要内容	完成时间	责任单位	配合单位
1	实施规划编制	按照世界领先水利工程、中国最早溪海明大闸，绍兴水城溪海明珠床的总体定位，编制完成"三江文化休闲区"（暂定名）规划方案。	2015年6月底前	袍江经济技术开发区管委会	市委宣传部、市环保局、市规划局、市交通运输局、市水利局、市旅委、市社科联、市文物局、柯桥区政府
2	加强文物保护	1. 对区域内三江闸、明代三江所城、明清古海塘、古闸、玉山斗门遗址、濠湖大桥等文物进行全面调查，提出分类保护意见，对重要文物进行抢救性保护。	2015年3月底前	市文物局	市水利局、袍江经济技术开发区管委会、柯桥区政府
		2. 按照全国文物保护单位的保护规格和要求，制定三江闸保护方案。妥善保护区域内三江所城、濠湖大桥等重要文物，同时申报省级文物保护单位。		市文物局	市水利局、袍江经济技术开发区管委会、柯桥区政府
		3. 严格落实三江闸和汤公大桥大型载重车辆禁行工作，并加强日常管理。	2015年3月底前	袍江经济技术开发区管委会	柯桥区政府
		4. 实施三江闸闸孔通航改造，对汤公大桥新航道进行清障设标，并加强日常管理。	2015年3月底前	袍江经济技术开发区管委会、柯桥区政府	市交通运输局、市水利局
3	开展河道整治	1. 完成新三江闸排涝配套拓浚二期工程建设。	2015年6月底前	袍江经济技术开发区管委会、市水利局	
		2. 开展整治范围内及周边河道的清障、清草、清垃圾、清沉船、清鱼簖等工作，并落实长效管理。	2014年年底前完成	袍江经济技术开发区管委会、柯桥区政府	市公安局、市交通运输局、市农业局

续表

序号	工作任务	主要内容	完成时间	责任单位	配合单位
4	实施环境综合治理	1. 根据市委办公室、市政府办公室《关于印发推进"五水共治"重构绍兴产业重建绍兴水城相关〈实施意见〉〈行动计划〉的通知》（绍市委办发〔2014〕39 号）精神，完成规划范围内工业企业关停搬迁和集聚升级工作。	2017 年年底前	袍江经济技术开发区管委会、柯桥区政府	市经信委、市环保局
		2. 完成规划范围内农村生活污水截污纳管和分散处理等工作（其中 2014 年完成荷湖村 449 户农村东堰居民迁改造工作。完成斗门镇三江村和东堰居民迁和改造工作。	2016 年年底前	袍江经济技术开发区管委会	市农办
		3. 完成整治范围内河道沿河违章拆除工作，建立并落实长效管理机制。	2014 年年底前	袍江经济技术开发区管委会、柯桥区政府	市公安局、市国土局、市交通运输局、市水利局、市城管执法局
5	加强三江文化研究	1. 开展区域内文化资源调查、编著、整理出版《三江史》《绍兴海塘志》《水利诗词》等志书著述。	2015 年年底前	市水利局、市文广局、市文物局	
		2. 加强对三江闸技术与三江文化的系统性、比较性、多学科研究，适时举办国际、国内学术研讨会，扩大三江闸的国内国际知名度。	2016 年年底前	市水利局、市社科联	
6	加大宣传推介力度	1. 采取多样化宣传手段，加大对三江闸保护、利用、传承工作重要意义及必要性的宣传及相关知识普及，营造浓厚氛围。	2016 年年底前	市委宣传部	市水利局、袍江经济技术开发区管委会、市社科联、市文物局、绍兴日报、绍兴广电总台、柯桥区政府
		2. 加强对外宣传，提高三江闸等绍兴古代著名水利工程在国内外的知名度和美誉度，争取赢得更多关注。			

附件 2

一、领导小组成员名单

组　长　　冯建荣

副组长　　张校军　市政府

　　　　　金　辉　市水利局

　　　　　沈志江　袍江经济技术开发区管委会

　　　　　胡国炜　柯桥区政府

成　员　　何俊杰　市委宣传部

　　　　　钱增扬　市农办

　　　　　商城飞　市经信委

　　　　　王　争　市公安局

　　　　　孟志军　市国土局

　　　　　徐丽东　市环保局

　　　　　周筱芳　市规划局

　　　　　王　欣　市交通运输局

　　　　　邱志荣　市水利局

　　　　　胡华钢　市文广局

　　　　　范光明　市旅委

　　　　　王建荣　市城管执法局

　　　　　周志刚　袍江经济技术开发区管委会

　　　　　俞继抗　市社科联

　　　　　葛波儿　市文物局

　　领导小组下设办公室,办公室设在袍江经济技术开发区管委会,沈志江同志兼任办公室主任,市委宣传部、市规划局、市交通运输局、市水利局、袍江经济技术开发区管委会、市社科联、市文物局相关负责人兼任办公室副主任,负责领导小组日常工作。

　　二、联络员名单

单　位	姓　名	联系电话
市委宣传部	姚　瑶	85131299
市农办	杨魁勇	13588558861

续 表

单 位	姓 名	联系电话
市经信委	丁浪萍	13867528686
市公安局	王学钟	13867567799
市国土局	陈章锐	13004313288
市环保局	钱伯华	18057575768
市规划局	王剑华	88031918
市交通运输局	马禄银	13385852703
市水利局	童云英	13777316927
市文广局	张彩霞	89180857
市旅委	姚 峰	85132210
市城管执法局	王晶晶	85203823
袍江经济技术 开发区管委会	胡立钊	13605750135
市社科联	章 燕	13858415132
市文物局	徐利根	13675741676
柯桥区政府	吴林平	13626865501

绍政办发明电〔2014〕98号

挖掘三江文化遗产　再现水城滨海明珠

冯建荣

　　绍兴自古以治水闻名于世,是中华治水文化的发源地。水是绍兴的根与魂,是绍兴的兴业之本、立城之本、利民之本。绍兴成为名闻遐迩的鱼米之乡、名士之乡、江南水乡、千年水城,正是大禹治水以来一代又一代的绍兴人持续不懈地治水的结果。三江地区就是绍兴先人治水的标志性成就,而其中的三江闸,更是绍兴先人治水的标志性工程。

　　建于明代的三江闸,作为山会平原开发中的重大治水工程体系,400多年来,对于解除萧绍平原的洪、涝、旱、潮灾害,促进农业生产、经济发展、城市建设、水上运输、民生改善,起到了巨大的作用。三江闸与三江所等,使三江地区成了绍兴历史上,特别是明代经济、军事、交通、水利文化乃至海洋文化的集结地。因此,加强以三江闸为核心的三江地区文化遗产的保护、利用、传承工作,对于弘扬优秀传统文化,推进绍兴水城重建,具有重大的现实意义与深远的历史意义。

一、厚重的文化资源

　　三江区域开发历史悠远,文化积淀深厚,拥有三江闸、萧绍海塘、玉山斗门遗址、斗门古镇等丰富的文化遗产。区域总面积约4.5平方公里,其中水域面积约1.2平方公里,占27%。

(一)三江闸

　　三江闸于明嘉靖十六年(1537)由绍兴知府汤绍恩主持兴建,位于钱塘江、曹娥江、钱清江三江汇合处的彩凤山与龙背山之间。闸全长310尺,共28孔,系以28天上星宿名称编号,故又称"应宿闸"。正常泄流量可达280立方米每秒。

　　三江闸的建成,使绍兴自鉴湖湮废、水体北移之后,形成了新的平原河网水系。闸与绵亘数百里的萧绍海塘连成一体,切断了潮汐河流钱清江的入海口,按水则启闭,旱可蓄、涝可排、潮可挡,使绍兴鱼米之乡有了新的更高标准的水利保障。

三江闸是中国古代最早、最大的滨海大闸,我国现存规模最大的砌石结构多孔闸,也是世界上最早利用水文设施——水则碑进行定量调度水资源的古代水闸,代表了传统水利工程建筑科技和管理运行的最高水平。三江闸作为古代绍兴水利、浙东水运的枢纽和里程碑工程,历经近 480 年依然屹立在东海之滨。1963 年被公布为浙江重点文物保护单位,其水利功能 1981 年为新建成的三江闸所取代。

(二)萧绍海塘

萧绍海塘西起今萧山临浦麻溪东侧山脚,经今柯桥、越城至上虞嵩坝清水闸附近。全长 117 公里,自西向东分别由西江塘(麻溪—西兴)、北海塘(西兴—瓜沥)、后海塘(瓜沥—宋家娄)、东江塘(宋家娄—曹娥)、嵩坝塘组成。海塘保护范围,为今杭州市萧山区,绍兴市柯桥区、越城区、上虞区境内的海塘以南,西界浦阳江,东濒曹娥江,南倚会稽山北麓的萧绍平原。

萧绍海塘的修筑年代,有的说是"莫原所始"。《越绝书》所记的石塘,应是当时后海沿岸零星海塘的其中一段。东汉鉴湖建成的同时,在沿海建玉山斗门,附近必然也会有连片海塘。但当时的海塘以土塘为主,标准较低。

唐代已有确切的界塘与防海塘建设的记载。"界塘在县西四十里,唐垂拱二年(686)始筑,为堤五十里,阔九尺,与萧山县分界,故曰界塘。"界塘位于山阴与萧山两县交界的后海沿岸。"会稽……东北四十里有防海塘,自上虞江抵山阴百余里,以蓄水溉田,开元十年(722)令李俊之增修,大历十年(775)观察使皇甫温、大和六年(832)令李左次又增修之。"防海塘大部分位于会稽县的北部沿海,建成后,使山会平原东部内河与后海及曹娥江隔绝。同时,又建成了山阴海塘。至此,山会平原后海沿岸的海塘除西小江外,已基本形成。

宋代,已将萧绍海塘部分土塘改为石塘,但结构还比较简单,难御较大潮汐冲击。

明三江闸建成后,又建有"长四百丈有奇、广四十丈有奇"的三江闸东、西两侧海塘。至此,萧绍海塘全部连成一片,沿海挡潮、排涝水闸基本配套齐全,塘线一直无大的变化。

清代,海塘建筑技术不断提高,根据海塘的位置及险要程度,分别将土塘、柴塘、篰石塘改建为各种类型的重力式石塘,主要有鱼鳞石塘、丁由石塘、半石塘、块石塘、板石塘等。现存的重力式石塘,基本上是清代新建或改建的。

长数百里,犹若巨龙的萧绍海塘,形成了气势澎湃的独特景观。三江潮是钱塘江涌潮的一部分,虽不及杭州湾之潮有翻江倒海、吞天盖日之气势,但却有变化无穷、跌宕起伏、寓奔腾千里与奇秀气象于一体的壮观景象。

1998年12月,萧绍海塘被浙江省人民政府列为省重点文保单位。

（三）三江所城

明代是我国最早设立御海建制的朝代。由于浙江是倭患的重灾区,所以海防战区遍及整个浙江海岸。明代浙江共设置有16个卫35个千户所,三江所城即是在这一特定背景下建设的军事设施。当时,绍兴府由于地处东南海防前哨,形势险要,所以打破常规,特设绍兴卫、临山卫、观海卫3卫,下设三江所、沥海所、龙山所、三山所、余姚所等5所。3卫5所,隶浙江都指挥使司。

三江所城,于明太祖洪武二十年(1387)为信国公汤和所筑。"三江所城,在府城北三十里,山阴浮山之阳。践山背海,为方三里二十步,高一丈八尺,厚如之。水门一,陆门四,北则堵焉。城楼四,敌楼三,月城三。引河为池,可通舟楫。兵马司厅四,窝铺二十,女墙六百五十八,墩台七。""旧制,三江所设宋家娄、周家墩、桑盆等六烽堠。三江和白洋设有巡检司,分别配备弓兵一百名和三十二名,军势颇盛。""下为三江城河,各县粮运往来之道也。所东为三江场,东南即宋家娄,防维最切。"所城有守军1352人,所在区域有天然的深水港口,对平时备战与战时出击十分有利,位置十分重要。

三江所城当时为军事机构,属国家所有,其核心构建是军事设施,而并非聚落民居。之后,随着海防、三江河口形势的改变,以及人口的集聚等,三江所城军事功能衰退,军事力量减少。至清同治年间(1862—1874),尚有三江所公署、守城营、三江教场、火药房、风火池、三江仓、三江铺等建筑。

对三江所城原军事设施及建筑造成最大损坏的,当是人口的大量增多、居民大量迁入。到20世纪80年代,三江所城已演变成为名副其实的三江村。据2014年拆迁前调查,三江村已有1700多户5000余人,不但人口多,地域范围也较原所城有所扩大。村内建筑,约80%为现代建成。

600多年历史的古三江所城,目前尚存东城门明代所城遗址,为市级文保单位。另有两处为清代以后建筑物的三普文物。

（四）玉山斗门

位于距绍兴城北约30里的斗门镇东侧金鸡、玉蟾两峰的峡口水道之上,距三江闸西南约5里。

玉山斗门又称朱储斗门，为鉴湖初创时的三大斗门之一。"其北曰朱储斗门，去湖最远，盖因三江之上、两山之间，疏为二门，而以视田中之水，小溢则纵其一，大溢则尽纵之，使入于三江之口。"这是唐以前玉山斗门的排涝情况。

唐修建防海塘，基本隔绝了平原河流与潮汐河流曹娥江的关系，使原北流注入曹娥江的东部河流，从此汇入平原中部的直落江河道，北出玉山斗门入海，玉山斗门对鉴湖和平原河流的调节作用也随之提高。唐贞元（785—805）初，浙东观察使皇甫政改建玉山斗门，把二孔斗门扩建成八孔闸门，名玉山闸或玉山斗门闸，以适应流域范围扩大而增加的排水负荷。

三江闸的建成，切断了钱清江的入海口，平原内河与后海隔绝，玉山闸的使命完成。

玉山斗门是一个地处滨海、鉴湖灌区的控水、灌溉、挡潮枢纽工程。自东汉鉴湖兴建、晋代西兴运河开挖到明代三江闸建成、直至玉山斗门废弃的近1400年间，绍兴平原河网水位主要由玉山斗门调控。最后拆闸改桥在1984年10月，名为斗门大桥。

（五）斗门古镇

斗门古镇历史悠久，在越王勾践时，斗门一带就是越国重要的产盐基地，其南侧一直是三江监课署司署所在地，主管区域内的盐业。镇因玉山斗门而得名。

据文物部门最新调查，古镇文化积淀深厚，有宋代始建的宝积禅寺、绍兴县最早的公立学堂辨志学堂、道堂庵、竹隐庵、城隍庙、张神殿、基督教堂等等，还有鸡麓朝暾、牛冈夕照、古闸（即斗门古闸）秋涛、月弯残雪、官渡人声、西山樵唱、花浦渔歌、玉峰夜月、宝积晚钟、芳洲春草等斗门十景等闻名于世。

斗门历史名人众多，黄逵、黄寿衮、吴采之、柯灵、陈鹤皋等均出自该镇。其中以俞氏家族最为辉煌，有明代著名学者俞子良、曾任南京水师学堂总办俞明震，当代更有两院院士俞大光、俞大绂及天津市委书记黄敬（原名俞启威）等。

斗门的传统艺术、民风民俗、传统手工艺也闻名一方。

斗门古镇内现有7处三普文物，有较多具有明显地方特色且具有保护价值的古建筑物，主要包括传统街巷4街14弄，传统建筑20处，古桥8座，古树2棵，古遗迹、遗址5处。

二、面临的问题和困惑

（一）古闸隐患

1.闸面破损严重，文物多遭损坏。前些年，这里曾成了周边各类工程运输塘渣的主要通道,几十吨的塘渣车超载运行,对闸体已造成内外损伤。原三江闸东西两边有关三江闸的文化积淀,如纪念汤绍恩的汤公祠、碑石等,也已不复存在。

2. 航运危及桥闸安全。与古三江闸相连的汤公大桥,在多年严重超运重压下,已成为一座危桥。尤使人担忧的是,几百吨的各类大型运输船,在不符合通航要求和无保护措施的情况下,经古三江闸孔通航。如果狭窄的闸洞一经撞击,极有可能使三江闸倾倒。

3. 修复工艺高难。三江闸及海塘等文物的保护,专业性很强,工艺要求也具有独特性,非一般施工队伍可以担当作为,招标、管理上也有特殊标准。

(二)拆迁与保护的矛盾

1. 文保定位与社会人士认识上存在较大分歧。三江所城作为军事设施古遗址,除东城门外,已基本不存。村庄建筑大多是建于20世纪80年代的三层民房,残存的近20处老民居已不同程度破损。文物部门按文物保护标准与原则,只要求保护一处文物和两处三普登记文物;而部分社会人士则建议保护整个三江村,并且提出最好村民不外迁。

2. 实际拆迁管理较为粗放。拆迁方案的制定与拆迁队伍的招标,缺少周全的考虑与具体的要求。拆迁过程中,没有对古河道、古桥、古民居、古构建、古石板及地下遗存进行严格保护。

3. 舆论应对乏力。建设单位对三江村的历史价值,以及保护和拆迁之后的建设研究不够透彻,对一些新闻媒体就拆迁问题提出的批评和一些不实言论表现得被动。绍兴因一个村的拆迁而引起数量如此多、级别如此高的媒体关注,并且时间延续近半年,对绍兴形象造成损害的,可谓前所未有。

(三)区域环境问题

1. 严重的工业污染影响。2000年8月,绍兴袍江经济技术开发区成立,三江村被纳入规划。一时间,各类工业企业蜂拥而入,入驻的各类企业多达3800余家。在袍江建设初期,对引进企业的门槛设置很低,一些容易产生污染的企业都把厂区安在了这里。后来,迫于环境压力,有关部门进行了整治,对一些违法排污的企业进行了关、停,但废气、废水排放总量依然很大。据绍兴市环保局对袍江经济技术开发区的"环保评估"显示,污染物排放占全市总量的70%左右,单位国土面积排放强度列全市第一,是全市平均水平的7倍以上。这个被工业区"包围"的古村,由于工业生产带来的负面影响,使得原有的美好家园已经远离宜居。

2.农业生产环境的破坏。三四十年前,三江村的村民基本以种地和捕鱼为生,村里有100多人组成捕鱼队,渔民们驾驶渔船,在现老三江闸与新三江闸之间的江面撒网捕鱼。三江村外还有大片庄稼,如水稻、棉花、番薯、绿麻等。因为海边的滩涂地土壤肥沃,产量也比别的地方高出不少。但现在所见的三江村,已经残破、脏乱,田园风光不再。

斗门古镇式微之忧。目前,斗门古镇格局尚存,但建筑破败,人烟少有,多为老人。青壮年大多去市区居住和工作,他们的子女也在相关地方生活、就学。

三、探索与展望

三江闸具有"史考"的实证价值、"史鉴"的研究价值、"史貌"的审美价值。历史是根、文化是魂,留住根、守好魂,这是当代人的责任和义务。加快推进三江区域保护整治,可使人们在知"来龙"的基础上,明"去脉",走向更加美好的明天。

(一)这是最好的时机

1.党中央将文化遗产的保护工作提到了前所未有的高度。十八大以来,习近平总书记治国理政的一个鲜明特征,就是重视中华传统文化的保护、利用、传承。标志性的,有习总书记2014年3月27日在联合国教科文组织总部的演讲;同年9月24日在纪念孔子诞辰2565周年国际学术研讨会上的讲话;2015年10月15日在文艺工作座谈会上的讲话。浙江省委、省政府对文化遗产的保护也非常重视,特别是当前正在推进的"五水共治""三改一拆",为三江闸的保护、传承、利用提供了很好的宏观背景。

2.对于弘扬优秀传统文化具有重大意义。三江地区文化遗产所体现出来的,汤绍恩身上所体现出来的,正是中华民族的优秀传统文化。习近平总书记指出,"礼法合治,德主刑辅",是中国社会治理的重要经验。"德"和"礼",就是中华民族的传统文化。这种"德"和"礼"在汤绍恩身上得到了集中的体现,他是名副其实的"三好"的楷模。汤绍恩是做好人的楷模,因为他为人宽厚、俭朴诚信、动静乐寿;汤绍恩也是当好官的楷模,因为他始终清白,不搞贪渎,度量弘雅,灵济宁江;汤绍恩也是成好事的楷模,他凿山振河,炼石补星,恩泽绍兴,是名副其实的绍兴的恩人。做好人、当好官、成好事,是我们中华民族的传统美德,也是人类的传统美德。实施三江闸保护、利用、传承工作,正是有助于这样一种优秀传统文化的继承与弘扬的。

3.对于推进绍兴水城重建和提升袍江建设水平具有重大意义。水城重建是要有一个一个的点组成的,三江闸无疑是十分重要、十分有代表性的一个点。袍江经济技术开发区作为国家级开发区,亟待重新定位,不能再是简单化的一个工业区,而应该是绍兴水城的重要部分。只有加快推进包括三江闸在内的文化遗产保护、利用、传承工作,立足追求生态的、经济的、社会的综合性效益,袍江才能够更好地提升建设水平,更好地改善群众的生活,更好地面向未来。

(二)已经有了科学的决策

市委、市政府已经于2014年11月4日出台了《三江闸保护、利用、传承工作方案》,并已经在文物普查、规划编制、土地征用、房屋征迁等方面做了大量有效的准备工作。

(三)关键要在精准保护的基础上利用、传承

1.完善细化保护目标。通过五年的努力,使区域保护与整治工作初见成效,居民的生活和居住环境质量得到明显改善。区内文物得到有效保护和合理利用,实现文物保护和环境整治的共赢。在历史文化传统风貌协调区范围内,拆除质量差和风貌不协调的建筑物,按照绍兴的传统建筑形态进行恢复和补建。在历史文化环境风貌控制区范围内,各项建设得到控制,防止破坏保护区形态的"异质"建筑的出现。三江闸和海塘要积极申报国家级文保单位。远期目标要成为世界著名的滨海水利历史遗迹、国内历史古镇保护的样板、最具有影响力和吸引力的历史旅游点。

2.编制好专项规划。对三江闸、海塘、三江所城遗址、斗门古镇等的保护、传承、利用,要引进高水平的规划设计单位,编制内容精深、操作性强的专项规划。

3.邀请专家全程参与。借鉴绍兴环城河、古运河、曹娥江大闸保护开发的成功经验,以及当前工作面临的新状态和复杂性,成立专家组,指导工作。既要以本地专家为主接地气,又要根据不同情况,适时聘请外地专家学者,尤其是乡贤指导参与。

4.重视文化资源的整编。绍兴市水利局、文物局、社科院去年已组织专家,广收资料,深入研究,基本完成了"三江水利史稿"和部分"专题研究",即将出版。下一步,应有更多的精品问世,既为当前工作提供学术支撑,也为绍兴历史文化添彩。

5.开展多形式的宣传。宣传思路、方法要适应新形势的要求,不但要让绍

兴市民了解三江区域综合整治、保护的重要性、必要性,还要让有识之士、社会民众对三江如何保护、整治有更多的了解和参与。开展高层次的学术论坛,接地气的文学写作、摄影创作、网民评议也会起到很好的效果。

（四）最终要以人民为中心

通过建设三江闸景区、三江所城遗址区、斗门古街景区三大文化景观区,全面提升整个三江区域的人居环境、文化品位和可持续发展力,真正实现以人民为中心的保护、利用、传承。

1. 宜居——村镇。推进斗门镇新农村建设,重点抓好三江闸两侧生态绿廊建设,按照从上游到下游生态涵养、古迹保护、情景再现、时尚乡村、绿色产业空间布局,努力展现一江两岸生态长廊,形成水景交融、人文荟萃的美丽河道景观,以人为本、环境优美的村镇人居环境。

2. 宜业——经济。结合绍兴水城"两江、十湖、一城"开发建设的总体要求,三江区域要全面构建以水为脉、产城相融的亲水产业空间布局,积极推进现代新农村,大力实施水城旅游品质提升工程,加快建立以战略性新兴产业为主导、以传统优势产业为支撑,生产性服务业融合发展的现代亲水产业体系。

3. 宜游——休闲。加快绍兴旅游业与斗门古镇、三江古闸、三江所城遗址园等多景区的融合,开辟旅游路线,构建新型旅游线路。结合水城旅游,做好三江水利旅游文章。

4. 宜航——水畅。拓宽河道,确保行洪排涝安全。通过闻名于世的若耶溪—直落江—曹娥江航线的延承,使这条绍兴南北主航线整合和复兴,通行航能力得到大幅度提升,复兴水上旅游、运输业,成为黄金水道,给绍兴江海航运发展带来新的生机。

三江,是大自然对绍兴的厚赋。绍兴平原的形成和文明发展,正是在三江潮起潮落的演变中成就的。天人合一,人乐自然。一部绍兴发展史就是一部水利史,一部水利史也是一部三江发展史。我由衷地期待,古老的三江区域以历史的传承、全新的定位,在建设现代化的绍兴新水城中,再铸新的辉煌。

2016 年版《绍兴三江研究文集》（中国文史出版社）

四川汤绍恩故居寻访记

邱志荣　魏义君

明代三江闸是绍兴水利、水运建设的里程碑。"三江闸是现存我国古代最大的水闸工程","代表了我国传统水利工程建筑科技和管理的最高水平",领先世界 300 多年,在中国水利史乃至世界水利史上都有重要地位。三江闸的缔造者汤绍恩为绍兴一代名太守,缵禹之续,恩泽越中,越民念念不忘。有关三江闸建设和汤绍恩在绍兴主政的历史情况,有《三江闸务全书》记载较详。比较遗憾的是,绍兴文史界对汤绍恩的故居、生卒年情况掌握资料不多,对其故居的专访也未见有过历史记载。

2014 年 5 月 10 日,中国水利学会水利史研究会由谭徐明会长带队组织绍兴市水利局、绍兴市鉴湖研究会等有关单位,寻访了四川汤绍恩家乡。绍兴市水利局调研员、鉴湖研究会会长邱志荣,市水利志办副主任魏义君,上虞区水利局党委副书记任岗,柯桥区塘闸管理处副主任马钦涛,绍兴图优网董事长金伟国等,满怀对汤太守崇敬的心情一同参加。

此次行程为汤绍恩离任绍兴后,绍兴方面有组织参加的首次赴川专题考察汤绍恩故居活动。考察组在四川省水利厅党办副主任王晓沛、四川省安岳县人大常委会副主任范丹、政协副主任谢贻奎、水务局局长张钧陪同下来到了安岳县陶海村汤绍恩的后裔居住地和汤绍恩墓所在地。本文将考察经过和所获综述如下:

一、汤绍恩故居陶海村

安岳县位于四川盆地东部,距离省会成都 166 公里。在成都至重庆、南充至宜宾的十字交汇点上,形成了优越的区位优势。总面积 2690 平方公里,总人口160 万人(2010 年),现属资阳地区。安岳古称普州,据历史记载,州、县始建于北周建德四年(575),距今已有 1400 多年的历史。安岳历史悠久、人才辈出;名胜众多、风光旖旎。安岳石刻始于南梁普通二年(521),在我国石窟艺术中居于"上承云冈、龙门石窟,下启大足石刻"的重要地位。现存有摩崖石刻造像 230 余处、

图 1　四川安岳陶海村汤绍恩故居

图 2　汤绍恩墓

10万余尊,有全国重点文物保护单位9处,省级文物保护单位10处。

汤绍恩的故居在该县城北乡陶海村,"自伯坚祖八世孙绍恩移居陶昆坝(以下称今安岳县城北乡陶海村)以来,历世子孙传至七世,伯坚祖十四世裔孙建中祖,生四子:训、诩、谟、谕,分为四房。除外迁定居外,大都居住陶海村"。这里地处川东丘陵区,地势平缓,土质深厚,植被良好,多产果实。

这是一个不错的五月天,多云的天气,初夏的田园和山川青翠欲滴,富有生机。经过一段弯曲的县乡级公路,前往人员来到了山环水绕、树木葱茏的陶海村,汤氏的后裔大都在此定居。(图1)

下车到达的是汤绍恩第十九代孙汤铨叙的家居。这是一处农家小院,虽是单层,但环境整洁,外表装修也比较精致。附近几十米处是一口约有两亩的水塘,颇有"半亩方塘一鉴开,天光云影共徘徊"的意境。汤铨叙是这里的村长,30多岁,当过兵,个子不高,精、气、神颇足,衣饰简朴,却给人一种器宇不凡、英姿勃发的感觉。简单地表示欢迎和介绍后,众人便抬着花篮前往汤绍恩的墓地。

二、汤绍恩墓及祭拜仪式

据称,汤绍恩墓地处陶海村的扯旗山山麓。经过几百米的山麓地带小道,周边都是果树、玉米和蔬菜地,农业生产的氛围在此应是十分浓郁。当我们来到一片相对比较宽阔的山麓地带,汤氏后人指着一处简易的坟墓说,此便是其先祖汤绍恩墓时,诸同仁心中不禁产生了酸楚的感觉。绍兴三江闸的缔造者、福泽绍兴、为绍兴人民所由衷怀念、《明史》有传的一代功臣汤太守,其墓地竟是如此荒凉? (图2)

据汤氏后裔介绍,这里是一处风景上好之地,墓后为山丘环绕,如一把座椅;在20世纪50年代,墓还较完整,墓体为石砌,虽不高大,却较齐整;墓下平台有一巨大龟石,上立有石碑,碑两侧有石狮一对,之外还有一石制雕刻精美的古牌坊,牌坊外坎有整齐的九级石阶,再之下有一口小水塘;其地土质肥厚、植被良好,古时多长松柏。墓及众多设施,在"文革"中毁于一旦。今墓之下及村头田边还有残存的牌坊石雕及墓道刻石。

之后,在得到的《汤氏族谱》中的"祖茔图说""陶呈"的记载为:

> 安岳西北角中七里桥,今易展旗桥。由木门寺大路,笕水沟下,有坝平衍,素称沃壤,溪流曲曲,土星出脉,串珠相联如七星。陡起一峦,横曲如钩,恩祖墓葬此。穴在钩靠左,迎水向右,一山圆秀,有夫子庙;左下水口,一山横捍,如蛟戏水,状复乐山磅礴,壁立如屏。夫子庙下,水玄字绕如壶卢形,俗传为太极图。当面隔溪,案山拖扣戈如旗,曰旗山。旗山尾有华光庙。旗山后,一峰矗立如鼓规,旧名"陶呈",殆以人名地也。自恩祖葬后,以下历世庐基相望,环坝阡穴,约数十处,备载衍派图。

旗山青翠依旧,汤公英气长存。简易的汤太守拜祭仪式在此举行。中国水利史研究会副秘书长李云鹏主持仪式。祭祀依次顺序:其一,敬献花篮。先为中国水利史研究会会长谭徐明,代表中国水利史研究会敬献花篮,其上题敬字为"功在会稽、荣耀故里";又为绍兴市水利局调研员、中国水利史研究会副会长、绍兴市鉴湖研究会会长邱志荣,代表绍兴市水利局敬献花篮,其上题敬字为"缵禹之续、恩泽越中"。其二,行三鞠躬礼。

简朴的仪式代表了大家对汤太守深深的敬意和真诚的怀念。

三、汤氏后裔举行座谈

之后,又来到了汤铨叙的家里。其家的客堂中依旧供奉着汤太守的灵位。

图3　汤绍恩灵位

其主横额题："三江砥柱"。(图3)两侧内联为："书是天下英雄业,勤归人间富贵根。"外联为："清溪踩藻明其洁,静夜焚香告以诚。"

除了对其先祖的怀念,更多的是对汤太守精神的传承和弘扬。在客堂,举行了赠书仪式:邱志荣代表绍兴市水利局向汤铨叙赠送了《三江闸务全书》,其上题字为:"明代绍兴太守汤绍恩,缵禹之续,恩泽越中。敬赠汤氏家族。浙江省绍兴市水利局邱志荣。甲午年初夏于陶海村。"

汤铨叙分别向谭徐明和邱志荣赠送了《汤氏族谱》,在赠邱志荣的书上题"赠邱志荣先生。四川省安岳县城北乡陶海村汤绍恩第19代孙:汤铨叙、汤荣续。二〇一四年五月十日。"

根据王晓沛副主任的提议,又在汤铨叙家门前的小院子前进行了座谈。

汤铨叙代表汤氏家族发了言。主要内容为:弘扬先祖精神;集家族之力重修汤公墓地;希望加强同绍兴的联系,并在修复墓地时给以支持。

谭徐明代表中国水利史研究会发言。其主要内容为:三江闸的历史地位和汤太守的功绩;希望绍兴方面能够保护好三江闸,安岳方面能修复汤公墓;绍兴与安岳能加强合作交流。

邱志荣代表绍兴方面发言。其主要内容为:介绍了此行的目的和意义;高度赞扬了汤太守的崇高精神品质和三江闸建成对绍兴发展的伟大贡献;表达了绍兴人们对汤太守的崇敬和怀念之心;对如何修复汤公墓提出了建议方案;希望两地在汤太守资料整编和学术研究上加强合作。

马钦涛副主任、王晓沛副主任、范丹副主任、谢贻奎副主席、张钧局长等也围绕主题先后发了言。其间,洋溢着友好的气氛。

四、汤氏族谱

本《汤氏族谱》系由元代汤氏先祖在四川任资州太守汤伯坚的17世裔孙汤自新在乾隆五十二年(1787)编纂,名《安岳汤氏重修族谱》。所记第1世为汤伯坚"由楚仕蜀,开安岳基",至汤绍恩为第8世,编至第19世"启"字辈止。因元、明时期的《族谱》已毁坏,故名重修。

布政使司绍恩公敕赐灵济、宁江伯像赞

图4

至 2007 年,清代所编《汤氏族谱》历经 220 年,又已发黄蚀损。为抢救珍贵历史文化遗产,汤氏第 23 世裔孙时年 80 岁的汤继勋组织再编《汤氏族谱续编》,并与《汤氏族谱》合并重印。

清汤自新所编的《汤氏族谱》共分 11 大类,分别为"列序""凡例""历世支派图""遗真""封典""宦迹""祖茔""传记""赠章""祠堂祠址""汤氏族派行三十二字"等,比较全面地记录了元代汤伯坚之后至 19 世的汤氏家族脉络分支,重点放在对汤绍恩和前后的人事记载之上。尤为珍贵的是,其中有汤绍恩的家史、生平、事迹、功德、著述、影响等重点史料,不少是在绍兴所未曾见到过的。(图 4)

至于 2007 年汤继勋所编的《汤氏族谱续编》相对较为简单,主要内容为"陶海村汤氏""龙窝村汤氏""道林村汤氏"各章及"杂编""大桥坝汤氏班行对照及说明"等,主要是对之前族谱的延续和补充。这次重刊又将安岳县历史名人研究会 2003 年 10 月编印、刘联群编著的《汤绍恩评传》全文收入《汤氏族谱》,作为附录。此评传中还收录了康熙《安岳县志》汤绍恩的 4 篇文章:《董公去思记》,是为明安岳知县董信祠堂所撰;《新修大成乐记》,是为安岳文庙大成殿礼乐馆新建落成所记;《李公祠记》,是为纪念明安岳县教谕李思文祠堂所撰写;《十礼图说序》,是明成化二十三年(1487)湖南宁乡县云溪人杨廷谔在安岳任教谕期间所著《十礼图说》,后在嘉靖后期,由其门人彭世爵(嘉靖二十年安岳进士)、胡大伦(明嘉靖时蜀府审理)联合整理成书,请汤绍恩所写的序言。这 4 篇文章,对后人了解和研究汤绍恩的思想、道德观至为关键。

对《汤氏族谱》的真实性,乾隆庚子年(1780)任安岳县知县事的徐观海在为《汤氏族谱》写《序》时有过专门审考。据徐观海自述:

> 余家浙郡钱塘之柳湖,绍兴邻也。自幼肄业时稔闻诸父老暨乡先生言:绍之应宿闸启闭有时,旱涝有备。会稽、山阴、萧山,至今称乐土者,西蜀汤侯经营创治之力也。及长,偕同志放兰亭、禹穴之胜,因得纵观侯所筑闸。谒祠宇,瞻礼遗像,钦佩高躅,因相与赓歌叶赞,用志不忘。

徐观海故里在三江闸之三江之一的钱塘江边,从小就听家乡父老说到关于三江闸的巨大效益之事,对汤绍恩的功绩早有所闻。年岁稍长时,又到过三江闸,亲眼目睹了大闸之雄伟壮观,还拜谒了汤公祠,瞻仰了汤公之遗像。十分有缘分的是在仕途之路上,他有幸到了汤绍恩的故居为知县。自然,他对汤绍恩的后人编写族谱之事是十分关心和充满感情的。其间,他"暇中披览县志,乃得悉侯家世",因此,进一步了解了汤绍恩的家世和安岳民众对汤绍恩的敬仰。不久,汤氏

后裔欲重修族谱,请之为写序,并提供了收藏的历史资料:

> 越明年,侯裔孙明新携乃祖建中公《渊源序》一卷,云家适修《谱》,丐余言以弁其端。且谓旧《谱》烬于劫灰矣。伯坚公而上,不可考。斯编乃建中训导长寿时,晚年手录垂诸子孙,使知世系所自。并出其家所藏前明诰封墓表与诸名宿先后传、序示余。

徐观海对为汤氏作序这件事应是极为慎重的,他仔细审阅了相关资料,确认其真实性:

> 余为细阅,序中迁徙、住居、葬地,及历世宦秩履历,宦任某郡,游逮某都,某祖某妣、某派某支,居某处,葬某山。文质真而义赅,事详明而情实,纠棼盘错中,无殊观纹掌上也。忆其时,姚黄肆孽,烟火一空。建中公父子狼狈秦川,断魂桑梓,汤氏之不绝者,殆如线矣。而公能于兵戈抢攘之余,养生送死,克尽彝礼。摩挲片稿,手泽犹新,益想见其先世诗礼传家、仁孝裕后之深且远矣。

至此,徐东海心中亦充满感慨,既希望汤绍恩之功德精神能弘扬光大,又期望汤氏家族能兴旺发达,于是欣然为之作序:

> 余越人也,绍为古越地,汤侯风烈,侔功神名,名宦之仰,杭亦依被回光也。余不获生同侯时,犹幸宰侯故里,亲观其族系渊源,而序其谱,其可以无文辞哉?侯孙子明新,气宇傲傥,性谦厚。游太学,就职分发未果,往来燕晋间,如鹘在笯,志未尝忘霄汉。明德之后,多生达人,余尚憾不及遍接贤族诸君子尔。序成,复勉为诗,勒石侯座右隅,昭响慕焉。

五、汤绍恩的生卒年

汤绍恩的出生年代,其故乡四川安岳人考证为明弘治十三年(1500)三月二十五日,生于在安岳城北陶呈坝(今安岳县城北陶乡陶海村三组)。至于汤绍恩的卒年,《汤氏族谱·传记》引毛奇龄《汤公传》:

历官布政使,年五十七卒。

查阅毛奇龄(1623—1716)《西河集》卷七十七《绍兴府知府汤公传》所记却为:

历官布政使,年九十八卒。

相距实在太大。按说,这么重大的问题,汤氏后人不会错记。《汤氏族谱》于乾隆五十二年(1787)编纂,这已是毛奇龄去世71年以后的事了。那么,当时汤自新收录的这篇传记是有误,还是有其他原因?问题还不止于此。《汤氏族谱·传记》又引《程孺人传》,程氏是汤绍恩大儿子汤蓄德的妻子,由于汤蓄德早逝,程氏

23岁守寡,因程氏忠孝两全,清乾隆《安岳县志》将其记入《列女传》。这篇传记在写汤蓄德时提到了其父汤绍恩:

> 先生官终山东布政使,性廉约,尚清廉。捐馆日,检治宦囊,图书外,萧然无一长物。蓄德侍母熊安人,携弟之德公,茕茕扶灵柩归里。服阕,任王府寿官,以少负羸疾,御事居家。

按此说法,汤绍恩是在任山东布政使前后离世的,并且更清楚是写到了"服阕"。此或是57岁之说的由来。果真如此,则有可能是汤氏后人据实改了毛奇龄《汤公传》关于汤绍恩卒年记载的文字后,收入《汤氏族谱》的。

至于97岁之说,主要源于《朱公再叙》。程鸣九纂辑《三江闸务全书》上卷载:

> 昔吾乡人商于潼川,路经安岳,憩侯之门。侯以方伯告归林下,布褐纵屦,慎隙扼欹。问商何自?商曰:"自浙绍。"侯近而前曰:"汝处三江塘闸,今时利赖,比昔时若何?"商曰:"闸利甚溥,民食其德,功垂不朽耳!"侯闻言而寂,无以答。因留商饭,始知其为侯也,时年已九十七矣。大德长生,仁人有后,不益异乎?

至于《明史》卷二百八十一《循吏》亦记汤绍恩卒年为97岁。

一次偶然机会在友人处看到了汤绍恩题诗一首:

> 云崖一老衲,静里悟前生。寄迹在尘世,绾封来蠡城。济人无他术,惟惠又清因。惟切同民志,非关后世名。何时素愿慰,归听晓钟声。

据称,此诗为汤绍恩离开绍兴后赠绍兴友人的诗。诗写的境界很高,写他对人生的感悟、在绍的从政体会,核心是如要得民心,唯有德惠与清白。为官首要是要为民造福,不求身后之名。真可谓诗言志,文如其人。

又从此诗看出,汤绍恩早有皈依思想。如此,其卒年便存其两说又何妨。

六、安岳汤公牌坊、祠

据《安岳县志》记载,由于汤绍恩在绍兴的杰出功业,以及担任过山东布政使,故深受安岳士人和民众的拥戴和敬仰。之后,安岳县城正街上曾为汤氏父子三代立有三个牌坊:"父子进士坊",为汤佐、汤绍恩父子而立;"兄弟同科坊",为汤绍恩、汤绍夔而立;"尚书坊",为汤焕新而立。

原安岳县城有汤氏宗祠。《汤氏族谱·祠堂祠址》有十五世长房孙训的《宗祠条议单》记:

> 恩祖任浙江绍兴府知府时,创建三江口应宿闸后,升山东布政使。卒,浙人以公生为忠爱,殁作明神,为之立祠,为之塑像,春秋谨祀,自足昭日月而壮山河,裕国人而百世永皆时荐岁享,已在于三江饮食尸祝,顷刻而不忘

矣。子孙于先祖，岂反无报本之意乎？考明朝万历二十八年三月初二日，于安岳县城营盘内建修宗祠，名曰二重堂。一重堂，吾祖讳佐，南京户部郎中。二重堂，吾祖讳绍恩，山东左布政使。二重堂，吾祖讳蓄德，王府寿官。追思罔极，颂慕无穷，昭穆有序，跻堂恪恭。古以地基四至定界，前抵街心，后抵城墙，左抵城墙，右抵营盘，以城墙左横过营盘右丈尺若干。自先祖以来，地基原系居公，屡年收佃基钱十有馀千，以作公项费用。读书成名者，给发钱十千，簪花挂红。管钱者，其家充裕，方可承掌。庶体前人之德，垂之万古而不朽。地基银钱遗之后世，而不乱云。

应该说汤氏宗祠还是颇有规模和影响的，而我们此次去安岳所见汤氏宗祠已迁移至安岳城著名景区圆觉洞山中，可惜其祠内供物设施已荡然无存。

此行获得了珍贵的第一手资料：

一、基本确定了汤绍恩的出生地和墓地均在安岳县陶海村。

二、得到了汤氏后裔赠送的弥足珍贵的《汤氏族谱》。考虑是书的保存和民众之后查阅方便，2014年6月12日，已以绍兴市鉴湖研究会名义捐赠绍兴图书馆收藏。

三、为绍兴及安岳两地友好交往打下了良好的基础，对如何进一步挖掘、弘扬、传承汤绍恩的治水精神形成了共识。

2016年版《绍兴三江研究文集》（中国文史出版社）

三江所城考

任桂全

三江口虽然是绍兴诸多自然实体中的一个点位，但由于其所处的地理位置和自然环境独特，因而成了绍兴历史故事的多发地段。从范蠡出三江泛五湖，到三江港的形成、三江寨的出现、三江所的建成、三江闸的问世……堪称是水乡绍兴军事、经济、交通、水利文化乃至海洋文化的集结地，是一颗难得的文化夜明珠。揭开历史封尘，探究文化底蕴，讲述三江故事，对于这里的保护、利用和传承，具有其不可忽视的现实意义。

一、三江考

"三江"其实是一个很普通的地名。按照字面理解，或指三条江，或可理解为多条江，因为"三"在汉字里也作多的解释。然而，因三江最初与越国大夫范蠡有关，于是"三江"也成了历代的热门地名。若问"三江"究竟是哪三条江，自太史公以来，其说层出不穷。范蠡辅佐越王勾践兴越灭吴以后，便"扁舟浮泛三江五湖间"，经营着他的"越商"事业。《吴越春秋》说，范蠡辞别越王，"乃乘扁舟，出三江之口，入五湖之中，人莫知其所适"①。范蠡究竟哪儿去了？五湖究竟在哪儿？引发了人们的种种猜想。"三江之口"在哪儿，也同样使人产生浓厚兴趣。

以《史记》为代表的认为"三江"在吴中。《史记·货殖列传》载"吴有三江五湖之利"②，《夏本纪》"震泽致定"《史记正义》云："泽在苏州西南四十五里。三江者，在苏州东南三十里，名三江口。一江西南上七十里至太湖，名曰松江，古笠泽江；一江东南上七十里至白蚬湖，名曰上江，亦曰东江；一江东北下三百余里入海，名曰下江，亦曰娄江。于其分处号曰三江口。"③宋范成大《吴郡志》亦持吴中说。该志援引顾夷《吴地记》说："松江东北行七十里得三江口，东北入海为娄江，东南入海为东江，并松江为三江是也。"④明白无误地说明，三江是分头入海的。

而东汉王充则认为"三江"无疑在越中。他在《论衡·书虚篇》论及吴王夫差杀伍子胥并投之于江时说："子胥恚恨，驱水为涛，以溺杀人。"投于何江？他进一步指出："有丹徒大江，有钱塘浙江，有吴通陵江。或言投于丹徒大江，无涛。欲言投于钱塘浙江，浙江、山阴江、上虞江皆有涛。三江有涛，岂分橐中之体，散置三江中乎？"⑤王充已经把"三江"说得一清二楚了，可在唐代徐坚的《初学记》中，除王充所说的"三江"外，又增加了"会稽江"，变成了"四江"。他是这样说的："凡江带郡县因以为名，则有丹徒江、钱塘江、会稽江、山阴江、上虞江……"⑥虽然在徐坚的叙述中没有出现"三江"或"四江"的名目，但他所说的几条江，除丹徒江外，其余四条确在越中。其中的"会稽江"，从语境看，应该在会稽县境内。尽管地方志中少有具体记载，但明万历和清乾隆《绍兴府志》均引述过徐坚之说，表明历史上确有其江。会稽县内最大的江，是源于会稽山区的若耶溪，即今平水江。进入山会平原后称直落江，经三江口入海，这很可能就是徐坚所说的会稽江。

至于后人为什么没有采用徐坚的"四江"说,而恢复到王充的"三江"说,并一直沿用至今,其中或有原因。会稽江逐渐淡出人们视野,是因为相对其他三条河流较小,还是由于名称嬗变而被人遗忘,都有待作进一步考证。

与"吴中说"和"越中说"不同,伍子胥与范蠡这两个曾经的冤家对头,在"三江"问题上却表现出惊人的一致,都认为"三江"在吴越,即"吴越说"。《国语》载,伍子胥对吴王夫差说,吴、越之间,"三江环之,民无所移",韦昭注曰:"三江,吴江、钱唐江、浦阳江也。"⑦ 宋代的吴仁杰对《史记》所谓"吴有三江五湖之利"经过一番考证后,指出:"《国语》伍子胥曰:'吴与越,三江环之。'范蠡曰:'与我争三江五湖之利者,非吴耶? 然则三江五湖,吴越所共,非吴独得而有也。'"⑧ 当然,这里的吴越三江,指的是吴江、钱塘江和浦阳江,既不同于"吴中说"的松江、娄江和东江,也不同于"越中说"的浙江、山阴江和上虞江。

关于三江,除上述三说外,其实还有多种说法。如精于训诂的唐代颜师古以中江、南江、北江为三江;郭景纯则主张以岷江、浙江、松江为三江;以文学名世的苏东坡以北江、中江、南江为三江;位居朝廷宰相的王安石以义兴、毗陵、吴县所属各一江为三江⑨,等等。总之,由于论者所处的时代不同、视野不同、标准不同,都有可能说出他们各自心目中的"三江",以致"三江"的含义也各不相同。如《汉书·地理志》所谓的"三江",都被颜师古、苏东坡说成是由北江、中江、南江组成的。但颜师古所谓的北、中、南三江,指的是吴松江、钱塘江、浦阳江;而苏东坡所谓的北、中、南三江,分别是指长江鄱阳湖以上西北来的汉江,西南来的岷江和南来的赣江⑩。可见,古代各色名目的"三江",应该不是唯一的一处,而有多个三江,此是此,彼是彼。有全国性的大江大河,也有区域性的著名河流。绍兴三江就是区域性的,是其他任何"三江"都无法替代的著名江河。

二、三江口要塞考

在上述分布于沿海或内陆的诸多"三江"中,绍兴三江有与众不同之处。它的最大特点是钱清江、曹娥江与钱塘江汇合成一个出海口,即《吴越春秋》所谓的"三江之口"。而顾夷《吴地记》所说的娄江、松江、东江虽为吴中三江,却分头入海,没有形成"三江一口"的局面,严格说它是三个江口。绍兴则三口合一,成为一个独立的三江口,这才符合《吴越春秋》范蠡出"三江之口"的实际。通过这个"口",既可以对外直接通海,即宋代李心传所谓"越州三江口系通接海道之所"⑪,而且还有"港口深阔"的"三江港"可以直接"外通大洋"⑫。又可以对内通过这个"口",溯曹娥江、直落江、钱清江而上,分别到达绍兴、上虞、嵊县、萧山、诸暨等地,特别是通过宋家溇、斗门一带,水路可直通绍兴城内。所以三江港不仅是兼顾内陆航行和外洋出海的重要海港,同时也是防御外敌入侵的重要军港。因此,三江口在军事上的重要地位,为历代地方守官所重视。

宋代,绍兴三江口已经有防御"夷人"入侵的军事设施,称"三江寨"。据嘉泰《会稽志》载,三江寨隶属于山阴县,会稽县则有曹娥寨。三江寨有地方兵守备,称"土军",兵员182人⑬,对于守卫绍兴府城具有重要战略意义。南宋建炎三年(1129)十月底,宋高宗赵构南逃驻跸越州,以州治为行宫,百司分寓。迫于金兵追击,又于十二月初五日逃往明州。金兵破越州,越州知州李邺举城降金。此时,三江寨尚未失守,在越州的朝散大夫、新任通判温州权浙东安抚司曾忞(曾巩之孙)监三江寨。曾忞坚守营寨,拒绝投降,被金兵抓获,连同家人一起被杀。此事在《建炎以来系年要录》中记载如下:建炎三年十二月戊戌,"邺之降也,提点刑狱公事王翩遁居城外,寮吏皆迎拜。朝散郎、新通判温州曾忞监三江寨,独拒敌不屈。敌驱翩至城内执忞并其家杀之,惟稚子宻得免。"⑭ 杀害曾忞一家的场面十分惨烈,万历《绍兴府志》载:

> 曾忞独不往,逮捕见琶八,辞气不屈,抗言:'国家何负汝,汝乃欺天叛盟,恣为不道。我宋世臣也,恨无尺寸兵以杀汝,安能贪生事尔狗奴也? 时金人帐中执兵者皆愕眙相视,琶八曰:'且令出。'左右驱忞及其家属四十余口于南门外,同日杀之。越人作大窖瘗其尸,其弟余杭令息收葬于天柱山。⑮

这个发生在绍兴的抗金民族英雄故事,值得今天绍兴人,特别是三江村曾氏子孙的敬仰。

有鉴于此,当建炎四年(1130)四月宋高宗重新回到越州时,为确保行宫安全,有人提议从当时驻扎在越州的神武右军中选派三千士兵,前往三江寨固守,以防金兵从水路向绍兴城发起进攻。时为越州守臣的陈汝锡认为,三江口地势平敞,居民众多,三千士兵,恐难驻扎。况且三江口离城不远,士兵可驻在城里,待有军警时再出兵。宋高宗同意这个意见,并派出10艘小海船,加强海上侦察与瞭望⑯。足见三江寨在地理上的险要。

凭着三江口的险要形势,入明以后,明太祖朱元璋"自京师至郡县,皆立卫所"的旨意在绍兴得到了落实。城内设绍兴卫,沿海设所城5处,三江所城即为其中之一。明世宗嘉靖年间(1522—1566)是我国东南沿海倭患最为猖獗的历史时期,当时被称为"倭夷"的日本人,多次通过绍兴三江口入侵浙东各地。如嘉靖二年(1523)四月,一股倭夷从三江口入侵,经上虞直抵绍兴府城东闉巷,男女皆惊。绍兴卫官僚问计于王阳明,阳明曰:"若得杀手数百,可尽擒之。今无一卒,图擒难矣,但可固守耳。"倭夷月余不能攻入,只好退泊于宁波港。又如嘉靖三十三年(1554)正月,一股在海盐被击败的倭夷,经赫山,屯兵绍兴三江,参将卢镗乘胜追击,历曹娥、沥海,最后在余姚龙山将其挫败。再如嘉靖三十五年(1556)四月,有两股倭夷勾结一起达数千人,分别从绍兴三江、余姚临山等地登陆进行抢掠。八月,卢镗在三江口至夏盖山一带与之激战,倭夷战败,沉舟数十,斩首六百五十余。⑰

嘉靖年间的倭夷,或由三江口入侵,骚扰浙东沿海各县,或在浙东被击溃后,借三江口出海逃逸,绍兴几乎每时每刻都在倭夷威胁之下。倭夷大多数成员及其主要首领是中国海盗,但主要的战斗力是日本武士。这些日本武士,本来就是自成系统的海盗集团,大都经过严格的战斗训练,彪悍而灵活。东南沿海人民,包括绍兴人民在内,与之进行了长期而艰巨的斗争。姚长子就是为此献出生命的抗倭英雄,徐渭则入浙江巡抚胡宗宪幕府,在抗倭斗争中深入前线,出奇计,抗倭寇,发挥了重要作用。

经过多年抗倭斗争,胡宗宪对我国东南沿海的地势险要了如指掌,专门编撰了一部名为《筹海图编》的明代海防图籍。在写到绍兴三江口和三江港时说:

　　　　三江港,港口深阔,外通大洋,甚为险要。贼船若自宋家溇突入腹里,从斗门一带海塘可至绍兴地方。越港而北,为浙西赫山,乃省城第一关镇也。⑱

三江口的险要,并没有随着时间的流逝而消失。直到20世纪日本军国主义发动全面侵华战争时,日军仍然利用三江口的有利地形,夜间偷袭古城,绍兴陷落。1941年4月16日,日本侵略军分两路向绍兴进击:主力3000人由萧山经衙前、钱清向绍兴城推进,由于遭遇国民革命军十六师的阻击,进展缓慢。另一路约300—400人,以浅水艇2艘、橡皮气囊7只,由绍兴马鞍南塘头向三江口佯攻佯退。夜20时许,以橡皮气囊40余只,从大、小潭登陆,经宋家溇,分马鞍、斗门、镇塘殿三路进犯,于17日晨占领绍兴古城⑲。从16世纪的倭夷到20世纪的日本侵略军,都利用三江口的地理条件,对绍兴实行野蛮侵略。历史的教训千万不能忘记!

三、三江所城形制考

始建于明太祖朱元璋洪武二十年(1387)的三江所城,迄今已有600多年历史。

所城原址位于绍兴城北30里三江口附近的三江村,即今袍江经济技术开发区北部,杭甬高速公路以北,东与马山镇塘下村为邻,南与东堰、西堰村相接,西北与彩凤山和三江闸相连,北隔外直江与浮山相望。这里地势险要,河曲弯环,近水远山,村落掩映,是绍兴北部重要的水路交通要道和古往今来的军事要塞。

三江所城是在明初实行"卫所"制的背景下产生的。朱元璋以武力取得天下,对国防建设显得特别重视,登上皇位之后,便命刘伯温起草"军卫法"。《明史·兵志序》:"明以武功定天下,革元旧制,自京师达于郡县,皆立卫所。"[20] 并作出以下规定:"天下既定,度地要害,系一郡者设所,连郡者设卫。"[21] 视地理情形,一般一郡设一所,数郡设一卫。绍兴府由于地处东南海防前哨,形势险要,所以打破常规,特设绍兴卫、临山卫、观海卫3卫,下设三江所、沥海所、龙山所、三山所等5所[22]。绍兴卫设在绍兴城内,按规定"大率五千六百人为卫",兵员充足,下辖三江所,主要职责是防守郡城。临山卫最初在上虞县故嵩城,后于洪武二十年(1387)二月徙于余姚县西北50里庙山之上,去海3里,东接三山,西抵沥海,北有临山港,直冲大海,地势险要。观海卫位于慈溪县西北70里,西南去余姚县80里,去海5里,右有三山,左为龙山,位置居中,便于左右接应,因此,地属慈溪而辖于绍兴[23]。

在上述卫所格局下的三江所城,于洪武二十年(1387)开始兴建,主其事者为跟从朱元璋起兵的凤阳人汤和。当时日本倭寇频繁侵犯东南沿海,朱元璋深以为患,便对年事已高的汤和说,"卿虽老,强为朕一行",派他到沿海各地考察海防。汤和在调查访问的基础上,按照"量地远近,置卫所,陆聚步兵,水具战舰",使倭寇无法入侵的防御政策,征集沿海百姓,在浙闽沿海建立卫城和所城共59处[24],绍兴三江所城为其中一处。据《三江所志》载,汤和亲莅山阴,"望景观水,至三江之浒四顾,见莎草蔓青,陵谷如故,乃权其土独重,非他方可及,遂城之"[25]。所城离绍兴府城30里,去海1里,去省城杭州80里,位于浮山之阳,践山面海,地势平缓,是理想的军事要塞。其建筑形制,万历《绍兴府志》记载如下:

(城墙周长)三里二十步,高一丈八尺,厚如之。水门一,陆门四,北则堵焉。城楼四,敌楼三,月城三。引河为池,可通舟楫。兵马司厅四,窝铺二十,女墙六百五十八,墩台七。[26]

以上记载表明:首先这完全是按照古代城池形制建造的军城,有城墙、城门、城楼等设施;其次根据城内外交通和运输军用物资需要开挖城河,并与城外四周水路连通,是完整意义上的城池;再次城墙上有指挥所(兵马司厅)、驻兵营寨(窝铺)、谯楼(敌楼)、报警台(墩台)等军城设施;最后其规模已相当于一座普通县城,有的县城小到只有两处城门。

当然,作为海口的防卫所城,根据军事需要,城内、城外还应有更多的配套设施。据雍正《浙江通志》:三江城外尚有台一,曰蒙池山,在府城东北40里,与浮山并峙,是所城最高的瞭望台。有烽堠六处,所谓"烽堠"即烽火台。分别为航坞山,在萧山县东40里;马鞍山,在山阴县西北40里;乌峰山,一名龟山,又名白洋山;宋家溇;周家墩;桑盆。又有巡检司(掌管地方治安)二:一为三江巡检司,位于浮山北麓,前有小江,东临大海,与三江所城南北并峙,配弓兵100名;二为白洋巡检司,在白洋山上,滨海缘山筑城,配弓兵32名。㉗

三江城内设施,根据"文以治民,武以御寇"的守土职责,兼顾军民两方面,既有军事场所,又有行政官署,因此,三江所公署的中堂匾额题书"抚众威敌"四字。城内军事和行政设施名称,在历史演进中时有变化,至清同治年间(1862—1874)尚有:

三江所公署:三间三进,东西广19丈8尺,南北深46丈2尺,总面积4亩3分。左库镇抚司在仪门东首,千户、百户在堂东西,各5间。

守城营:康熙初,驻扎绍兴城内,后移驻三江所城,无专用衙署,以借用民房为署。

三江教场:在南门外,占地62亩,原有点将台、旗杆石等。

火药房:在城隍庙东北。

风火池:在城东南隅。

三江仓:山阴县仓,位于城隍庙东首。

三江盐课场公署:在斗门南市,宋元以来,这里灶户煮盐,徽商办税,管辖东西灶户,盐仓面积12亩多。

三江铺:是按十里一铺古制所设的驿站,在所城南门外,设于明洪武十八年(1385)。㉘

四、三江屯田设防考

明初的卫所组织:

大率五千六百人为卫,千一百二十人为千户所,百十有二人为百户所。所设总旗二、小旗十,大小联比以成军。㉙

三江所当然属于千户所。"所"是基层军事编制单位,分千户所、百户所两种。千户所隶属于卫,设正千户一人、副千户二人、镇抚二人,下辖十百户所,共计军士一千一百二十人。百户所由一百一十二人组成,上隶于千户所,下设总旗二(每总旗辖五十人)、小旗十(每小旗辖十人)。三江所在军士配置上与其他所有所不同。万历《绍兴府志》:"三江所千户五员,百户十五员,镇抚一员。额军一千三百五十二名(实在三百八十名,余丁四百七十八名)。"㉚ 可见,千户、百户、镇抚等军官的编制人数和规定的军士编制人数,既与朝廷规定的有不同,也与其他所有区别。如军士编制人数,三江所1352名,沥海所1120名,三山所1120名,龙山所1260名。三江所之所以多于其他各所,或因海防任务特别艰巨。

三江所的军士来源,明开国初期主要有两种:一是从征,即从百姓中征兵;二是归附,即前朝兵勇投降归顺。后来增加了一种"以罪谪充军者"。明代招募军士的数量相当可观,如洪武二十年(1378)十一月,三江所城刚建成,便开始大规模招募军士,"籍绍兴等府民四丁以上者以一丁为军"㉛。何谓"民四丁以上者以一丁为军"?当年汤和为充实卫所军士,"令浙东四民以上者,户取一丁戍之,凡得五万八千七百余人"㉜。可见,这是以每户为单位计算的,征兵数目之庞大,为世所少见。

这些壮丁一旦被招募入伍,便另立户籍,称"军籍"或"卫籍",其家庭则曰"军户"。在这之前的洪武二年(1369),对户籍问题,朱元璋曾下令:"凡军、民、医、匠、阴阳诸色户,许各以原报抄籍为定,不许妄行变乱,违者治罪,仍从原籍。"㉝ 居民的职业身份,必须在户籍登记时真实反映出来,不许随便更改。因此,在明代的户籍资料中,职业人口的统计数字,显得非常详细。如在万历时绍兴府人口登记中,所属各县的军户数分别为:山阴3532户,会稽1612户,萧山1381户,诸暨652户,余姚4358户,上虞940户,嵊县1271户,新昌519户,合计14265户。当时绍兴府人口总户数为165678户,军户占总户数的8.61%。㉞ 而且制度还规定,这些应征入伍的人,一朝列入军籍,便世代为军户,父死子继,世代当兵。若遇军士亡故,缺户按册籍"取丁补伍"。

为解决这么多军士的军粮供给、军费开支及补充国库储备,明清卫所也仿效自西汉以来的屯田设防之制。所谓"屯田",亦称"屯垦",即对田地实行有组织地垦种。历史上有军屯、民屯、商屯的区别,军屯是以军事组织形式进行屯种,民屯即以民户为主体的有组织屯种,明代还有商人招募农民进行屯种的,称商屯。三江所实行的是军屯,由驻守三江的军士屯种。由于绍兴地狭人多,屯种田地面积有限,光靠屯种粮食无以自给,所以山阴县将粮仓设在三江所城内,除了水运方便外,或有便于补给军粮的考虑。所城军士分两种情况,一部分既驻防又屯种,一部分只参加守防,这是卫所屯田的普遍现象。那些只参加守防的军士,战时服从统一指挥,无事散归原地。

而既驻防又屯种的军士,由于世代为军户的制度保障,使他们在三江所城定居下来,边守防,边屯种,组织家庭,生儿育女,扎根下来,成了三江城内人口构成中的主体部分。中国传统农业社会的特征之一是聚族而居,世代相沿,一般一村一姓,大一些的村子或有二三姓。由三江所城演变而来的三江村就不一样了。在现有的1700多户5000余人口中,居民多姓杂处,除张、盛、曹、林四个大姓外,其他还有曾、何、陶、孙、李、董、杨、袁、刘、周、姚等。这与城市人口的姓氏结构极为相似。这些定居人口的祖辈中,许多有功于明,分别被授予“开国功”“靖难功”“征蛮功”“征贼功”“征虏功”等功勋,规定子孙可以世袭。如周氏之祖周和、孙氏之祖孙福于洪武十八年(1385)授“开国功”;何氏之祖何源于洪武二十八年(1395)授“开国功”;李氏之祖李兴一于正统十三年(1448)授“征蛮功”;刘氏之祖刘聚于建文元年(1399)授“征虏功”等等。[35]他们虽然来自四面八方,但都因从军而定居三江所城,这实际上就是古代的移民村。大家职业相同,和睦相处,有的家族子孙繁衍,人口增加,时间长了,各自建立祠堂,纪念先祖。于是,祠堂之多,成了三江所城的文化特征之一。

五、三江所城风俗考

如前所说,由三江所城演变而来的三江村,实际上是古代以军事为目的的移民村。这些来自四面八方的军事移民,原住地的文化背景各不相同,汇集军城后,又天天守防屯种在一起,经过长期的共同生活和互相交流、学习、融合,逐渐形成了有别于周边农村聚落的三江聚落文化。虽然三江地处农村,军事城堡的功能也已逐步消失,但它所积累、传承下来的文化形态,许多方面具有城市聚落文化形态特征,与一般的农村聚落文化形态之间,存在不少差异。在风俗习惯和信仰方面尤为显著,表现在:

友善淳朴。三江居民,众姓杂处,宗族不同,大一些的宗姓都有自己的祠堂,在传统的宗族社会里,宗族之间的矛盾,习以为常。三江居民则另有追求,认为大家都来自五湖四海,共成边陲,完全应该“城如一家,家如一人”[36],团结一致,共守海疆。所以在日常生活中,无论何姓何族,无论忧喜吊庆,都互相告知,有喜同庆,有难共赴,并成为传统的风俗习惯,即所谓“古处遗民,老成典型,绰有匹焉”。对于城内出现的善事,大家共同弘扬;对于那些丑事,大家一起摈弃;对于年轻人的非礼之举,老年长辈有权正言忠告,以至“窘责之”,等等。这些都是“江城古道”,三江居民的优良传统。居民的节俭、淳朴,也都有三江人自己的不俗表现，诚如《三江所志》言：

> 富不衣帛，贵不乘舆，岁时婚嫁宴会，不事繁文。冬裘服、夏罗衫者，城一二家，家一二人耳。其他日用往来真率类是。若美好奢侈，深以为愧。此城养福延寿、持家训，俗之大要也。

重视经商。自古以来，三江除了有限的农田可供军士屯种外，以地处沿海港口而水产之利颇丰。"煮海兴盐"是这里的一大优势，专门设有三江盐场。每当煮盐季节，来自各地的盐商"成千累百"，从煎户那里买走配额海盐。所以，沿海一带"自农务而外，大半业此，物产之利孰有大于此者"？这里鱼类资源也相当丰富，如春分前后捕捞的鳗线，能在三江放闸时兜而取之的闸洞蟹，秋高气爽季节特别肥美的鲈鱼，以童家塔、丁家堰等沿海村落为多的眉公鱼、石首鱼，随潮涨潮落进出海口的鲻鱼，以及蟛越蟹、蛏蛤等等。这些出没于咸水与淡水交汇处的水产品，味道特别鲜美。由于三江地理条件优越，物产丰富，所以"四民有业，好闲者少"。除"世禄勋爵"，继续屯种者外，大多不事农业，依靠购粮度日。于是，从事商品买卖成了三江人的主要职业，许多人还因此致富。《三江所志》将经商居民分为四个层次：

> 行商而殷者，贩花布八闽三衢；稍殷者，走掘港场、老鹳亭，鬻货；再次者，负蛏与盐卖郡城；其贫者，鱼虾、海闸蛏铁、沙浦，种花下豆，戴星出入，不遑宁处，以办衣食。

因此，三江素有"民物殷阜"之说。居民经商重商氛围，至今不减。

尚武崇文。因为出身行伍，许多三江人对尚武有着挥之不去的情愫，同时又十分敬重儒业，将城中子弟习文练武视作头等大事。在道教文化中，文昌帝君是掌管士人功名禄位之神，武圣关帝则为忠义护国之神，两者都受到三江人的崇奉。因此在三江城内，既有文昌阁，又有关帝庙，希望神灵保佑城中子弟文能中式，武能取科。《三江所志》载：

> 城中子弟，成童就传业，举射策。约十家坐一塾师，四隅内外攻制科业者云集。别业子弟，发未蓄便能开笔成文，辄采芹藻。或再试童子不利，则弃文就武，习韬钤弓矢……中式虎闱者，每科多至十余人，少亦不下五六人……可谓家弦诵、户诗书，寖成礼教之乡矣。

事实确如志书所言。据《三江所志》和《绍兴市志》载，三江所城从明万历二十六年（1598）至清顺治十八年（1661）的63年间，共有文进士7名；从明嘉靖二十九年（1550）至清康熙三十六年（1697）的一百多年间，共有武进士30名。

需要特别指出的是,明清两代,绍兴全市武进士共 259 名,各县分别为绍兴县(含山阴、会稽)204 名,诸暨 27 名,上虞 17 名,嵊县 8 名,新昌 3 名。三江所武进士,占全市的 11.58%,占绍兴县的 14.71%,占诸暨县的 111.11%,比其他三县的总数还要多。尚武风气之盛于此可见一斑。

多元信仰。三江所居民的多元信仰,在宫观寺庙庵堂的建设上,就有足够表现。《三江所志》载,城内旧有宗教和民间信仰活动场所 20 处,在面积有限的军城之内建造如此众多的活动场所,其密度已经超过一般城市的承受能力。这些建筑的面积极其有限,以三间两进为多,而且以平屋为主,虽然不以规模或富丽取胜,其内涵却十分丰富,足以满足城内道教、佛教信仰或祖宗、英雄崇拜者的需求。其中可以供奉佛事的就有彦古寺、梵潮庵、镇城庵、水竺庵、太平庵、六度庵、梧桐庵等。从道教的视角看,李姓城隍神、文昌帝君、五通财神、东岳大帝、天妃海神、晏公平浪侯等都有供人祭拜的场所。至于像治水英雄大禹、被尊为武圣的关公、以筑海塘御海啸闻名的张神等,也都有专祠供奉。这些宗教或民间信仰,在绍兴似乎非常普通。但也有一些信仰,颇有三江特色,或在其他地方少见。如三江本为戍边军城,所以对武圣关公崇拜有加,一旦御敌取胜,或科入虎闱,以为都是武圣暗中保佑的结果。又如三江口既是出海通道,又是潮水出没之地,对海浪和潮水特别敏感,因此城内专门建有天妃宫和晏公庙,以求保佑一方平安。天妃,又称天后、天妃娘娘,闽台地区称妈祖,视之为航海保护神。郎瑛《七修类稿》云:"天妃,莆田林氏都巡君之女,幼契玄理,预知祸福。"㉟ 所以古往今来,大凡出海者都寻求其保护。天妃宫多建于沿海,在绍兴府所设的五所中,每所各置一宫,"祀其神以护海运"㉞。三江晏公庙的神主姓晏,名戌仔。乾隆《绍兴府志》"晏公庙"条引许尚质《越州祠祀记》曰:"晏公名戌仔,江西临江县人。元初为文锦局堂长,因病归,登舟即尸解,有灵显于江湖,立庙祀之。"㊴ 晏公以能保佑江湖风平浪静而被封为"平浪侯",是绍兴崇奉的水神之一。

六、三江八景待考

古往今来,三江所城以其独特的地理条件和深厚的人文底蕴,创造和积累了丰富的人文景观,有"三江八景"之说。具体景观,还有待考证。八景名目分别为:东海朝暾、西山夕照、春水轰雷、秋潮奔马、宿闸渔灯、月瓢樵唱、汤堤绿荫、司岭丹枫。

注释:
①《吴越春秋》卷十。

② 司马迁《史记》卷一百二十九《货殖列传》。

③ 司马迁《史记》卷二《夏本纪》"震泽致定"《史记正义注》。

④ 范成大《吴郡志》卷四十八《考证》。

⑤ 王充《论衡·书虚篇》。

⑥ 徐坚《初学记》卷六《江第四》。

⑦ 《国语·越语》。韦昭注:"吴江,亦作松江。"

⑧ 吴仁杰《两汉刊误补遗》卷五《三江一》。

⑨ 以上诸说均见《嘉泰会稽志》卷四。

⑩ 毛晃《禹贡指南》卷一《三江》。

⑪ 李心传《建炎以来系年要录》卷三十九。

⑫ 胡宗宪《筹海图编》。

⑬ 《嘉泰会稽志》卷四。

⑭ 李心传《建炎以来系年要录》卷三十。

⑮ 万历《绍兴府志》卷四十四。

⑯ 李心传《建炎以来系年要录》卷三十九。

⑰ 以上均载万历《绍兴府志》卷二十四。

⑱ 胡宗宪《筹海图编》卷五《海港设备·三江港》。

⑲ 任桂全总纂《绍兴市志》第三册,浙江人民出版社1996年版,第1798页。

⑳ 《明史·兵志一》。

㉑ 《明史·兵志二》。

㉒ 《明史·兵志二》。

㉓ 绍兴、临山、观海三卫详情见雍正《浙江通志》卷九十八。

㉔ 《明史·汤和传》。

㉕ 《三江所志·汤和传》,载《绍兴县志资料》第一辑。

㉖ 万历《绍兴府志》卷二。

㉗ 雍正《浙江通志》卷九十八。

㉘ 《三江所志·官署》,载《绍兴县志资料》第一辑。

㉙ 《明史·兵志二》。

㉚ 万历《绍兴府志》卷二十三。

㉛ 《明太祖实录》卷一百八十七。

㉜ 《明史·汤和传》。

㉝ 万历《大明会典》卷十九《户部·户口》。

㉞ 万历《绍兴府志》卷十四。

㉟ 万历《绍兴府志》卷二十九。

㊱ 《三江所志·风俗》,载《绍兴县志资料》第一辑。

㊲ 朗瑛《七修类稿》卷五十《天妃显应》。

㊳ 万历《绍兴府志》卷二十二。

㊴ 乾隆《绍兴府志》卷三十六。

正本清源 精准定位 ①
——也谈三江所城保护

邱志荣

绍兴三江闸保护、利用、传承工作方案的提出 ②，三江村的拆迁及保护引起了社会各界与媒体的广泛关注。本人的主要观点如下：1. 明代三江所城建设的目的和性质是一个军事设施，核心价值是城及军事遗存。2. 现在规划在这一区域建遗址公园，最好的保护是迁走居民，还地于城；科学勘测，制定好专项保护方案，实施精准保护。3. 工作中必须坚持依法、科学、合理的基本原则。

三江是大自然对绍兴的厚赋，绍兴平原形成和文明发展就在三江潮起潮落的演变中铸就。天人合一，一部绍兴发展史就是一部水利史，一部水利史也是一部三江发展史。

陆游《三江》诗："三江郡东北，古戍郁嵯峨。渔子船浮叶，更人鼓应鼍。年丰坊酒贱，盗息海商多。老我无豪思，悠然寄醉歌。" ③ 此亦可见绍兴三江之地宋代以前为防海盗已置戍，其时既为渔港也为商港。

三江所城是倭寇入侵浙东，明初实行"卫所"制的特定背景下建设的军事设施。当时，绍兴府由于地处东南海防前哨，形势险要，所以打破常规，特设绍兴卫、临山卫、观海卫 3 卫，下设三江所、沥海所、龙山所、三山所、余姚所等 5 所。3 卫 5 所，隶浙江都指挥使司。三江所城等所在明太祖洪武年间，由信国公汤和所筑。万历《绍兴府志》卷二载：

> 三江所城，在府城北三十里，山阴浮山之阳，践山背海。为方三里二十步，高一丈八尺，厚如之。水门一，陆门四，北则堵焉。城楼四，敌楼三，月城三。引河为池，可通舟楫。兵马司厅四，窝铺二十，女墙六百五十八，墩台七。

据《绍兴县志资料第一辑·三江所志》等文献载：旧制，三江所设千户五员，百户十五员，镇抚一员，额军一千三百五十二名。下辖蒙池山台和航坞山、马鞍山、乌峰山、宋家娄、周家墩、桑盆等六烽堠。三江和白洋设有巡检司，分别配备

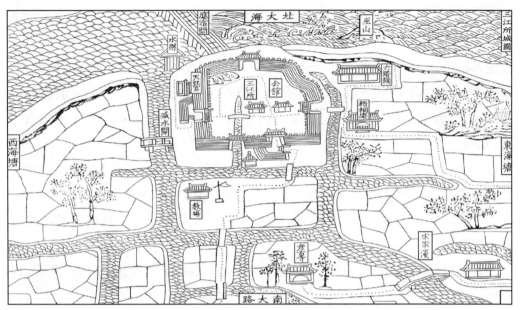

图1　三江所城图

弓兵一百名和三十二名。军势颇盛。又《读史方舆纪要》："下为三江城河,各县粮运往来之道也。所东为三江场,东南即宋家溇,防维最切。"位置十分重要。

万历《绍兴府志》卷二十三有"三江所城图"(图1)。

又有乾隆《绍兴府志》"海防全图"。

从以上记载和图示可知,三江所城时为军事机构,属国家所有,其内核心的构建是军事设施,并非一个聚落民居之地。当然,之后随着海防、三江河口形势的改变,及军屯、军民人口的集聚等原因,三江所城军事功能衰退,军事人员大量减少。至清同治年间(1851—1874)尚有三江所公署、守城营、三江教场、火药房、风火池、三江仓、三江铺等建筑。

三江所城历代多有修建,如清乾隆九年(1744),山阴知县林其茂修建;乾隆二十三年(1758)所城被风潮所坏,乾隆三十五年(1770)知县万以敦重修。

对三江所城造成最大的损坏当是人口增多、大量民居迁入,逐年侵占了原军事设施之地。据《浙江省绍兴县地名志》1979年12月底统计资料,时三江村有598户,2288人。到20世纪80年代,三江所城已名副其实的演变成为三江村。据2014年拆迁前调查已有1700多户,5000余人,不但是人口多,地域范围也扩大,约80%的建筑为现代建成。600多年历史的古三江所城,只有东城门为明代所城遗址,市级文保单位,其余两处为文物部门三普登记清代以后的建筑物。

综上可知,拆迁三江村后,真正有价值首先要保护的是三江所城中的古遗存,不仅是地上的,更是现在的民居,或大道之下依然留存的城基、路基、古建筑物基础、古河道等。当然其中确有价值、与所城保护不冲突的的老民居留存,也是必要的。还要十分重视非物质文化遗产的保护,如目前绍兴市水利局编著即将出版的《绍兴三江研究文集》,将成为一部研究三江地区的综合学术专著,奉献于世。

建设好高品位、高标准的三江遗址公园,当前首要的是完成拆迁,还地于古城。接着更重要的工作是建设单位组织,专家、志愿者和民众共同努力,深入挖掘和调查文化遗产资源;正本清源,以学术为支撑,科学论证;最后落实编制成专项规划,经文物主管部门批准,才能去精准实施建设。

我的理解是,三江文化保护、传承、利用是一项系统工程,既是民生工程、环境整治工程,也是文化保护工程,文化保护的核心内容为三江闸、海塘、斗门古镇、三江所城、民俗风情等内容。如能整合优势,连成一体,会形成绍兴的滨海文化主体,凝聚成为绍兴新水城发展的核心竞争力之一。

明代绍兴著名文人徐渭在汤太守祠有题联:"凿山振河海,千年遗泽在三江,缵禹之绪。练石补星辰,两月新功当万历,于汤有光。"在新的时代要求下,绍兴人民必将传承大禹治水精神,破解难题,再创走在前列的新辉煌。

注释:

① 刊于《绍兴日报》"新周刊",2015 年 11 月 11 日。

② 陆游《剑南诗稿》卷四十四。

③2014 年 10 月,绍兴市人民政府办公室以"绍政办发明电(2014)98 号"文发布《三江闸保护、利用、传承工作方案》。

2016 年版《绍兴三江研究文集》(中国文史出版社)

绍兴三江闸区块历史文化资源调查

绍兴市文物局

绍兴建城已有 2500 多年,其城市发展与水利有着密不可分的相互依存关系。自建城以来,绍兴人民经历了沧海桑田之变迁,肩负着对越地水环境代代不息的改造,建成了著名的水乡城市绍兴,创造了卓越的绍兴水文化,可谓没有水利,就没有今日之绍兴。

距今约 6000 年前,海侵达到高峰,宁绍平原成为一片浅海。当时,越部族的活动中心集中在会稽、四明等山区。海侵稳定后,随之又发生海退(约 4000 年前),会稽山以东、以北区域成为一片咸潮直薄的沼泽之地。越族先民要开发建设江湖密布、咸潮出没的沼泽地,其难度可想而知。我国古代地理著作《禹贡》在土地划分中,就将越地列为"下下等"。

春秋时期,越民族以今绍兴一带为中心建立越国。越王句践主政时,组织实施了一批水利工程,形成了山—原—海三级台阶式的越国水利,使越国富强起来,成为春秋时期最后一位霸主。绍兴水城水系大格局开始形成。

汉顺帝永和年间,会稽太守马臻兴建鉴湖,在山会平原北部的鸡山和玉蟾山之间设置玉山斗门,用以挡潮和控制北部平原河网水位。鉴湖提高了防洪、灌溉效益,同时为东北侧土地提供了丰沛淡水资源,使山会平原生态环境得到全面改造。西晋年间,西兴运河开凿使得鉴湖的排灌效益进一步提高。

唐代,绍兴北部海塘进一步完善,将原鉴湖枢纽工程玉山二孔斗门扩建为八孔闸门,增强了整个地区的蓄泄能力,提高了农业生产水平,百业因之而更发达。

北宋大中祥符年间,开始围垦鉴湖,鉴湖的水体逐渐北移这一变化使山会平原优越的水环境和良好的水利条件产生了变化,导致水旱灾害频发。明成化年间,戴琥创建山会水位尺和山会水则碑,管理十多公里外玉山闸的启闭,以调节整个山会平原河网的灌溉和航运。这是山会平原河网开始得到系统管理的标志。

明嘉靖十六年(1537),汤绍恩主持建成三江闸,钱清江从此成为内河。建闸后,又在闸两侧新筑海塘四百余丈,使萧绍海塘连成一体。至此,绍兴平原新的鉴湖水系基本完成,三江闸成为山会平原排涝、蓄淡的水利总枢纽。直至1981年绍兴政府在三江闸北五里处建新三江闸,三江闸才完成其历史使命。

三江闸区块位于绍兴市东北部斗门镇境内,是古代钱塘江、曹娥江、钱清江三江汇合之地。本次调研范围以三江闸、三江所城、斗门古镇为核心,玉山斗门古闸遗址至新三江闸之间河道两侧1公里范围为重点研究区域。

三江闸区块历史文化资源丰富,区域内保存有三江闸(为了与文物保护单位名称一致,本文所书三江闸均为老三江闸)、三江所城、斗门古镇、绍兴海塘、玉山斗门古闸遗址、登瀛桥、"亨占安节"碑等历史文化遗产,遗产类型丰富,分布集中,具有很强的区位优势。

一、三江闸区块历史文化资源现状情况

(一)三江闸

1.三江闸概况

三江闸是我国古代大型挡潮排水闸,为排山阴、会稽、萧山3县的内涝和防御海潮倒灌而建,是越州十景"汤闸秋涛"和三江八景"宿闸渔灯"所在地。明嘉靖十六年(1537),绍兴知府汤绍恩主持修建。全闸28孔,用28星宿的名称来编号,所以又叫三江应宿闸。

三江闸全长108米,宽9米,选址在岩越峡口处。闸墩和闸墙用大条石砌筑呈梭子状,闸墩底层与岩基相卯,灌注生铁,每层块石之间用榫卯衔接。每隔五墩设置一处大梭墩,关键地段,仅隔三墩。每一闸洞下的基石上,置内外两槛,以承闸门。闸内建有三内闸,备大闸冲溃之御。现大闸东南一段的11墩、12孔和西北一段的10墩、11孔均为明代原物。

三江闸建成后,在闸旁设置水则碑,平时根据水则的显示结果启闭闸门,闸门由三江巡检代管。为了确保准确无误,在绍兴县城内再设一块水则碑进行校核。1963年,三江闸被浙江省人民政府公布为省级文物保护单位。

2.三江闸周边相关历史文化资源(图1)

(1)三江所城、三江巡司城、三江沿海烽堠埭、蒙椎山敌台、绍兴海塘等内容详见后文。

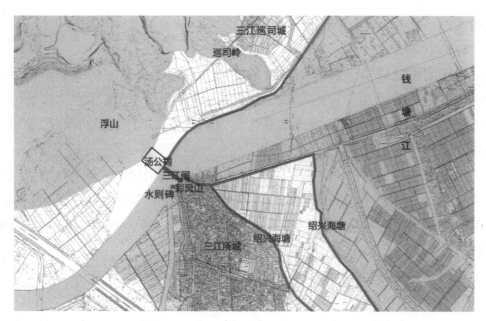

图1　三江闸周边原有历史格局推测图

（2）汤公祠（张公祠）

原庙宇位于三江闸北侧，明嘉靖年间汤绍恩修建，祭祀水神张六五。后乡民感其（汤绍恩）治水之功，将其改为汤公祠，第一进依旧为张神殿供奉水神张六五，第二进为主殿——汤公祠，供奉汤绍恩，西侧碑亭内置明兵部侍郎胡宗宪撰文碑刻。清康熙年间，三江巡司城司署一度因海塘建设，曾移设于此。

今庙被毁，遗址被绍兴王宝和酒厂与河道所占。

（3）彩凤山古亭

原亭始建年代和名字不详，建于彩凤山山顶。自亭建成后，浮山—汤公祠—三江闸—亭（彩凤山）一直是三江入海口一道靓丽的风景线，有"汤闸秋涛""宿闸渔灯""汤堤绿荫"之称，是鸟瞰三江所城全貌的最佳观赏场所，民国时期老照片上均有其身影。抗日战争时，古亭被日军烧毁。现亭为20世纪70年代由当地乡民重建，建筑残损严重，已成危房。

（4）相关碑刻

三江城外水则碑早年被毁，现保存有清康熙二十年（1681）《捐俸置田添造三江应宿闸每岁闸板铁环碑记》、清嘉庆元年（1796）《重修三江闸碑》、清道光十五年（1835）《重修三江闸记》、清咸丰二年（1852）《晋封汤、莫两神案碑》等四块相关碑刻，其中《捐俸置田添造三江应宿闸每岁闸板铁环碑记》受风雨剥蚀严重,其余保存较好。

3. 价值评估

三江闸设计科学,结构坚固,保存较好,400多年来基本根除了萧绍平原的洪、潮灾害,是萧绍平原海岸线上规模最大、年代最早、保存最为完整的水利枢纽工程,其建筑科技和管理水平之高为同类水利工程设施所罕见,是见证绍兴水环境变迁的一个重要历史节点。

三江闸的建立使钱清江成为内河,消除了成潮溯江而上侵蚀萧绍平原地区的灾患,为斗门、安昌一带咸碱地改造成农田创造了条件。三江闸的启闭,使萧绍平原免受涝患和旱灾,并提供了丰富的淡水资源,为之后400多年百业兴旺奠定了基础。

4. 现状主要问题分析

（1）本体主要问题分析

1972年,改大闸中部5墩6孔为3墩2孔,对文物本体破坏极大。现闸上修建车行交通桥增加了闸体基础和闸墩负担,存在一定安全隐患;闸槽本体保存完好;原北岸边坡由于后期河道拓宽架设新桥,现仅靠新桥桥墩支撑,大大降低了三江闸整体稳定性。

（2）周边环境现状主要问题分析

后修公路桥使三江闸历史风貌受到较大破坏;河道拓宽使三江闸历史格局受到严重破坏;汤公祠和彩凤山古亭被拆除(古亭后期恢复),使浮山—汤公祠—三江闸—亭(彩凤山)这一历史景观轴消失;水则碑被毁,使三江闸科技性大为降低;将彩凤山、浮山等周边山体开山采石、填平建房,使三江闸选址科学性无法体现:重污染企业和墓园密布其周边,高大的烟囱、炼化炉、散热塔及扑面的白色墓园等对其环境景观影响极大。

（3）展示和利用工作问题分析

三江闸的展示和利用体系尚未形成,缺乏陈列展示场所,缺乏标示引导系统和风险防范体系。

（二）三江所城

1. 三江所城基本概况

三江所城位于斗门镇三江村,因地处三江入海口而得名。古城历史悠久,相传唐代就有何姓居住于此,因此又名何半城。明洪武二十一年(1388),信国公汤和筑三江所城作为绍兴海防要塞,以防倭寇。古城文化底蕴深厚,仅明代就有文武进士 35 名。城内原有进士台门、城隍庙、减水闸、会龙桥等古迹,曾有"九庙九桥十三弄七十二进"之称。留有东海朝暾、西山夕照、春水轰雷、秋潮奔马、宿闸渔灯、月瓢樵唱、汤堤绿荫、司岭丹枫等三江八景。

2. 卫所制下的三江所城(图 2)

(1)明代卫所制概述

明代是我国最早设立御海建制的朝代,由于浙江是倭患的重灾区,其海防战区遍及整个浙江海岸。明代浙江共设置有 16 个卫 35 个千户所,三江所即为其中之一,共有守军 1352 人。

(2)三江所选址

三江所是军事防御设施,其选址主要结合地形,方便军事设防为主。绍兴地区明代之前倭患主要自东海而来,借钱塘江水道进入曹娥江侵犯绍兴。基于此原因,把守三江区域可以使绍兴免受倭患。

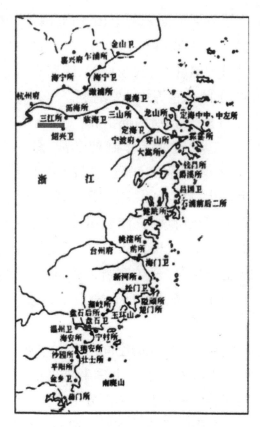

图 2 浙江卫所分布图(《中国海防史》)

三江所周边山形地貌对军事布防非常有利,江北蒙椎山、凤鸣山、浮山组成天然屏障,南侧借彩凤山地形之利设置三江所城,可以形成长达几公里的军事防线。江北结合山体,在蒙椎山设置敌台,在巡司岭东侧设置三江巡司城;南侧由于天然山体较少,将三江所城设置于此,守军上千人,军民近万人,可以大大减轻南侧的防守压力。同时考虑倭寇可能沿曹娥江而上,为加强纵深方向的军事防御设施,利用自然天险沿曹娥江两侧山体各设置烽堠三处。

三江所城、三江巡司城在军事构图上呈犄角之势。随着三江闸建成,使三江所城、三江巡司城连成一线,进一步加强了曹娥江南、北两岸军事防线的联系,同时也可以延缓沿江而上倭寇的进攻之势。

三江所城所在区域有天然的深水军港,对平时备战和战时出兵追击非常有利。

卫所实行屯田制,军民大部分时间以自给自足的生活方式为主,因此所城周边需要大面积的屯田。南侧设置三江所城不光有大片农田,同时对大量驻兵、教场设置、水路布防、部队休整等均非常有利。

（3）三江所内部组成

卫所制军事体制使参战、备战、农耕成为三江所居民的主要生产生活方式。三江所体系内,其中三江所城、三江巡司城、三江沿海烽堠、蒙椎山敌台、要关是参战主要场所,三江教场、三江外港口是主要备战场所,三江屯田是农耕场所。

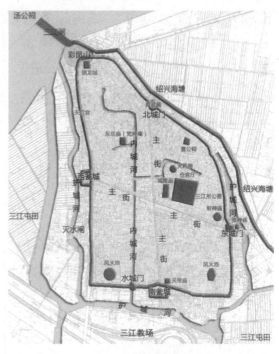

图3　三江所城复原推测图

3.三江所城的空间组成

所城内部主要由军事防御设施和居民生活设施两部分组成。（图3）

军事防御体系主要表现为:城墙外设护城河,城墙内设内城水系,内外水系之间由水门连通,同时所城内设置有两处风火地以方便同其他军事设施之间进行军事信息互通。为进一步增强城墙的防御功能,部分城门在设计时做成瓮城结构,城墙上运用马面、城楼、城垛等设施。在街巷布局上,为方便各点之间战时的通达性,所城内设置"十"字形主街,支巷路结合内城水系,构成千变万化的路网,方便诱敌深入,各个击破。

所城内部居民生活设施与常见聚落类似,但其公共建筑设置方面有很强的军事性和独特性,很多为绍兴地区所不常见。（表一）

表一　三江所城主要公共建筑一览表

编　号	名　称	概　况	备　注
1	三江所公署	三进式建筑,仪门东侧设置镇抚司,千百户在正堂东西两侧办公	
2	都司	由外台门、中堂、后堂组成	
3	风火地	位于所城西南角,是古代战争通信设施	

续　表

编　号	名　称	概　况	备　注
4	仓官厅	在现城隍庙东侧,面阔三间	
5	火药房	所城兵库所在,在城隍庙东北面	
6	风火池	在城东南脚,城内主要消防水源	
7	城隍庙	原为三间三进式建筑,主殿供奉李姓城隍,后殿为文昌阁,明万历年间扩建	2014年被烧毁,现仅剩遗址
8	关帝庙	城南,清雍正年间重修	现建筑保存完好
9	张神庙	城东门子城内,供奉水神张夏。传说明崇祯年间海啸,张神显灵,整个所城才得以保存	现建筑保存较好
10	财神庙	在城东门内	
11	晏公祠	康熙年间重修	现保存较好
12	真武殿	在城北门城上,初为平武,万历年间扩建。康熙年间内铸铜像,雍正年间铜像被盗	
13	梵神庵	又名前庵,位于城西,始建于唐,明洪武年间重建,嘉靖年间扩建,康熙年间新建大悲阁于后	
14	东岳庙	在梵神庵右侧,万历年间创建,后与梵神庵合并	现保存部分建筑及基址
15	镇龙城	又名后庵,在彩凤山下。由三江所城千户捐建,正殿供奉龙牌,是为皇帝祝寿之所	
16	天后宫	在西门外,三间两进深结构	
17	张神殿	三间两进深结构,后改称汤公祠	详见三江闸

4. 价值评估

三江所城作为三江所军事体系的构成主体,是反映我国明代军事文化、地域文化和民间信仰的重要文化载体,蕴含着丰富的价值。

三江所城是我国抗倭设施体系的重要组成部分,是不可多得的明代军事历史遗迹,具有重要的历史价值。

三江所城强调军事防御体系,其在选址、军事布防、内部结构等方面具有很强的科学性,对我国古代军事研究具有重要的科研价值。

三江所城遗存的历史文化遗产具有很强的艺术性和地方性,往往在主要建筑的梁、枋、檩和檐口,精工细雕各种吉祥喜庆的图案,工艺精湛,造型优美。

三江所城抗倭设施、抗倭事迹、抗倭人物等是极为重要的文化资源,具有很高的历史教育意义,是进行爱国主义教育和国防教育的重要场所。三江所城自明以来的军事地位和独特的地理特征,决定了其是综合文化、民俗文化及民间信仰的重要精神场所。

5.三江所城主要问题分析

（1）本体保存状况分析

A.防御层级保存情况分析

护城河体系除东门北侧因后期建设,小部分水体被填埋和淤塞外,其余河道保存完整;现护城河水系仍可通航,填埋和淤塞的河道约占护城河水系总量的10%。

所城内部水系自水门至彩凤山的主河道保存完好,内环东侧河道仅到现三江农贸市场北侧,其余水网已被填埋,填埋掉水体约占所城内环河道总量的30%。水门遗址位于关帝庙西南侧的桥下,闸槽和金刚墙的构件保存完整,地面以上水门实体早年被拆除。

为传递军情而设立的军事视线走廊现基本可见,风火地大致位于现三江越江绸厂一带。

三江所城城门城墙系统由于后期建设发展,大部分已被拆除,现仅存有东城门及部分城墙,但依所城现有空间肌理,基本可断定其原有城墙的具体走势和布局方式。东城门残墙长40余米,高4.6米,基础以条石叠砌上用城砖。城门东西向,砖砌券顶,现为绍兴市文物保护点。

B.街巷格局保存情况分析

所城主要由"十"字形主街和其他网状街巷两级组成。

"十"字形主街的街巷空间肌理整体保存较好。东西向主街西段保存较好,南北向主街插花较严重,总体古建筑保有量约占"十"字形主街的30%。

其他网状街巷由于后期建设发展,存在较为严重的插花现象。其中彩凤山南侧至内城河河道转弯处及三江农贸市场西、北两侧为所城内保存最好的三个区块。

C.公共建筑和民居建筑保存情况分析

所城内公共建筑和普通民居建筑保存情况不佳,古建筑保有量不足30%,但古城面积较大,其30%古建筑保有量已实属不易。由于本次调查时间仓促,下表所列名单仅为其冰山一角。该表主要以重要公共建筑和高规格并且保存完整民宅为主。（表二）

表二　三江所城内现有重要建筑一览表

序　号	名　称	概　况	备　注
1	城隍庙	明洪武年间始建,明万历年间扩建,后殿为文昌阁。2014 年被烧毁,现仅剩遗址,建筑山墙、梁架结构完整。	城隍庙是三江所城典型规模建筑
2	关帝庙	明代即已存在,清雍正年间重修,现为民国建筑。建筑坐西朝东,二进三开间结构。	现建筑保存完好
3	张神庙	明代即已存在,现建筑为清代重建,坐北朝南,单进三开间。	现建筑保存较好
4	晏公祠	明代即已存在,现建筑为清代重修,坐北朝南,共二进,第一进已毁,第二进三开间。	现第二进保存较好
5	东岳庙	万历年间创建,后与梵神庵合并。	现保存部分建筑及基址
6	花台门	清代建筑,建筑规格较高,雕花精美,制作考究。	保存较好
7	潘家里头	坐北朝南,共二进,第一进已毁,第二进三开间座楼。	第二进保存较好
8	民居一	典型的三进两天井格局,建筑保存完整,建筑占地约 700 平方米,建筑面积 780 平方米,规模较大。	所城内高规格建筑
9	民居二	建筑保存完整,两进带一天井,西侧建筑后期被改造。	所城内高规格建筑
10	民居三	建筑保存完整,两进带一天井。	所城内高规格建筑
11	民居四	建筑保存完整,两进带一天井。	所城内高规格建筑
12	民居五	建筑保存完整,两进带一天井。	所城内高规格建筑
13	民居六	建筑保存完整,两进带一天井。	所城内保存较完整建筑
14	民居七	建筑保存完整。	所城内保存较完整建筑
15	民居八	建筑保存完整,两进带一天井。	所城内保存较完整建筑
16	民居九	建筑保存完整。	所城内保存较完整建筑

（2）周边环境主要问题分析

彩凤山、浮山、凤鸣山、蒙椎山等原来所城重要的组成部分,由于后期开山采石、填平建房等原因破坏较严重;绍兴县垃圾填埋场、混凝土厂等重污染企业和墓园密布其周边,对所城环境及历史风貌影响极大。

（3）市政基础设施不完善

古城内的道路交通、电力电讯、给排水、消防救护等市政基础设施薄弱,对村民的生产和生活影响较大。2014 年城隍庙被烧毁,是古城市政设施不够完

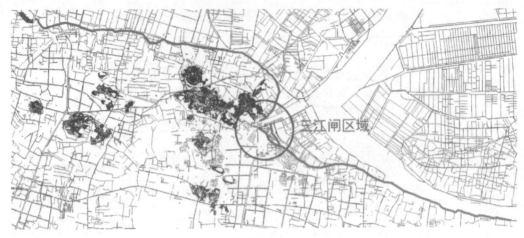

图 4　绍兴海塘分布图

善的直接后果。

（三）绍兴海塘

1. 绍兴海塘概况

绍兴海塘位于孙端镇、马山镇、斗门镇、马鞍镇和安昌镇一带,始于春秋,后屡经增修,现海塘为明清遗物,从属于著名的钱塘江海塘。其中本次研究范围内绍兴海塘长约 2.5 公里,部分为汤绍恩修建。绍兴海塘从形成到稳定,大致经历了三个阶段,即从土塘、柴塘到各种形式的石塘。现保留部分均为石塘,塘身外侧砌筑斜面护塘坡,坡面由 8 至 10 余层条石间隔丁石错缝砌筑,或齐坡,或外突。（图 4）

1989 年,绍兴海塘被浙江省人民政府公布为省级文物保护单位。

2. 价值评估

绍兴海塘是为抵御钱塘江潮患而修筑的捍海塘,具有悠久的建造历史。绍兴海塘（钱塘江海塘）是我国古代三大工程之一,工程结构复杂且工艺先进,高大坚固,被誉为"海上长城",具有重大的科学价值。绍兴海塘用材严格,砌工考究,制作工艺科学,使整个塘身成为既高大坚固又雄伟挺拔的一个整体,具有很高的艺术价值。

绍兴海塘是人与潮患斗争的重要历史见证物,是我国古代人民勇气与智慧的结晶。绍兴海塘从建成起就得到了上至朝廷下至民众的积极维护,寄托着人民祈求潮平澜安的愿望,承载着与潮文化有关的各种民风与习俗。

绍兴海塘是绍兴市珍贵的历史文化遗产,具有重要的文化价值。

3. 绍兴海塘主要问题分析

（1）本体主要问题分析

现研究范围内海塘均作为道路使用，其中三江村北为车行道，其余均为田耕路。已为车行道部分海塘的塘基及护塘坡保存情况不佳，其余海塘的塘基及护塘坡保存较好；塘面整体破坏严重。

（2）环境主要问题分析

绍兴海塘的背景环境存在着大量工业厂房，对海塘景观风貌影响较大。

（3）陈列展示工作有待提高

现绍兴海塘的展览缺乏科学的组织，对文物本体价值和文化内涵的揭示不足。

（4）急需通过学术研究，提高对其价值和作用的认识

对绍兴海塘的科学研究尚显薄弱，只有充分、正确认识其价值和历史作用，才能处理好文化遗产保护和城镇化建设之间的矛盾。现部分县市考虑到钱塘江海塘及钱江潮的重要性，已开展申报世界文化与自然双遗产的准备工作。

（四）斗门古镇

1. 斗门古镇概况

斗门古镇历史悠久，从越王句践起，斗门就是绍兴地区重要的食盐产地，其南侧一直是三江监课署司署所在地，主管区域内的盐业。东汉年间，因此地修建玉山斗门古闸，古镇因此而得名。

古镇北依玉蟾山（城隍山）、鸡山，南低北高，新闸江穿镇而过，江中修建玉山斗门古闸，古镇与古闸相依相存。

2. 古镇特色

古镇规划布局合理，功能分区明显，河—街—山的整体布局大致呈平行，中间顺平，两头稍弯，故又称"元宝地"。以新闸江为界，东侧以东街为主，是斗门古镇的传统商贸中心，街南是河道，大批物资在此集散，前面经商，后门进货，销售十分方便，是典型的水乡商业布局模式。西侧由南街和宅院、府邸组成，是古镇主要的居住区域；南街是东街商业延续和西侧居住区域的交融地段，其内部呈现居住和商业混杂；宅院、府邸区域的建筑规格较其他区域高，以三合院、四合院式等合院式民居为主，整体居住气息浓厚。

东街全长600多米，宽仅2—3米，又称"一线天"，建筑布局均为前街后

河式或前街后山式。狭长带状街道在节省用地的同时极大增加了沿街商业店铺,非常有利于古代商业发展。据记载,古镇曾有各式商店 400 多家,为清代绍兴城北部水陆交通商埠枢纽,故有"两爿油车,七支盐舍,八爿当"之说。

古镇道路布局呈鱼骨形,以东街、南街为主道路,向两侧纵深方向发展。古镇水多,自然桥盛,保存有各种形式桥梁,除斗门古闸以桥闸形式外,其余以石梁桥为主。古镇民居白墙黑瓦,轻巧淡雅,与水乡古镇环境相得益彰。建筑群体布局灵活多变,大量运用砖、木、石三雕装饰,沿河常设下水河埠。

3. 斗门古镇历史底蕴

古镇历史悠久,人杰地灵,文化积淀深厚,有汉代始建的斗门古闸、宋代始建的宝积禅寺、绍兴县最早的公立学堂辨志学堂、道堂庵、竹隐庵、城隍庙、张神殿、基督教堂等。留有鸡麓朝暾、牛冈夕照、古闸(即斗门古闸)秋涛、月弯残雪、官渡人声、西山樵唱、花浦渔歌、玉峰夜月、宝积晚钟、芳洲春草"斗门十景"。

斗门古镇的历史文化名人众多,黄逵、黄寿衮、吴采之、柯灵、陈鹤皋等均出自该镇。其中以俞氏家族最为辉煌,有明代著名学者俞子良,曾任南京水师学堂总办俞明震,两院院士俞大光、俞大级,天津市委书记黄敬(原名俞启威),现任国家政协主席俞正声等。

4. 价值评估

斗门古镇是绍兴历史文化名城的重要组成部分,是体现绍兴水城的重要场所。

以东街、南街及沿河街道组成的古镇格局,是江南水乡古镇难得的实物例证。古镇的整体格局保存完好,风貌特色明显,区域内道路、街巷、建筑、水系基本保持原有空间格局和尺度,能够体现江南古镇"水路、陆路相间,商贸主导"的独特格局。

斗门古镇所遗存的历史文化遗产具有很强的艺术性和地方性,往往在主要建筑的梁、枋、檩和檐口精工细雕各种吉祥喜庆的图案,工艺精湛,造型优美。

斗门古镇所包括的人文历史资源,具有很高的历史教育意义,是进行爱国主义教育的重要场所。

5. 斗门古镇主要问题分析

(1)斗门古镇保存状况分析

斗门古镇由于经济和区位等原因,解放后经济发展相对缓慢。得益于此,古镇整体保存较好,原真性较高。古镇内部虽年久失修,部分建筑改建,但古镇的整体格局完整,依旧保持明清时风貌,至今保存着大量的文化遗存。

A. 街巷格局及沿街、沿河界面

古镇街巷以东街和南街为主街,其余支巷弄与这两条主街相连构成,街巷空间格局和肌理保存较好,沿街古建筑保有量在 80% 以上,在同等古街中已属很高。东街石板铺地保存好,沿街两侧建筑主要以清末民国时期为主,少量建筑为 20 世纪 70—80 年代所建。但大部分沿街古建筑外立面后期改造情况普遍,对古街整体风貌影响较大。南街保存情况与东街类似。

沿河界面主要分布在东街南侧,极具水乡特色。现保存的沿河驳岸、沿河铺地、古桥等均为历史原物,历史价值极高。北侧建筑直接临水而建,是东街商业建筑的临河面,基本为古建筑,但是外立面后期改造及搭建现象较严重。南岸建筑是以居住为主,分河—路—建筑和河—建筑两种,建筑规制较北侧高。现沿河古建筑保有量约占 60%,整体沿河风貌较好。

其他网状巷弄由于后期建设发展,存在较为严重的插花现象,道路铺地后期改动较大。

B. 公共建筑

玉山斗门古闸遗址:详见下文。

监课署司署:位于现风村一带,原建筑基本无存。

城隍庙:位于东街北侧玉蟾山山脚下,抗日战争时为日军据点,1945 年被日军烧毁,原建筑基本无存,现建筑为近年新建。

宝积禅寺:位于玉山斗门古闸西侧,保存有少量清代和民国时期的原有建筑,其余建筑为近年新建。

辨志学堂:绍兴县最早的公立学堂,位于现斗门小学内,原建筑基本无存。

竹隐庵:位于东街北侧玉蟾山山脚下,原建筑基本无存。

道堂庵:具体位置不详。

张神殿:位于鸡山山脚下,原建筑无存,现建筑为近年新建。

基督教堂:位于南街 23 号,建于清光绪元年(1875),坐北朝南。整座教堂均用青砖叠砌。教堂规模不大,保存较好,立面具有西式风格。

C. 民居建筑

古镇民居建筑主要有沿街(东街和南街)建筑、沿河建筑及其余高大宅院建筑,前两项在文中已叙述。南街南侧高大宅院建筑整体规制较高,现地块内

建筑插花现象严重,保存有高规格建筑 10 多处。(表三)

表三 斗门古镇现有主要历史文化遗产一览表

序 号	名 称	概 况	备 注
1	玉山斗门古闸遗址	详见下文	详见下文
2	东 街	全长 600 米,宽仅 2—3 米,又称"一线天"。两侧建筑保存情况较好,街面用青石板错缝铺就	保存情况较好
3	南 街	全长 150 米,是斗门老街的延续,两侧建筑保存情况较好	保存情况较好
4	沿河建(构)筑物	沿河驳岸、埠头、道路保存完好	保存完好
5	基督教堂	位于南街 23 号,清代西洋基督教堂	保存完好
6	宝积禅寺	保存有少量清代、民国时期原有建筑	该部分建筑保存完好
7	东街 52 号	位于斗门老街上,早期商业建筑	传统商业建筑
8	东街 49 号	位于斗门老街上,早期商业建筑	传统商业建筑
9	竹篾店	位于斗门老街上,早期商业建筑	传统商业建筑
10	弹花店	位于斗门老街上,早期商业建筑	传统商业建筑
11	香烛店	位于斗门老街上,早期商业建筑	传统商业建筑
12	俞家台门	又称"同兴里头",俞正声祖宅,俞正声曾来此探询过	俞氏望族祖宅
13	柯灵故居遗址	清代建筑	高规格建筑
14	翰林台门	清代建筑	高规格建筑
15	韩家台门	民国建筑,位于玉蟾山山脚	高规格建筑
16	高家台门	清代建筑	高规格建筑
17	杨茂兴台门	清代建筑,位于斗门古闸一侧	高规格建筑
18	陈家贡元台门	清代建筑	高规格建筑
19	章家台门	清代建筑,建筑保存较好	高规格建筑
20	金家台门	清代建筑	高规格建筑
21	冯家台门	清代建筑,又叫信昌台门,原为金融家冯姓地主建造,整个台门气势宏伟,原共有五进	高规格建筑,部分建筑倒塌

续 表

序 号	名 称	概 况	备 注
22	进士台门	清代建筑	高规格建筑
23	罗家台门	清代建筑	高规格建筑
24	柯灵故居遗址	位于西街72号,是作家、编剧家、评论家柯灵的老家,抗日战争时被日军烧毁,现仅存遗址	遗 址
25	鹅市桥	位于东街南侧,清代三孔石梁桥	保存完好
26	文锦桥	位于东街南侧,清代两孔石梁桥	保存完好
27	双眼井	清代水井,上砌两孔	保存完好
28	古银杏树	位于盐仓娄基督教堂西南侧,树龄300年,一级保护古树	生长较好

注:由于斗门古镇历史文化遗产丰富,无法在本报告中全部列出,现仅列部分较好建筑,沿街建筑仅列仍在作为商业建筑使用的部分古建筑。

（2）斗门古镇周边环境主要问题

玉蟾山、鸡山两山体在近年的开山采石过程中破坏严重,现存山体不及原有山体的一半。古镇周边分布有大量严重污染环境的企业厂房,对斗门古镇环境及历史风貌影响极大。

（3）市政基础设施不完善

古镇内的道路交通、电力电讯、给排水、消防救护等市政基础设施薄弱,对村民的生产和生活影响较大。

（4）空心化和老龄化问题严重

由于历史失修和后期改扩建,使斗门古镇在逐渐衰败、没落。由于经济重心转移和环境污染加重,当地居民大量外出谋生,古镇的空心化和老龄化问题严重。

（五）玉山斗门古闸遗址

1.玉山斗门古闸遗址概况

玉山斗门古闸遗址位于斗门古镇鸡山、玉蟾两山之间河道上,是古代斗门十景"古闸秋涛"所在地。

斗门古闸始建于东汉永和年间,当时仅有两孔;唐贞元初年,越州观察使皇甫政扩建为八门,闸上设祠,供奉张公、关公、玄帝等神。北宋嘉祐二年（1057）,将木石结构的古闸全改成石结构,上建"万年戏台"。明嘉靖年间,因

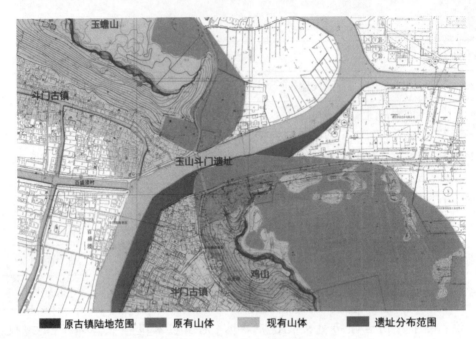

图 5　斗门古闸原历史环境图

其功能被三江闸所取代,闸渐废。清康熙五十七年(1718),考虑水体通航能力,拆除中间闸柱以利通行。

据 1954 年 9 月测绘资料显示,闸桥全长 34.58 米,净孔 18.13 米。

2. 价值评估

玉山斗门古闸设计科学,是明代三江闸修筑前主要护卫萧绍平原免受洪、潮灾害的重要水利枢纽工程,是该时期绍兴经济发展的重要保障。

玉山斗门古闸遗址是绍兴水环境变迁的一个重要历史节点,玉山斗门古闸遗址—三江闸(取代玉山斗门古闸功能)—新三江闸(取代三江闸功能)及现入海口的曹娥江大闸组成了绍兴改造海岸线的历史进程。(图 5)

3. 现存主要问题分析

(1)本体保存状况分析

1954 年 10 月闸桥被拆除,当时尚存两岸闸槽和中墩闸槽残迹。后期在斗门大桥建设和历次河道拓宽中,玉山斗门古闸遗址遭到进一步破坏。现仅存南岸闸槽遗址及部分原河岸,占地约 100 平方米,呈孤岛形式坐立于新闸江中。

(2)环境保存状况分析

近年修建的公路桥和新建建筑,使斗门古闸遗址历史风貌受到一定程度破坏;对河道的拓宽,使斗门古闸历史格局受到严重破坏,容易产生误导;后期将鸡山、玉蟾山开挖建房,使斗门古闸选址于鸡山、玉蟾山之间的历史格局即将消失;由于历史失修和后期改扩建,作为其最大人文环境的斗门古镇在逐渐衰败、没落。

（3）受船只碰撞的可能性较大

斗门古闸遗址处于主航道上,遗址本体时刻遭受船只碰撞危险。

（4）展示和利用工作亟需加强

斗门古闸遗址的展示和利用体系尚未形成,缺乏必要的展陈设施。

（六）登瀛桥

1. 登瀛桥概况

登瀛桥因位于绍兴古荷湖所在荷湖村,因此又名荷湖大桥、古荷湖桥,清乾隆年间重建,现为绍兴市文物保护点。

登瀛桥,东西走向,跨荷湖大江,为9墩10跨梁板式平桥。桥高低起伏,宛若一条长龙跃过江面。中间使用高孔,用9层石级抬高,两侧低孔采用石排桩式桥墩,两排石排桩之间搁置石梁。桥面较宽,桥头一端采用坐凳桥栏。

2. 价值评估

该桥保存完整,气势恢宏,且纪年明确,是少见的多孔长桥,具有较高的历史科研价值;桥面较长,采用高低孔结合形式,宛若一条长龙跃过江面,具有较高的艺术价值。

3. 主要存在问题分析

东、南两侧近年新修交通桥,减轻了登瀛桥的交通压力,现桥仅作步行桥。随着主航道改道,降低了桥体被撞击的可能性。

（1）文物本体现状评估

东侧三个桥墩早年加砌防撞水泥块;两侧引桥在原石踏步上加砌水泥引坡;桥面由于基础不均匀沉降,出现面板凌乱、不平整;东侧矮墩至最高墩处为方便行车而加砌水泥,而北侧护栏大量跌落,部分桥面后加钢管栏杆。登瀛桥由于年久失修,现已成危桥。

（2）文物周边环境主要问题分析

桥体四周均为后期新建建筑,西侧有大树遮挡,整体风貌尚佳,其余三面风貌较差。东、南两侧近年新修交通桥,对桥体整体风貌有一定影响。

（七）"亨占安节"碑

"亨占安节"碑位于荷湖村南侧马路边,为道光十四年（1834）所立圣旨碑,早年修建马路时将位于马路正中的石碑移至道路一侧,现为绍兴市文物保护点。碑高2.35米,宽0.80米,碑帽与碑身合二为一,碑座、碑帽雕刻双龙戏珠,中间刻有"圣旨"两字,碑身中间刻"山阴已故儒士沈武曾妻吴氏立",落款为道光十四年(1834)十二月立。背面书"亨占安节"四字。原有碑亭一座,现已毁。

碑刻保存较好,但由于长期暴露在外,受风雨侵蚀,碑面有一定的剥蚀、风化现象。现石碑沿路而立,遭受车辆碰撞的可能性较大。

二、各历史文化资源之间的关联性和所形成的新价值

三江闸区块历史文化资源丰富,由海防文化、军事文化、水乡古镇文化、桥闸文化等组成的水文化集中于一处,为其他地块所不具有,是绍兴城市水文化的集中体现。

(一)海防文化与军事文化的结合

区域内海防文化主要由三江闸、三江所城、绍兴海塘组成,是中国古代海防的主要组成部分。三江闸、绍兴海塘是为抵御钱塘江潮患这一自然灾害而修筑的,是保护宁绍平原的重要屏障;三江所城、三江闸因防御倭寇这一人为灾害而修筑,是明代沿海海防的军事要塞。海防文化与军事文化集合于一处,即使放眼全国,也极可能仅此一处。

三江闸和绍兴海塘一道将萧绍平原原咸碱之地改造为农田,为之后400多年该地区的兴旺起到了不可磨灭的功能,其组成的沿海"铁箍",使三江所城防御功能进一步强化,最突出的表现是所城北面设置两道海塘。两道海塘犹如加设两道防御城墙,两道海塘之间的狭长空地犹如瓮城,是其余所城所不见的,使三江所城的选址、设计更具军事防御性能。

(二)水乡古镇文化、海防文化、桥闸文化的结合

水乡古镇往往与桥闸文化连为一体,桥的存在使绍兴水乡因河流阻隔而分割的地区形成了一个整体,使因河道奔泻而相见不相通的地区互通往来。但斗门古镇拥有水乡古镇文化、海防文化、桥闸文化三者结合的特点为其他古镇所不常见。被水分割的古镇因玉山斗门古闸(桥)的存在而连为一体,并因此得名,因此兴旺。而玉山斗门古闸与鸡山、玉蟾山一道组成了明之前绍兴地区的海防体系。古镇后期发展仅分布于鸡山、玉蟾山南侧,即是由于该原因所导致。

(三)桥闸文化

区域内各种古桥十多座,除三江闸、玉山斗门古闸是桥闸的形式外,其余

均为石梁桥,如登瀛桥、鹅市桥、文锦桥等,是绍兴水乡桥闸文化的重要组成部分,是绍兴城市变迁的历史见证。其中,三江闸也是中国大运河——浙东运河的重要组成部分。

三、三江闸区块历史文化资源保护策略

(一)完善组织机构,加强保护力量

根据市政府关于"三江闸保护利用传承"的部署要求,袍江经济技术开发区迅速成立了由管委会主任担任指挥长的"三江闸保护利用传承工作"指挥部。为更好地保护三江闸区块历史文化资源,指挥部下一步应加强历史文化遗产保护的专业人员力量,重点负责政策引导、遗产修缮、展示利用、文化挖掘等与历史资源保护相关的工作。

(二)完善保护级别,建立保护体系

经过查阅历史文献及采访知情人士,同时基于本次现场调查和研究,建议对区块内历史文化遗产进行新梳理,根据其实际情况,列入相应的国家保护体系。(表四)

(三)启动规划编制,划定保护区划

随着城镇化进程的加速,如何保护新城特色,避免千城一貌,是当前城镇化进程中所面临的棘手问题。三江闸区块历史文化资源丰富,承载着诸多历史信息和传统文化,是新城建设中的敏感区域,其军事走廊、山水格局等重要组成部分

表四 三江闸区块历史资源建议保护级别一览表

序号	名称	现有保护级别	建议保护级别	主管部门	备注
1	三江闸	省级文物保护单位	全国重点文物保护单位	文物部门	
2	三江所城	无	遗址园	文物、建设、规划部门	
3	绍兴海塘	省级文物保护单位	省级文物保护单位	文物部门	根据全省层面海塘申遗情况定
4	斗门古镇	无	省级历史文化名镇	建设、规划部门	条件成熟后,建议申报中国历史文化名镇
5	玉山斗门古闸遗址	无	绍兴市文物保护点	文物部门	
6	登瀛桥	绍兴市文物保护点	省级文物保护单位	文物部门	
7	"亨占安节"碑	绍兴市文物保护点	省级文物保护单位	文物部门	

非常脆弱，新的建设活动稍有不慎，就会对区块整体风貌产生严重后果。

保护规划是三江闸区块历史资源保护的纲领性、综合性的文件，有助于加强保护工作的计划性和有效性，主要分属文物部门和建设规划部门主管。基于本次调查研究，我们建议立即启动三江闸、三江所城、斗门古镇的保护规划。绍兴海塘保护规划可根据全省层面的海塘申遗情况再定，玉山斗门古闸遗址、登瀛桥、"亨占安节"碑及其后的新发现（假如有）可联合编制。

区域在建设过程中应着重考虑其历史资源、历史沿革、发展轨迹、生态环境等因素，充分体现其自身的文化特性。搬迁现有工业厂房，用文物古迹用地、绿地、居住用地、公共管理及公共服务设施用地、商业服务业设施用地等与遗产保护相符合的用地，置换现有工业用地，今后区域内的用地也应以该五种类型用地为主。从整体交通实际情况出发，优化内部交通组织结构，重点对三江闸、绍兴海塘等区域的交通进行调整。

区域建设以小尺度设计为主，保护与更新按照改造时序逐步进行。通过地段的保护，实现整片区域的理性保护，并最大效益地发挥这个结构的价值。新建建（构）筑物必须在形制、体量和色彩上与传统建筑风貌相协调，并使之在空间和景观上取得合理的过渡。区域内建筑物的体量宜小不宜大，屋面形制以坡屋顶为主，高度宜以低层为主，色彩应以黑、白、灰为主色调。

保护区划是保护规划的核心内容，是文化资源保护工作的依据。基于三江闸区块的实际情况，为及时保护区块内的历史资源，在保护规划和法定保护区划出台前，三江闸区块历史资源周边的建设管理情况应咨询文物和建设主管部门。两处省级文物保护单位三江闸和绍兴海塘按已公布保护区划执行，其余未划定保护区划的历史文化遗产，可暂时按如下保护区划实行。

1. 三江所城面积大、遗产丰富、类型复杂，在法定保护区划出台前，建议进行整体保护，北侧以彩凤山与绍兴海塘、三江闸保护区划连成一线，西侧至护城河西边界，南侧以护城河南边界及南门姚区域为限，东侧至护城河东边界。

考虑到该遗产的特殊性和复杂性，建议立即启动其保护规划编制工作，依据实际情况对保护区划作进一步细分。

2. 斗门古镇情况与三江所城类似，遗产面积大、类型丰富并且古建筑集中成片，是难得的江南水乡古镇，建议进行整体保护。东北两侧以原玉蟾山和金鸡山山体北边界为限，西侧至现有道路边界，南侧主要以河道为边界，部分区域结合实际情况进行外扩。

考虑到该遗产的重要性和复杂性,建议立即启动其保护规划编制工作,依据实际情况对保护区划作进一步细分。

3. 玉山斗门古闸遗址已位于斗门古镇保护区划内,不再另行划定。

4. 登瀛桥考虑桥体的安全性划定其保护范围,考虑环境风貌的整体性和协调性,划定其建设控制地带。

5. "亨占安节"碑在迁入室内保护前,建议现碑刻外扩 10 米为保护范围,保护范围外扩 50 米为建设控制地带。

（四）历史文化资源本体的保护措施

1. 三江闸

加强对闸体的日常检测工作,针对交通桥对文物本体产生的影响进行专项评估。按文物保护要求维修三江闸,并将其申报为全国重点文物单位。建议在闸与现代桥交界处恢复部分驳岸,既增加闸体本身的整体性和安全性,又方便对历史格局的解读。

随着北岸工矿企业的搬迁,交通桥将逐渐失去其行车功能,考虑将桥体定位为步行桥。在条件成熟时,对现有水泥桥体进行拆除,恢复原历史形态。

2. 三江所城

尽快启动《三江所城保护规划》的编制工作,将三江所城纳入国家保护体系,依据保护规划,落实保护对象,重点对所城军事防御结构（包括水网格局、城墙、军事走廊等）,以 "十" 字形为主街的街巷体系、历史古迹（包括古建筑、遗址、古树名木、古井、古桥等）等进行整体保护,恢复原有历史水系。准确定位三江所城功能,调整现有产业结构,复兴古城。加强基础设施建设,提高生活质量。

3. 绍兴海塘

依据现有保护范围和管理要求对海塘进行管理、保护,同时考虑将海塘上车行道改线的可行性。

4. 斗门古镇

尽快启动《斗门古镇保护规划》的编制工作,将斗门古镇纳入国家保护体系,依据保护规划,落实保护对象,重点对古镇空间结构、水网体系、街巷格局、历史古迹（包括古建筑、遗址、古树名木、古井、古桥等）等进行整体保护。准确定位斗门古镇功能,调整现有产业结构,复兴古镇。加强基础设施建设,提高居民生活质量。

5. 玉山斗门古闸遗址

将玉山斗门古闸遗址纳入国家保护体系,四周设置防撞设施。由于遗址占地面积较小,考虑使用保护罩进行整体隔离保护。

6. 登瀛桥

提升登瀛桥文物保护单位级别,对登瀛桥进行抢修,拆除后加本体上防撞体;剔除桥体上后加水泥桥面,移除钢制栏杆;加强古桥的日常检测工作。

7. "亨占安节"碑

考虑到碑刻四周历史环境改变较大、原有碑亭等室外保护措施已被拆除、现车行道危险性较大等原因,建议将碑刻移入室内(如三江闸文化展示中心等)进行保护。

(五)历史文化资源环境的保护措施

加强三江闸区块环境保护工作,搬迁区域内工矿企业、公墓等。不得破坏山体形态及现存植被,修复因后期开山采石等原因被破坏的山体形态,加强植被保护和绿化建设工作。

保护和改善区域的自然生态环境,防止水土流失,保持水和空气的洁净,不得向水体排放污水污物和有毒有害物质。加快推进区块内生活污水截污纳管和分散处理等工作,加强卫生意识、生态宣传和教育工作,提高居民的环境保护意识。

1. 三江闸

条件成熟时,考虑恢复浮山东南侧山体,使浮山—三江闸—彩凤山连成一体;修复彩凤山山顶亭子,拆除王宝和酒厂,恢复汤公祠,再现浮山—汤公祠—三江闸—亭(彩凤山)历史景观轴;恢复后的汤公祠可作为三江闸文化展示中心,将与三江闸有关的古碑刻移入展示中心进行保护。

2. 三江所城

恢复彩凤山、浮山、凤鸣山、蒙椎山等山体原有形态,保护各军事据点之间的军事通廊。整治水体水质,构筑水系景观,放养观赏鱼。增加古城内部绿地面积,种植地方树种、乡土树种,加强庭院绿化。

3. 绍兴海塘

绍兴海塘周边环境景观包括所城、农田和后期工矿企业三类。随着区块内工矿企业的搬迁,其环境景观将得到彻底的改善。

4. 斗门古镇、玉山斗门古闸遗址

考虑恢复玉蟾山、鸡山山体。整治水体水质,构筑水系景观,放养观赏鱼。增加古镇内部绿地面积,种植地方树种、乡土树种,加强庭院绿化。

5. 登瀛桥

对桥体四周后建建筑进行景观提升,迎桥面种植高大乔木进行遮挡。

6. 加强保护利用工作

根据三江闸区块历史资源的价值和保护情况,确定保护工程计划,取得国家、省、市保护专项经费支持,分期分批开展保护工程。

在开展历史研究、人物研究和现状调查基础上,加强文献资料收集和整理工作,收集与重要人物和事件相关的文献资料,采访相关历史见证人,采集口述历史资料,拍摄影像资料等,展示三江闸区块的价值及其反映的历史文化信息,弘扬传统文化精华。

结合三江所城、斗门古镇等部分古建筑的布展,组织文字、照片、实物等材料展示三江闸区块的历史。

7. 加强宣传教育,深化保护作用

通过建立各种类型的专题博物馆,探索知识性、互动性的展示方式,加强同相关省、市、县同类历史资源的交流,特别是所城文化、古镇保护、海塘申遗等,出版发行书刊、画册、影视作品,营造浓厚氛围,增强宣传实效。

8. 加强三江文化研究,丰富保护成果

针对历史文化资源保护基础工作薄弱、研究水平较低、历史文化内涵挖掘不深、展示和宣传不足的现状,进行多学科综合研究,加强对三江闸区块历史资源的研究,重点对由水文化衍生出来的海防文化(侧重海塘)、所城军事文化、水乡古镇文化、桥闸文化等进行深入研究、挖掘,适时举办国际、国内学术研讨会,扩大三江闸区块的国内、国际知名度。

四、三江闸区块功能定位和旅游价值

拥有三江闸、三江所城、斗门古镇等众多历史文化遗产的"三江文化休闲区"(暂定名),应主打水文化牌,由水文化衍生出来的海防文化、军事文化、水乡古镇文化、桥闸文化等可作为其内部的各个功能区块的分主题。"三江文化休闲区"是水城绍兴的主题休闲公园,是绍兴历史文化名城建设的延续。通过保护区域内的历史文化资源,完善基础设施配套,优化周边环境,植入与水文化相符的城市功能和业态,重新激活区块生机,使其成为绍兴古城旅游的

"金名片"。

（一）三江闸的多样性

三江闸是区域内最重要、最特殊的文物保护单位，其与绍兴海塘一起构成的绍兴古城发展的沿海屏障，是中国海防文化的重要组成部分。其与三江所其余军事设施一同构成的明代卫所制军事文化，是各军事据点之间的陆上走廊。其与玉山斗门古闸遗址、登瀛桥及其他古桥、闸一同组成的绍兴桥闸文化，是绍兴古城的核心内容。同时，"汤闸秋涛"也是古代越州十景的组成部分，因此保护好三江闸，是保护好该区域历史资源的根本。

（二）三江所城的趣味性

随着我国国力增强和信息时代的来临，我国军迷和潜在军迷越来越多。三江所城拥有的独特的明代军事体系，其在选址、军事布防、内部结构等方面的科学性及其所包含的抗倭精神、抗倭事迹、抗倭人物等，是军迷和军事专家梦想的天堂，也是现代国防和爱国主义教育的理想场所。

（三）斗门古镇的特殊性

由于历史形成和发展的原因，现保存较好的古镇集中分布于浙江和江苏一带，而大量的古镇按其组成空间，可划分为水乡古镇、山地古镇两大类。斗门古镇由于其特殊的空间形态，具有两者兼备的特性。斗门古镇不仅亲水而且近山，是其他水乡古镇所不具备的。同时，玉山斗门古闸与鸡山、玉蟾山一道组成了明代之前绍兴地区的海防体系。斗门古镇形成和发展的前提，其所拥有的水乡文化和海防文化是一般古镇所不具备的。

从"三江文化休闲区"（暂定名）整体来说，以商贸文化为主的斗门古镇不光丰富了区域游览内容，并且使吃、住、行、游、购、娱旅游六要素全具备。其余点状分布的历史文化资源可根据其自身旅游资源进行功能定位。

五、三江闸区块历史文化资源近期工作重点

（一）启动登瀛桥抢修工程。

（二）编制三江闸、三江所城、斗门古镇保护规划。

（三）开展三江闸、三江所城、斗门古镇、玉山古闸遗址、登瀛桥的保护级别提升工作。

（四）开展三江文化研究，举办各类学术研讨会。

（五）进一步开展区域内历史资源摸底工作，对新发现的文化资源及时纳入相应的保护体系。

六、结语

保护历史文化遗产是传承中国优秀传统文化的必然要求,饱含着对传统文化的深厚感情,担负着实现民族复兴的历史重任。"让居民望得见山、看得见水、记得住乡愁","保护好古建筑,有利于保存名城传统风貌和个性",习总书记在中央城镇化工作会议和福建工作期间提出的这些话,为我们在新城镇化过程中的文物保护事业指明了方向。

2016 年版《绍兴三江研究文集》(中国文史出版社)

楊紹芳廉知之遂鳩工堅塞
田疇頼此東土奸民舞窃覬
萬頃荒蕪頻年饑餒恒訟干
顙天不已偉矣揚侯展也君
發掘幽窟客釘椿杜上廣摧
亦前之比侯命更遠離河
齒齒絕此弊源頌張遠蕭灑

登客越志夜過由壩水高一
若干雷殷作石柩爲水衝落
轆轤易以新絙又益添舟八
矣如升天也

王嶧登詩月重
捲簾兼看無風自

图　照

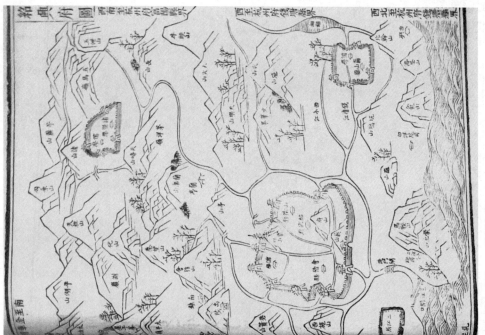

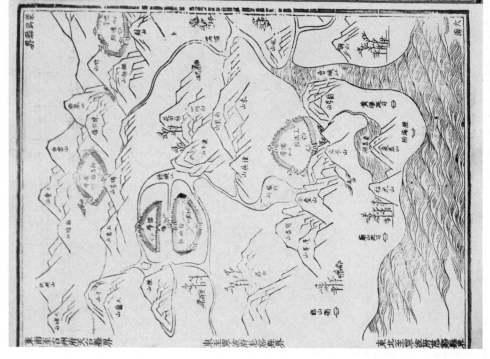

绍兴府图（雍正《浙江通志》）

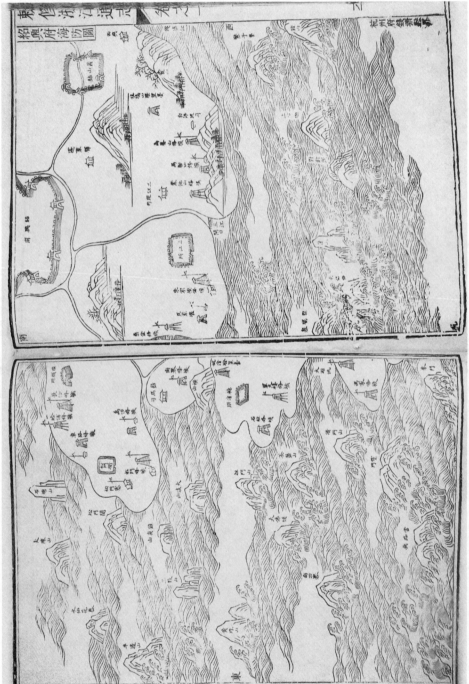

绍兴府海防图（雍正《浙江通志》）

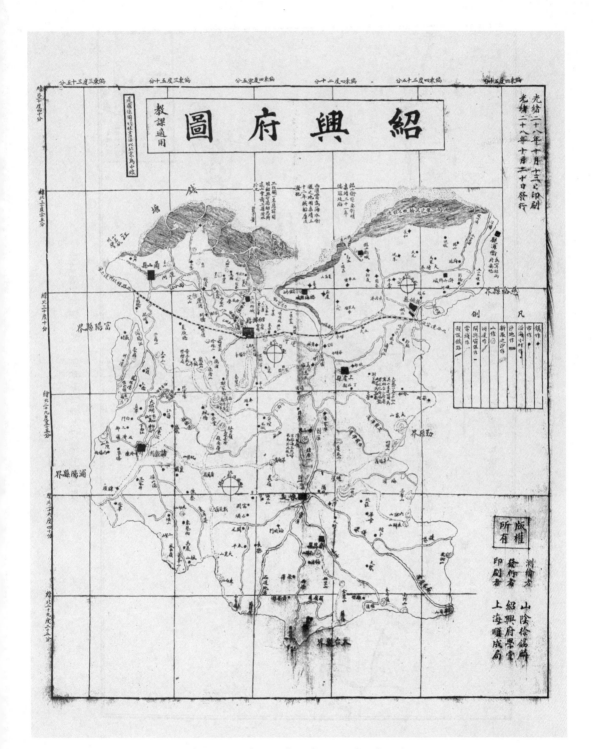

光绪二十八年绍兴府图（绍兴图书馆提供）

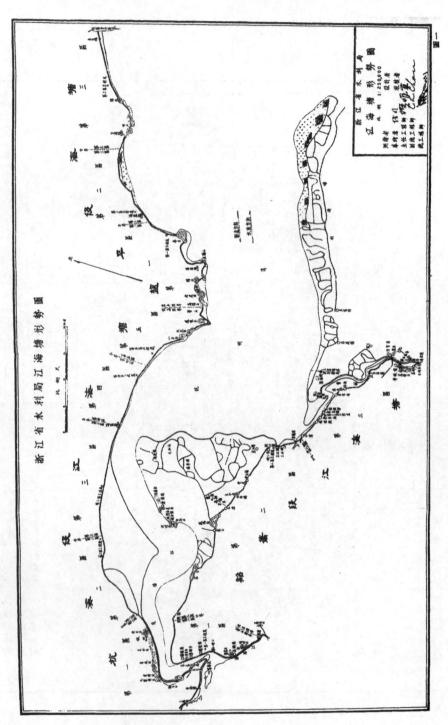

浙江省水利局江海塘形势图（绍兴图书馆提供）

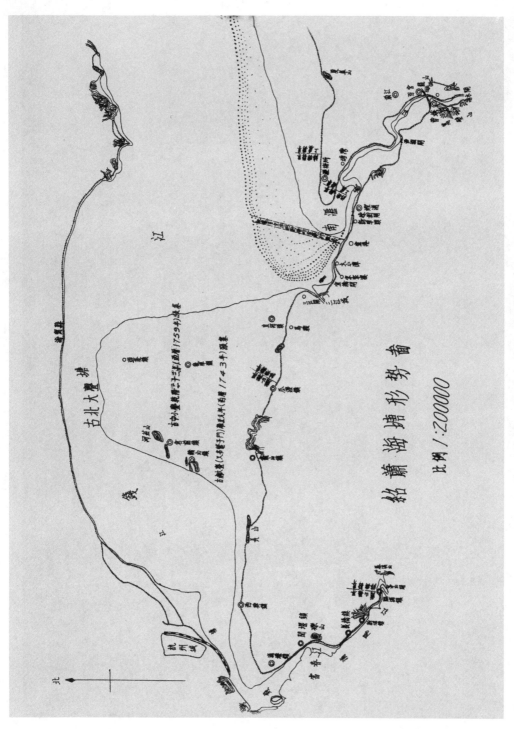

绍萧海塘形势图（绍兴图书馆提供）

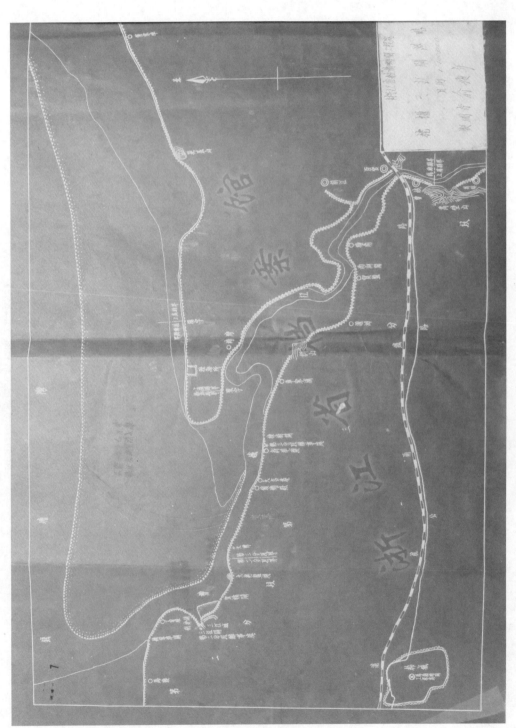

1939 年挖掘三江闸港略图（浙江省档案馆提供）

1933 年三江闸外坝铺柴打桩（绍兴图书馆提供）

民国时期三江闸俯图（绍兴图书馆提供）

民国时期三江闸侧面（绍兴图书馆提供）

1970 年代三江闸（绍兴图书馆提供）

今日绍兴三江闸

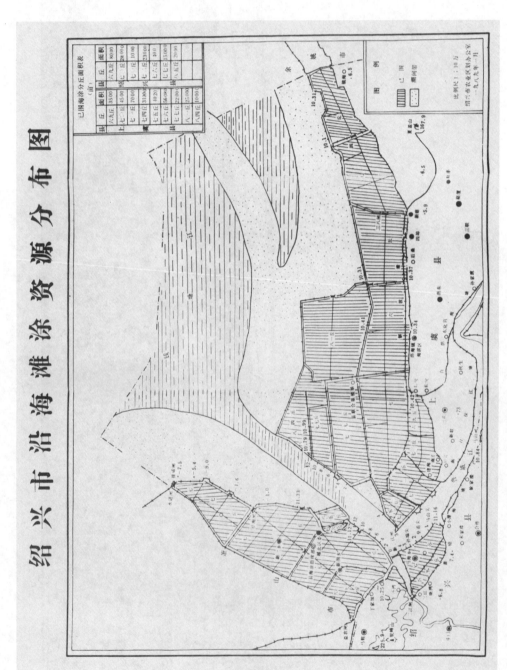

绍兴市沿海滩涂资源分布图

1989年绍兴市沿海滩涂资源分布图（绍兴图书馆提供）

浙江省革命委員会

治工作組文件

浙革政批(72)106号

关于同意局部改建三江闸的批复

县革委会政工组:

你组绍革政(72)46号文收悉。经研究，同意你们转报的绍
县文教局、农林水利局《关于局部改建三江闸的报告》
提出的改建计划，即将原来三江闸的二十八孔中的四孔改
二孔。

三江闸系省级重点文物保护单位，在拆除三个闸墩前必须
图纸、拍摄照片，记录原来建筑情况，以便为今后研究保
学资料。在施工过程中，县文化部门应密切配合，经常派

毛 主 席 語 录

水利是农业的命脉

～～～　～　ᴘ　ᴘ　ᴘ　～～～～

关于局部改建三江闸的请示报告

工组文化局、生产指挥组水利电力局:

三江闸系绍兴平原流域1520平方公里排涝的重要设施之
钱塘江江道北移，三江闸外面海涂淤涨，文化大革命以来，
这下中农响应伟大领袖毛主席"农业学大寨"的号召，先后
三万余亩，并且已开始陆续向外移民。三江闸距海边已十
远，江道淤塞，不能再发挥排涝作用。为了解决肖绍平原的
涝在外面新建排涝水闸。并且今后要继续围垦海涂10万余
解决水路运输航道。三江闸原28孔闸孔，但狭窄，拆面低
农船都无法通航，计划将其中4孔改建为2孔通航水闸，并
过闸流量，以利灌溉、排涝。其余闸孔不动。因三江闸系十
计建筑，列为省重点文物保管之一，是否可行，特此报告，

一九七二年三月十六日

水办、文办、县革委会政工组、生产指挥组

绍兴县水利电力局文件

(81)绍水电3号

☆

关于要求上级拆除三江闸的请示

市人民政府:

新三江闸已基本建成，现正在扫尾，不久即可投入运行。四
初，省水利厅厅长徐治时同志率省水电设计院、水电工程局等单
有关技术人员十余人到现场检查，认为该闸设计是合理的，质量
好的，启闭机械制作、安装质量也是好的，并提出(1)要求抓紧进
压水试验，以便闸验渗压，进一步检验大闸质量；(2)因老三江
闸系保护文物，要求市人民政府迅速打报告给省文化局，批准
拆除老闸，争取河道早日配套，达到全部排游设计能力。我们
极准备进行压水试验外，对于拆除老三江闸问题，专门召集全
技术人员及有关同志讨论，认为大闸经过压水试验，通过埋设在
体内渗压观测设施测得数据，可以经过分析，得出该闸的安全可
程度，至于马围与绍围的滩墙安全，可通过第二道直接防线的灌
密实，在安全上是较有把握解决的，化较化工地不多，大闸设计
平均流量为528秒立米，（相当于解决三日雨量267毫米的
游标准，最高流量达1000秒立米以上，如老三江闸不拆除，
水严重，新闸仅能达到设计能力40%，不能解决肖绍平原的游
患，新闸还没有经过考验。对此，研究了二个方案，一是拆除老
加固马围和绍围海塘，但安全没有把握；二是老闸基本保留，改
节制闸，经比较为确保安全和顾及文物，宜采用第二方案，待报
省政府审定。

三、会议同意市水电局根据省政府〔1981〕36号文件
神，对平水江水库灌区，从一九八一年起，按受益面积，每亩征
水利粮半斤，由粮食部门代收、代管的报告。

四、会议原则同意侨务办公室关于用侨汇购买和建设住宅问
的意见。但在城镇建房应选择近郊，以适当集中为宜，对原籍在
村的华侨，应在农村建房、购房。

五、会议讨论了市商业局《关于要求迁移煤球厂厂址及解决
金问题的报告》。同意迁移煤球厂的厂址，资金由市里给予解决
万元。同时，原则同意豆制品厂的厂址迁移，具体由计委牵头，
有关部门研究实施。

六、会议同意市手工业局的报告，撤销城关、东湖两个手工
办事处，原由这两个手办管理的企业，由手工业局直接领导和管

七、会议同意市经委的报告，将市夺煤指挥部改为市煤炭办公

八、会议同意市粮食局的报告，将第五米厂改名为绍兴粮油
工厂，要切实搞好生产中的污染治理。

绍兴市人民政府办公室
一九八一年七月四日

送: 市委常委、代正副市长、市委办、财办、经委、计委、人事
税、民政、水电、粮食、商业、手工业局、文管会、侨办、城关镇

绍兴县三江闸系收益田单位
应负担经费分区统计表

区　别	公社数(个)	大队数(个)	生产队数(个)	收益田(亩)	应负担金额(元)	说　明
皋埠	5	119	929	67221.1	6722.11	全县地处平原、半平原的受益田亩,尚有平水区上灶公社一部分土地未统计在内。以后另报。
钱清	6	97	733	58141.83	5814.18	
柯桥	9	110	1136	73335.3	7333.53	
齐贤	8	117	1019	74895.72	7489.57	
鉴湖	7	104	920	65432.75	6543.28	
东湖	5	90	729	53826.3	5382.63	
马山	6	96	856	74816.3	7481.63	
浬渚	4	72	540	36554	3655.4	
城关镇	1	3	28	1488.86	148.89	
平水	1	8	84	2479.79	247.98	
合计	52	822	6884	508191.90	50819.19	

制表日期:1964 年 11 月 24 日

绍兴市柯桥区档案馆档案 1964-119-52-55

关于局部改建三江闸的请示报告

〔72〕绍革政字第22号
〔72〕绍革生农字第12号

省革委会政工组文化局、生产指挥组水利电力局：

我县三江闸系绍萧平原流域1520平方公里排涝的重要设施之一。由于钱塘江江道北移，三江闸外面海涂淤涨，"文化大革命"以来，我县广大贫下中农响应伟大领袖毛主席"农业学大寨"的号召，先后围垦海涂三万余亩，并且已开始陆续向外移民。三江闸距海边已达十余华里之远，江道淤塞，不能再发挥排涝作用。为了解决萧绍平原的涝灾，计划在外面新建排涝水闸。并且今后要继续围垦海涂10万余亩，急需解决水路运输航道。三江闸原28孔闸孔，但狭窄，桥面低矮，一般农船都无法通航，计划将其中4孔改建为2孔通航水闸，并相应增加过闸流量，以利灌溉、排涝。其余闸孔不动。因三江闸系十六世纪中叶建筑，列为省重点文物保管之一，是否可行？特此报告，请速批示。

绍兴县革命委员会政治工作组(代)
绍兴县革命委员会生产指挥组农林水利局
一九七二年三月十六日
浙江省档案馆档案 J161-001-362-017

关于同意局部改建三江闸的批复

浙革政批〔72〕106号

绍兴县革委会政工组：

你组绍革政〔72〕46号文收悉。经研究，同意你们转报的绍兴县文教局、农林水利局《关于局部改建三江闸的请示报告》中所提出的改建计划。即将原来三江闸的二十八孔中的四孔改建为二孔。

三江闸系省级重点文物保护单位，在拆除三个闸墩前，必须测绘图纸，拍摄照片，记录原来建筑情况，以便为今后研究保存科学资料。在施工过程中，县文化部门应密切配合，经常派人到现场进行检查。

浙江省革命委员会政治工作组

一九七二年六月六日

浙江省档案馆档案 J161-001-362-017

关于要求上级拆除三江闸的请示

绍水电〔81〕3号

市人民政府：

新三江闸已基本建成，现正在扫尾，不久即可投入运行。四月初，省水利厅厅长徐洽时同志率省水电设计院、水电工程局等单位有关技术人员十余人到现场检查,认为该闸设计是合理的,质量是好的,启闭机械制作、安装质量也是好的,并提出(1)要求抓紧进行压水试验,以便测验渗压,进一步检验大闸质量;(2)因老三江闸系省重点保护文物,要求市人民政府迅速打报告给省文化局,批准拆除老三江闸,争取河道早日配套,达到全部排涝设计能力。我们除积极准备进行压水试验外,对于拆除老三江闸问题,专门召集全局技术人员及有关同志讨论,认为大闸经过压水试验,通过埋设在闸体内渗压观测设施测得数据,可以经过分析,得出该闸的安全可靠程度。至于马围与绍围的海塘安全,可通过第二道直堤防线的灌水密实,在安全上是较有把握解决的,花钱花工均不多。大闸设计日平均流量为 528 秒立米(相当于解决三日雨量 267 毫米的防涝标准),最高流量达 1000 秒立米以上。如老三江闸不拆除,阻水严重,新闸仅能达到设计能力 40%,不能解决萧绍平原的涝害。同时,文件上报省并获得批准拆除老闸,尚有一段时间过程,在这段过程中尚可取得新闸投入运行的实践验证。为了及早做好河道配套的规划,争取省有关部门对河道配套工程经费、物资的安排,为此我们要求以市人民政府出面具文上报省文化局要求拆除老三江闸。

当否,请审定。

绍兴市水利电力局

一九八一年五月六日

绍兴市柯桥区档案馆档案 1981-119-19-7

市府第四次办公会议纪要

市府办〔1981〕22号

市人民政府于七月四日召开了第四次办公会议,出席会议的有崔树桐、王佃阁、李建光、张朝彤、高晓明、刁欣荣同志,有关部门负责人孙阿狗、葛张奎、周联亚、刘新福、蔡守明、杨其如、顾进元、汪传昌、何如钦、陈家康、徐清泉、金

经天等同志,会议讨论和决定了以下几个问题:

一、会议讨论了市民政局关于恢复几个镇建制的报告。为有利于集镇建设和生产的发展,确定恢复柯桥镇和安昌镇,设镇人民政府,上报地区行署和省人民政府审定。

二、会议讨论了市水电局《关于要求拆除老三江闸的报告》。会议认为新三江闸建成后,老三江闸阻水严重,新闸不能达到全部排涝设计能力,有处理必要。但对拆除老三江闸必须慎重,因老闸系省重点保护文物,尤其从安全上考虑,新闸还没有经过考验。对此,研究了二个方案,一是拆除老闸,加固马围和绍围海塘,但安全没有把握;二是老闸基本保留,改建节制闸。经比较,为确保安全和顾及文物,宜采用第二方案,待报请省政府审定。

三、会议同意市水电局根据省政府〔1981〕36号文件精神,对平水江水库灌区,从一九八一年起,按受益面积,每亩征收水利粮半斤,由粮食部门代收、代管的报告。

四、会议原则同意侨务办公室关于用侨汇购买和建设住宅问题的意见。但在城镇建房应选择近郊,以适当集中为宜;对原籍在农村的华侨,应在农村建房、购房。

五、会议讨论了市商业局《关于要求迁移煤球厂厂址及解决资金问题的报告》。同意迁移煤球厂的厂址。资金由市里给予解决十万元。同时,原则同意豆制品厂的厂址迁移,具体由计委牵头,与有关部门研究实施。

六、会议同意市手工业局的报告,撤销城关、东湖两个手工业办事处,原由这两个手办管理的企业,由手工业局直接领导和管理。

七、会议同意市经委的报告,将市夺煤指挥部改为市煤炭办公室。

八、会议同意市粮食局的报告,将第五米厂改名为绍兴粮油化工厂,要切实搞好生产中的污染治理。

绍兴市人民政府办公室

一九八一年七月四日

绍兴市柯桥区档案馆档案 1981-119-19-7

后　记

　　三江闸是古代绍兴水利、浙东水运的枢纽工程,亦是我国最早、最大的滨海大闸之一。明嘉靖十五年(1536),由绍兴知府汤绍恩主持建闸。大闸建成后,沃野千里,效益巨大。为此,清程鹤翥将明嘉靖十五年汤绍恩建闸,万历十二年(1584)、崇祯六年(1633)、康熙二十一年(1682)三次大修三江闸的实绩以及大闸相关事宜、修闸成规和自撰的《三江纪略》《时务要略》等合辑成书,名之曰《闸务全书》。一百多年以后,清道光年间山阴平衡将乾隆六十年(1795)和道光十三年(1833)两次大修、浚港等碑记、图说和修闸便览、修闸补遗、修闸事宜以及《闸务全书》所漏辑的旧有碑记合纂为《闸务全书续刻》。两书都是针对绍兴三江闸的工程专志,被陈桥驿先生称为"稀籍、越中水利之要籍"!

　　由于长期滩涂淤涨,三江闸外几经沧海桑田。近百年后的1981年,绍兴县人民政府组织在三江闸下游约二公里汇入曹娥江处建新三江闸;至本世纪初,绍兴市人民政府又在曹娥江汇入钱塘江处再建曹娥江大闸。至此,明嘉靖年间建造的滨海三江闸已为内河桥闸,历经五个世纪的三江闸已完成历史使命。

　　自清平衡辑《闸务全书续刻》(1854)至新三江闸建成止的170年间,绍兴未见有相关"三江闸"的专著问世。其间,有关三江闸的资料记载散见于地方志、档案、文集等文献中,亦无人对此作过完整系统的整理。三江闸已于1963年成为了浙江省文物保护单位,绍兴市委、市政府于2014年11月4日出台了《三江闸保护、利用、传承工作方案》,高度重视三江闸的整治保护,并积极争取三江闸升级为全国重点文物保护单位。由此系统完整地收集整理并编辑出版《闸务全书三刻》显得更为必要。

　　2015年初绍兴市鉴湖研究会会议上,本人提议编纂《闸务全书三刻》,得到了与会理事的一致认同,更得到了邱志荣会长的赞同和全力支持。邱会长立即做出了具体的分工,由鉴湖研究会副秘书长、绍兴图书馆副研究馆员蔡彦具体负责资料收集整理工作,确定资深水利专家陈鹏儿老师作为校审。并明确编纂目标:在浩繁的文献中衷集三江闸相关的资料加以精选精编,以确实有效的建闸经验、历史教训提供给现实借鉴,《闸务全书三刻》要成为广泛认同、传之久远的善本。邱会长还多次亲自组织召集相关文史学者进行专题研究,征求意见,反复修改,历时三年,终于成稿。

全书分总述、策论、闸务、海塘、关联闸、浚淤、水道、水文(包括流域、河流、水系)、机构、经费、人文等十三大类,各类按时间先后顺序进行整理编排。不仅精选了水利工程专著,还择选了相关地理、历史、民俗、诗歌、家谱等文献,以体现绍兴水文化对社会经济的影响。辑录时间起自清平衡辑《闸务全书续刻》(1854)后,至新三江闸建成使用止(1981),部分内容因史料价值珍贵,不受此限。

据史籍记载,汤绍恩在建闸时曾遇大雨大潮冲击,随筑随溃,民工恐惧,怨詈频生,但绍恩不为动摇,自誓:"如再溃,当以身殉。"① 闸遂成。明徐渭为三江汤太守祠联:"凿山振河海,千年遗泽在三江,缵禹之绪。炼石补星辰,两月新功当万历,于汤有光"。② 绍兴水利之所以有如此辉煌成绩,除了有"八年于外,三过其门而不入"以治水为己任的忘我精神外,更有汤绍恩等历代贤牧良守擘划经营、勇于奋斗的精神。这样的精神也时时激励着全体编纂人员。三年中,编者先后冒着酷暑赴浙江省、绍兴市县档案馆,多次去上海、浙江图书馆,查阅大量文书档案和《清史稿》、《大清会典》、《民国重修浙江通志稿》、《中国水利志丛刊》、《两浙海塘通志》、《民国浙江史料辑刊》(第一辑、第二辑)、《浙江建设月刊》、《民国绍兴地方议会史料》、《政协绍兴市县文史资料》、《申报》等稀见图书。许多资料经再三核实,反复考证,务求真实,其精神实在可嘉。同时,在收集资料和编辑过程中,得到了上述单位和同仁的无私帮助,恕不一一列举,谨在此表示最真诚的谢意!希望此部反映萧绍平原水利发展进程的地情资料能发挥它应有的作用,并对相关研究者有所裨益。

赵佳水

于绍兴图书馆
二○一八年元月

注释:

①赵任飞主编《民国绍兴县志资料》第一辑第五册"地志丛刻·三江所志·汤公祠"篇,广陵书社2012年版,第32页。

②程鹤翥辑注《闸务全书》,载冯建荣主编《绍兴水利文献丛集》,广陵书社2014年版,第65页。

图书在版编目（ＣＩＰ）数据

闸务全书三刻 / 邱志荣，赵任飞主编. -- 扬州 ：
广陵书社，2018.1
ISBN 978-7-5554-0969-4

Ⅰ. ①闸… Ⅱ. ①邱… ②赵… Ⅲ. ①水闸－研究－
绍兴 Ⅳ. ①TV632.553

中国版本图书馆CIP数据核字(2018)第020697号

书　　名	闸务全书三刻
主　　编	邱志荣　赵任飞
责任编辑	刘　栋　顾寅森
装帧设计	浙江越生文化创意有限公司
出版发行	广陵书社
	扬州市维扬路 349 号　　　邮编　225009
	http://www.yzglpub.com　E-mail:yzglss@163.com
印　　刷	绍兴市越生彩印有限公司
开　　本	787 毫米 ×1092 毫米 1/16
印　　张	26
字　　数	440 千字
版　　次	2018 年 4 月第 1 版第 1 次印刷
标准书号	ISBN 978-7-5554-0969-4
定　　价	138.00 元